湖南省怀化市天气预报手册

主　编　陈章法
副主编　欧小峰　王　强　陈红专

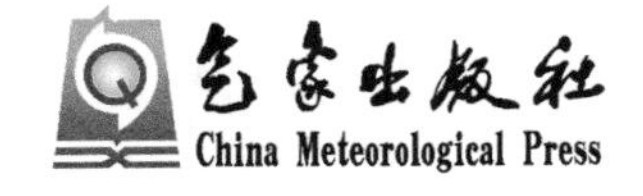

内 容 简 介

本书是在怀化市的气象监测数据、预报预警技术资料的基础上，广泛收集了涉及怀化市的气象科研论文、成果，较系统地整理和汇编成的预报技术手册。全书共有10章，内容涵盖了怀化市的地理概况；天气气候特点；主要天气过程和高影响天气的主要气候特点、本地预报经验和预报着眼点；数值预报产品的释用与检验；多普勒雷达等先进技术在天气预报中的应用；山洪和地质灾害气象等级预报；天气预报、农业气象业务系统介绍等。

本书可供武陵山区、湘黔边境周边地区从事天气气候分析、预报和预测的气象、水文、航空、环境等工作者参考，也可供相关行业的科研人员和大、中专院校师生参考，也可供农业、林业、水利等部门的科技工作者阅读。

图书在版编目(CIP)数据

湖南省怀化市天气预报手册 / 陈章法主编. —北京：气象出版社，2016.1

ISBN 978-7-5029-6304-0

Ⅰ.①湖… Ⅱ.①陈… Ⅲ.①天气预报—怀化市—手册 Ⅳ.①P45-62

中国版本图书馆CIP数据核字(2015)第300145号

湖南省怀化市天气预报手册

出版发行：气象出版社

地　　址：北京市海淀区中关村南大街46号　　**邮政编码**：100081

总 编 室：010-68407112　　**发 行 部**：010-68409198

网　　址：http://www.qxcbs.com　　**E-mail**：qxcbs@cma.gov.cn

责任编辑：杨泽彬　　**终　　审**：阳世勇

封面设计：博雅思企划　　**责任技编**：赵相宁

印　　刷：北京中石油彩色印刷有限责任公司

开　　本：787 mm×1092 mm　1/16　　**印　　张**：14

字　　数：350千字

版　　次：2016年1月第1版　　**印　　次**：2016年1月第1次印刷

定　　价：49.00元

前　言

为进一步提高气象预报业务人员的技术素质和天气预报水平，帮助本市预报人员尽可能系统地掌握本地区的地理环境、天气气候特点、灾害性天气出现的规律及其影响系统，进一步提高天气预报准确率，更好地为地方经济建设和防灾减灾服务。在湖南省气象局的指导下，怀化市气象局组织相关专家、业务人员编写了本手册。

本手册重点介绍预报员在日常业务中所需掌握的基本知识、技能和现代天气预报的新技术、新方法等，实用性强，具有本地特色。手册在本地区的气象监测数据、预报预警技术资料的基础上，广泛收集了涉及怀化市的气象科研论文、成果，进行系统的整理和汇编而成。

本书由陈章法任主编，欧小锋、王强、陈红专任副主编。第1、2章由曾志明主笔，第3章1至3节由王起唤主笔，第3章4至9节由欧小锋主笔，第4章和第8章由陈红专主笔，第5章和第9章由陈章法主笔，第6章由丁玄主笔，第7章由王强主笔，第10章由王光明主笔。统稿与资料整理由欧小锋、王强完成，编审由陈章法、欧小锋、王强完成。

本手册在编写和审稿过程中，得到了湖南省气象局领导和专家的精心指导，并提出了许多宝贵意见。编写人员在收集和查找历史资料的过程中得到了怀化市水利局、市农业局、市国土资源局、市民政局和市统计局等兄弟单位的大力支持，初稿编写中得到了邹荣光、向进业、曾林、杨云芸等同志的帮助，在编写出版过程中得到了怀化市气象局在人力和财力上的大力帮助，在此一并致谢。

由于我们的编写水平有限，特别是在资料收集整理和分析过程中难免有错误，敬请读者批评指正。

目　　录

第1章

怀化市地理概况

1.1 怀化市地形地貌

1.1.1 怀化市地理位置

怀化市位于湖南省西南部，沅江流域上游，东经108°47′～111°06′，北纬25°52′～29°01′。西靠贵州，南接广西，东邻本省邵阳、娄底，东北与常德、益阳、张家界交界，西北与湘西自治州接壤。全市辖12个县(市、区)和1个管委会，包括鹤城区、中方县、洪江市、沅陵县、辰溪县、溆浦县、会同县、麻阳苗族自治县、新晃侗族自治县、芷江侗族自治县、靖州苗族侗族自治县、通道侗族自治县和洪江区管委会。

1.1.2 怀化市地貌形态

怀化市区域呈一狭长地带，南北长353 km，东北宽229 km，总面积2.76万km^2。境内主要有两大山系，东南部有雪峰山，西北部有武陵山。全境地势起伏，沟壑纵横，水低田高，田土分散，有“八山一水一分田”之说，是典型的山区。

从地形上看，怀化市西靠云贵高原，受雪峰山“陆台”上升作用的影响，境内群山耸立，地形复杂，东南部雪峰山脉成弧形纵贯南北，西北部以武陵山脉为屏障，沅水及其支流蜿蜒其间，形成由西南向东北倾斜的狭长地带。海拔1000 m以上的山峰有663个，雪峰山的苏宝顶海拔1934 m，是全境最高点。沅陵界首海拔仅45 m，是全境最低点。海拔在300 m以上的山地占总面积的73%，海拔200～300 m的低山丘陵区占25%，海拔200 m以下的小河谷平原只占2%，由于溪河的冲击作用，形成有如洪江、溆浦、靖州、芷江等小盆地，也有如会同、通道、沅陵等地的小河谷平原。这些盆地和小河谷平原是全市的主要粮食生产基地。地质上，因为海浸影响，一般属沉积岩和变质岩，主要以第三纪红砂岩和板溪群岩层分布最广，古震旦纪冰积岩和石灰纪石灰岩地层次之，火成岩地层分布范围很小，主要在溆浦东南的龙潭区和中方的铁坡区。红砂岩地层有8000多平方千米，以沅陵、辰溪、麻阳、芷江为主，占全市总面积的30%；石灰岩地层约有3000 km^2，集中分布在辰溪、溆浦、中方三县边缘区，占全市总面积的11%。红砂岩、石灰岩地层的特点是山势陡峭，表层植被层薄，森林覆盖率低，为全市的主要干旱区。

1.2 怀化的自然资源

1.2.1 土地资源

全市土壤类型多样，但分布有规可循：稻田多分布在河(溪)谷、盆地及溪谷两旁，呈台阶树枝状；林业则多在低山、中低山、中山，丘陵岗地多辟为旱地、果园。从不同母质母岩形成的土壤分布来看：板、页岩风化形成的黄泥土、黄泥田，广布全市12个县(市)，约2691万亩[①]，占总面积的65%；紫色砂页岩风化形成的紫色土，主要集中分布于沅麻、芷江盆地，怀化、洪江、溆浦、靖州有小量分布，面积有814万多亩，占总面积的19.7%；花岗岩风化形成的麻沙土、麻沙泥等，分布在东部雪峰山地的溆浦、洪江、怀化三县(市)相邻境地，面积64万亩，占总面积的1.54%；红砂岩及紫红色大沙砾岩风化形成的黄沙土、黄沙泥等，零星散布全市各地，多呈条状分布：通道的双江—下乡—临口一线、安江—洪江一线、溆浦的思蒙—江口一线、沅陵的凉水井—官庄一线，面积240万亩，占总面积的5.9%；灰岩风化形成的红色石灰土和黑色石灰土等，分布于黔城—怀化—辰溪—溆浦—沅陵，成一“丫”状长廊，在芷江、靖县、新晃的丘陵山地也有散布，面积248万亩，占总面积的6.1%；河流冲积物形成的河潮土、河沙泥等，主要分布在沅水及其支流水系的河漫滩地和阶地上，面积60万亩，占总面积的1.45%。

全市山地多，其垂直分布状况是：海拔300 m以下的丘岗有1267.097万亩，其中水田227.82万亩；301～500 m的低山有1490.1万亩，其中水田93.16万亩；501～800 m以上中山有268.4万亩，其中水田13.25万亩。水田分布最高处在溆浦县大华乡红岭村，有0.7亩在海拔1465 m处；最低处在沅陵柳林叉乡的界首，海拔51 m，有14亩。其垂直差距1414 m，这就迫使人们选用不同作物品种去适应高程极为悬殊的田块。以溆浦县为例：海拔400 m以下种双季稻，600 m以下一季水稻品种均适宜；600～900 m以优威6号最佳，亩产可达500 kg以上；900～1200 m的田块要种植台北8号，亩产可达500 kg；1200 m以上只能适种科清3号(冷水糯)，亩产也在300 kg以上。

1.2.2 气候资源

怀化市属中亚热带季风气候区，四季分明，冬无严寒，夏无酷暑，光热资源丰富，雨量充沛，且雨热同步，对农作物生长有利，但受地形影响，地域差异和垂直差异明显，气候类型多种多样，旱涝等自然灾害时有发生。

气温：全市年平均气温16.4℃，西南部山间盆地年均气温较高，北部和南部山冈地段低。1月最冷，平均气温4.7～5.3℃，7月最热，月均气温26.3～28.4℃。年均无霜期为287 d。

日照：境内光照较为充足，平均年日照时数为1303.5～1519.2 h，为可照时数的28%～34%。年日照时数最多是芷江、溆浦的山间盆地，为1500多h，年日照最少是新晃，仅1300 h。

降水：境内的平均降雨量为1160～1450 mm。东半部的溆浦、鹤城、中方、洪江一线，年均雨量在1300 mm，西半部的麻阳、新晃、芷江、会同一线，年均雨量不足1300 mm，最多年降雨量是北部沅陵和南部通道，平均年降雨量在1400 mm以上。

四季特征：由于冬夏季风的进退，形成境内各个季节的天气气候特色。春季正处于南方暖

① 1亩=1/15 hm^2，下同。

湿气流与北方干冷气流交织的地带，气温陡升骤降明显，春雨连绵，低温寡照；夏季处在西太平洋副热带高压的控制和影响之下，吹西南风，温度高，蒸发大，天气暑热；秋高气爽，温湿宜人；冬季强冷空气侵入，往往形成冰雪天气，但其量甚微，连续降雪多在两三天内即可消融。

1.2.3 生物资源

野生动物 境内森林茂密，野生动物繁多。据史载，明代有麝、蓝马、野牛、猿、锦鸡、白鹇等。清代增加豺狼、华南虎、野猪、黑熊等。在野生动物中，属国家和湖南省保护的一级保护动物有华南虎、云豹、白鹳、黑鹳、白颈长尾雉、黄腹角雉、金钱豹、蟒、中华鲟共9种；二级保护动物有猕猴、穿山甲、水獭、大灵猫、花面狸、苏门羚、天鹅、鸳鸯、红腹角雉、大鲵、虎纹蛙、白冠长尾雉、灰鹤、麝、水鹿(野牛)、小灵猫、豺、猴面鹰、猫头鹰共19种；三级保护动物有红嘴相思鸟、八哥、画眉、啄木鸟、燕子、竹鸡、野鸭、灰鹤、斑鸠、乌鸦、白鹭、白腹锦鸡、杜鹃、黄鹂、苦恶鸟、喜鹊、黄鼬、刺猬、豪猪、华南兔、竹鼠、狐、蛇、蟾、蛙共25种。

野生植物 全市植物资源有225科900属3716种。其中种子植物170科840属3500种；蕨类植物9科50属100多种；苔藓植物10科12种；菌类植物9科15种。在野生植物中，属国家和湖南省保护的树种有83种。其中一级保护的有珙桐(分布沅陵)、桫椤(树蕨，分布通道)、南方红豆杉(全市)、银杏(全市)、柏乐树(沅陵、靖州、通道)、银叶桂(通道、辰溪)、水杉(引进)、水松(引进)、秃杉(引进)、香果树(全市)共10种。

1.2.4 矿产资源

怀化为矿产资源大市，矿产资源丰富，矿业开发历史悠久，矿种、储量、开发规模均位居全省前列。截至1999年，全市已发现矿产64种，可供开发利用的38种，已找到各类矿产地410处，其中特大型矿床1处，大型矿床20处，中型矿床45处，其他为小型矿床或矿点。累计探明资源总量28.9亿吨(保有储量24.22亿吨)，潜在经济价值5628亿元，人均占有11.7万元，每平方千米占有2000万元。煤、金、铜、铅、锌、锑、钒、铁、锰、磷、硫铁、钾、重晶石、硅砂、石灰石、白云石、花岗石、高岭土、金刚石、矿泉水等资源储量尤为丰富，开发价值大。其中金、铜、钒、重晶石、磷、硫铁、电石灰岩、白云岩、金刚石的储量位居全省前五位，为市优势矿产。

1.2.5 水资源

湖南“三湘四水”中著名的沅水自南向北贯穿怀化市境内，干流境内总长为568 km，怀化境内流域面积达27239 km^2，境内重要的支流有酉水、辰水、溆水、舞水和渠水，古称“五溪”，因此怀化自古便称“五溪之地”。

据1984年水利区划调查，全市当地年水资源总量223.9736亿 m^3，外来客水量为416.11亿 m^3，水总资源为640.1亿 m^3。其中当地水资源占35%，外来水资源占65%。当地水资源中，地表水资源年总量为212.87亿 m^3，占降水总量388.36亿 m^3 的54.8%，其中河川流量38.393亿 m^3，占河川径流量212.87亿 m^3 的18%。全市水资源总量按人口平均，每年每人17118 m^3，人均河川径流5190 m^3，是全省人均的1.4倍，是全国人均的1.9倍。

降水量 怀化地区属中国南方湿润地区，降水量较多。每年3、4月份，太阳辐射增强，夏季季风开始盛行，暖湿气流北上，雨量开始增多，至5、6月份，冷暖气团常交绥于境内，降水量更多，7—9月受副热带高压控制，除局部地区有雷阵雨和台风雨外，降水量明显减少。冬季因受西伯利亚和蒙古高原干冷气团的影响，降水偏少。全市降雨类型为锋面雨、地形雨和对流雨，部分地区受台风影响。

因受大气环流和地形的影响，全市降水分布不均，地域差异大，年际年内变化多。总的趋势是山区大于丘陵，丘陵大于平原。全市多年(1956—1979)平均降水量在1407 mm，折算水量388.36亿m^3。其中汛期(4—9月)降水790～1040 mm，占年均降水量的64%～73%。年最大降水量为2347.6 mm(沅陵牧马溪1977年)，年最小降水量为803.1 mm(沅陵水文站1950年)；最大月降水量为705.7 mm(沅陵水文站1969年)，占该站记载年均降水量1395.1 mm的50.58%；最大日降水量270 mm(辰溪站1965年7月6日)，占该站记载年均降水量1346.2 mm的20.06%。

地表水径流量 境内径流主要靠降水补给。降水量一般山地多于丘陵、平地，植被良好的山丘区，径流明显增大。全市平均径流量为771.2 mm，但分布不均，高值区以雪峰山脉南北端为主体，包括沅陵、溆浦、洪江，年径流量800～1200 mm，低值区包括沅水上游与贵州交界处及芷江、会同、通道以西的地区，年径流量600～700 mm。

径流的年内分配取决于降雨的补给。全市径流的月份分配很不均匀，以6月份月径流量最大，占全年径流量的21.2%；其次5月份，占18.7%，12月份最小，仅2.7%。多年平均连续最大4个月径流出现在4—7月，径流量一般占全年径流量的55%～68%。全市汛期为4—9月，汛期径流量约占全年径流量的70%～80%。

水能理论蕴藏量 全市水力资源总蕴藏量3464461万kW，年发电量302.9亿度[①]。可开发量达3106786 kW，占全省的28.7%，占河流理论蕴藏量的89.67%。可开发年发电量124.27亿度，占理论发电量的40.95%。到1984年，已开发利用55.9万kW，其中风滩水电厂装机40万kW，小水电站1469处，装机1715台，容量159,335.8 kW，发电量44421万度。到1990年，已开发利用年发电量达27.67亿kW·h。1995年，开发利用装机容量175.9万kW，其中120万kW的五强溪电站已安装发电，年发电量上升到48.57亿kW·h。

表1.1 怀化地区可开发水力资源表

河流名称	流域面积(km^2)	多年平均流量(m^2/s)	境内河长(km)	天然落差(m)	理论蕴藏量(万kW)	可开发量(kW)	已开发量(kW)
沅　水	27238.80	1797.43	447.12		339.68	3086850	555896
渠　水	5378.18	103.00	214.86	95	29.07	150733	30209
㵲　水	4125.10	139.03	187.90		31.45	196297	30189
巫　水	937.73	88.43	85.63		8.65	63060	63060
辰　水	2712.17	150.50	150.90	90	14.58	90216	166595
酉　水	684.58	503.71	45.57		108.49	449652	400055
溆　水	3157.80	80.01	143.00		29.52	121604	11585
资　水	443.00				4.89	3234	1387
珠　江	141.00				1.88	16602	2052

注：摘自1984年水利区划资料

1.2.6 旅游资源

怀化地处张家界、桃花源、南山、猛峒河、广西桂林、贵州梵净山等著名旅游区的中心位置。

① 1度=1 kW·h，下同。

这里光辉灿烂的历史文化和人文景观，优美的自然风光和浓郁的民俗风情，以及优越的地理位置，赋予怀化旅游以广阔的发展前景。目前，怀化旅游业经过十余年的精心开发，建设了一批颇具特色的旅游景区、景点，旅游接待服务设施日臻完善，形成一定规模和基础。2000年，全年接待国内游客244.2万人，国内旅游收入4.24亿元，接待入境旅游者8000人次，旅游创汇152万美元，旅游业总收入4.36亿元。

21世纪以来，怀化市委、市人民政府依托境内民俗、历史、生态旅游资源和交通网络，构筑桂林—怀化—张家界旅游走廊，重点建设三条精品旅游线路为：怀化—芷江—新晃神秘的夜郎之旅、怀化—黔城—通道古城古村镇及侗族风情游、怀化—辰溪—沅陵沅水风光和历史文化游；三大特色旅游区域为：怀化中心城市周边生态休闲度假旅游区、沅陵历史文化及水上游乐区、通道侗文化风情旅游区。形成以怀化中心旅游区为主体，通道、沅陵为南北两翼亦即"中心金三角，南北两明珠"的发展格局。

1.3 怀化市河流水系

全市水系以通道八斗坡为分水岭，以北属长江水系，以南属珠江水系。境内珠江水系仅有普头河、新江河等，流域面积仅为141 km²，仅占全市总面积的0.56%。境内主要水系是沅江水系，它贯穿全市。只有溆浦县的江东片区和洪江市塘湾、洗马乡的溪河属资水流域，流域面积为471 km²，仅占全市总面积的2.06%。境内流域面积为1000 km²以上的一级支流有渠水、巫水、舞水、溆水、辰水、酉水共6条；有二级支流52条；流域面积大于10 km²的溪河839条。河流总长度为1770.52 km，河网密度为每平方千米0.64 km，大于全省平均密度。

1.3.1 沅水

沅水发源于贵州东南部，有南北二源，以南源为主。南源龙头江，源出贵州都匀市云雾山鸡冠岭，南北二源在贵州炉山县上汊河口汇合，始称清水江，河水东流至洪江市黔城镇与舞水汇合，始称沅水。沅水流域位于北纬26°～30°、东经107°～112°，流域面积为89163 km²，其中约54%在湖南境内，35%在贵州境内，4%在湖北境内，7%在重庆市境内。流域周围均有高山环绕，东以雪峰山与沅水分界，南以苗岭山与柳水分界，西以梵净山与乌江相隔，北以武陵山与澧水为邻。沅水在全市的流域面积达26988 km²，占总面积的97.83%。沅水在湖南省境内流经芷江、会同、洪江、中方、溆浦、辰溪、泸溪、沅陵、桃源、常德，注入洞庭湖，全长1033 km，在怀化市长度477 km。有6条一级支流（渠水、巫水、舞水、溆水、辰水、酉水）汇入沅江。

1.3.2 渠水

又名渠江，有东西两源：西源出贵州省黎平县地转坡，称播阳河，又称洪州河，向东流入湖南省境。渠水流经通道、靖县、会同、黔阳等县，全长285 km，流域面积6772 km²，河流坡降0.919‰。流域内山岭重叠，森林茂密，矿藏富饶。在犁头嘴以下，计有峡谷七段：江口至水酿塘，崩头塘至门坎滩，贯堡渡至伍家门，白沙游海滩至沙溪铺，蓑衣渡至渡头江，翁堡至止奔，黄泥田至出山口，共长67 km，约占河长的43%。峡谷之外，还有宽至600～700 m的河谷平原。河面一般宽度为120～170 m。河底大都为岩石，沙砾较少，全河滩险98处，岩礁滩占88%，而以朗江至马田洞一段滩险最多。

1.3.3 溮水

古称无水，又称舞水，源出贵州省福泉市罗柳塘，流经黄坪、施秉、镇远、岑巩、玉屏等县，至鱼市入湖南新晃县境。溮水为沅水较长支流之一，全长 444 km，流域面积 10334 km^2，仅次于酉水。在境内，流经新晃、芷江、怀化、洪江等县市。其新晃至芷江一段(约 71 km)，河道进入红色砂岩地区，但由于河谷多穿插于坚硬的板岩和冰碛地层，构成峡谷较长的有二段：江口至长坪，白马渡至蟒塘溪，共长 38 km，占全河段的 54%，共有险滩 57 处。上游流经山谷，两岸高山在 100 m 以上，河面宽约 200 m。蟒塘溪以下河道进入红色砂岩丘陵地区，河谷逐渐展开入芷江平原。芷江至黔城镇全段长 98 km，流行于丘陵地区，两岸有低山、宽谷、河谷平原，仅有峡谷二段：栗至口与公坪间，马土垅与杨卜湾间，约占全段的 10%。全段虽有险滩 45 处，但卵石滩占 70%，河槽沙洲很多，河湾凸岸部有沙洲。

1.3.4 巫水

即洪江，古称雄溪或熊溪，又名运水、竹舟江。发源于城步苗族自治县东巫山西南麓。向西北流纳黄山水、小言水、平水等，至城步县城。巫水流经城步、绥宁、会同、洪江 4 县(市)，全长 244 km，流域面积 4205 km^2，河流坡降 1.81‰。流域内峰峦重叠，河道蜿蜒于松杉竹林间，为湖南省主要森林地带之一，竹木出产丰饶。巫水横切雪峰山脉，城步以下河道峡谷很多，计有绿杨湾至大洲、大湾至匡塘、梅口至秦家湾、大湾至融岩、黄家荡至坪冲、太平江至地羊头、白梁盘至浪子界脚、江西团至鱼梁坪等 8 段，共长 87 km，约占河道长度的 47%。峡谷以外，两岸山势稍低，河谷比较开展，缓坡地带有小块梯田，昌塘与梅口间，融岩与黄家荡间，河谷稍宽，略有平原。峡谷以内，礁滩险恶，洪水时以提岩滩、马蹄滩最险，枯水时以浪子滩最险，常水时以黄石滩最险。

1.3.5 溆水

古作序水，也称双龙江，其上游称二都河，有二源：一出溆浦县架枧田，一出梁山，至祖下坪两源相合，至龙潭称龙潭河。溆水又北流 11.5 km 经桐木溪至车头，四都河自东北注入。溆水自山羊河水库至此又称二都河。溆水与四都河汇合后，流量颇大。又西流 2.5 km 至溆浦县城，三都河自东北注入。溆水自合三都河后，水势增大，河面宽阔，西经溆浦县城南，约 7 km 至石湾潭。溆水自石湾潭 8 km 至思蒙左合虾溪，复向西流，20.5 km 至大江口注入沅水。溆水全长 143 km，流域面积 3290 km^2，河流坡降 0.191‰。

1.3.6 辰水

即锦水或锦江，又称麻阳河。源出贵州省铜仁市漾头，经江口、铜仁至文昌阁，入湖南省麻阳县境。曲折东北流 87 km，沿途纳江家溪、尧市溪、程禾溪、洪水溪等小河，至麻阳县城，窑里河自西北注入。辰水又东流 28.5 km 经兰里、吕家坪至太平溪口，合太平溪；又东南流 2.5 km 合姚家潭溪，又东北流 8 km 经湄河湾入辰溪县境，又东北流 20 km 经潭湾至辰溪县城对河小路口注入沅水。在湘境文昌阁至八里桥一段，河宽平均为 180 m，河床为卵石及岩石，其中滩险较多，尤以大破滩最险。八里桥以下经锦和镇至高村多为卵石滩，但坝多水浅流急，阻碍航行。由文昌阁至辰溪长 150 km，是一条自然条件较好的航道。

1.3.7 酉水

又称更始河，为沅水最大支流。有南北二源：北源又称北河，是为主流，源出湖北宣恩县西源山，向南偏西流至湖南省龙山县境，复出境经湖北来凤、重庆市酉阳，南流至重庆市秀山的石堤，与南源汇合；南源通称秀山河，源出贵州省松桃县山羊溪，北行经重庆市秀山县至妙泉纳龙潭河后，东北至石堤，与北源汇合，水量始增。折向东南流经保靖、花垣、永顺、古丈县，于镇溪入沅陵县风滩，东流 29 km 至明溪口，明溪自北注入。酉水又南流 26.5 km 至乌宿，酉溪自西注入。酉水自乌宿东南流 14 km 至沅陵县城关镇注入沅水。酉水流域为土家族苗族聚居地区，自源地流经宣恩（湖北）、龙山（湖南）、来凤（湖北）、酉阳（重庆市）、秀山（重庆市），至高桥入湖南省保靖县境，再经永顺、古丈、沅陵等县，全长 477 km，流域面积 18530 km^2。

第 2 章

怀化的天气气候特点

2.1　怀化的气候概况和气候规律

怀化市属中亚热带季风气候区，四季分明，冬无严寒，夏无酷暑，光热资源丰富，雨量充沛，且雨热同步，对农作物生长有利。但受地形影响，地域差异和垂直分异明显，气候类型多种多样，旱涝等自然灾害时有发生，具有典型的山区立体气候特点：多种地貌形成全市多类型的气候特色。从海拔 140 m 的山间盆地到海拔 1400 m 的山峰之间，年平均气温 17.1～10.6℃，最冷月的 1 月平均气温 5.3～－0.5℃；最热月的 7 月平均气温 28.6～20.4℃，10℃以上活动积温 5450～3074℃ · d，年平均雨量 1779.0～1136.1 mm。

对照国家划分气候带的标准，按怀化地区垂直差异可划分四个气候带，即：

海拔 400 m 以下的地带，年平均气温为 16.3～17.1℃，日均温稳定通过 10℃的初日一般在 3 月下旬，终止于 11 月中、下旬，持续期为 240～250 d，期间积温为 5060～5450℃ · d。此层是区内热量最丰富的地带，为典型的中亚热带暖热层。

海拔 400～800 m 地带，年平均气温为 14.5～15.9℃，10℃以上的积温在 4300～4800℃，持续天数为 199～229 d，相当于北亚热带热量条件。海拔 800～1200 m 地带，年平均气温为 13.0～14.5℃，10℃以上的积温在 3800～4300℃ · d，持续天数为187～199 d，相当于南温带的热量条件。

海拔 1200 m 以上的地带，年平均气温为 10.6～12.9℃，10℃以上的积温为 3060～3800℃ · d，持续天数为 178～187 d，热量条件由温暖转为温凉，相当于南温带向中温带的过渡地带。而且山区由于南坡与北坡的不同，山上与山下有别，坡面与山顶而异，气候的垂直差异非常明显。表 2.1 为雪峰山区气候资源与农林结构分层示意图。

因此，怀化的气候可以概括为：中亚热带山区立体气候。山地气候的多重性、丰富性，给山地资源的开发利用带来广阔的前景。

表 2.1　雪峰山区气候资源与农林结构分层示意图

农业布局	年均气温(℃) (℃·d)	海拔高度(m)	年雨量(mm) 年日照(h)	林业布局
800 m以上中山、农作物生育不利，可种耐寒的一年一熟的农作物	14.2 4000	800	1600 1100	高山耐寒树种和中药材适宜层
中低山农作物一年一熟或二年三熟。单季稻和喜凉作物适宜层	14.8 4300 15.4 4500	700 600 500 400	1500 1150 1490 1290	常绿落叶、针阔叶混交林适宜层
低山双季稻热量不足，一年二熟(或一熟)，杂交中稻适宜层	15.9 4900 16.0 5000	300 200	1450 1420 1400 1420	杉、松、杂用材林和油茶、油桐、竹、漆经济林适宜层
丘、岗、平一年二熟或三熟，喜温作物双季稻适宜层	16.3 5100 16.8 5300		1300 1390 1380 1420	经济果木林适宜层

2.1.1　气候温暖，四季分明

寒来暑往反映了季节的变化，冷、暖、热、凉为四季气候的特征。气候四季划分一般以5 d为假平均温度作指标，以候平均温度低于10℃作为冬季的开始，高于22℃之间的春秋季。区内南、中、北部和山区四季时段分配如表2.2所示。

表 2.2　四季起讫时间(日/月)及其长度(d)

项目	春	夏	秋	冬	春长	夏长	秋长	冬长
北部	24/3～6/6	7/6～16/9	17/9～21/11	22/11～23/3	75	102	66	122
中部	24/3～6/6	7/6～16/9	17/9～19/11	22/11～23/3	75	102	64	124
南部	24/3～9/6	10/6～12/9	13/9～19/11	20/11～23/3	78	95	68	124
雪峰山(1400 m)	27/4～22/7	23/7～29/7	30/7～19/10	20/10～26/4	87	7	82	189

春季　是冬季风向夏季风过渡的季节，境内正处于南方暖湿气流与北方干冷气流交织的地带。因此，春季天气变化剧烈，乍寒乍暖，民间有“春似孩儿脸，一日三变天”的谚语。由于受冷空气影响，春季逐日平均气温陡升骤降明显，尤以3月和4月变化更大。平均各有三次左右冷空气入侵，一般约隔7～10 d出现一次，降温幅度一般在7℃以上，其中有一、二次强冷空气降温幅度超过15℃，最低温度一般都在5℃以上，有时也可使最低温度降至4℃以下，达到寒潮标准。5月份约有两次冷空气侵入，相隔10 d左右一次，降温在7℃以上，有时连续5 d或以上出现日平均气温低于20℃以下，即谓“五月低温”，严重时影响早稻幼穗分化。天气变化剧烈，常带来强对流天气，比如4月份发生的雷雨、雷雨大风、冰雹，甚至龙卷风都是全年各月之冠。

春雨连绵,低温寡照,又是春季气候一大特色。若采用连续 5 d 或以上阴雨,无日照或日照≤2 h,同时连续 3 天日平均气温≤12℃(4 月份则为连续 3 d 日平均气温≤14℃),作为一次连续阴雨低温天气过程,分析芷江 1951—2010 年 3—4 月气象资料,60 年中共出现连续阴雨低温 76 次,平均每年 1.9 次,最多年达 3 次,平均持续天数为 7 d 左右。其中,3 月份出现 56 次,占总次数的 73.6%,4 月份出现 20 次,占总次数的 26.3%。阴雨寡照持续最长天数,3 月份为 31 d(1976 年 3 月 6 日—4 月 5 日)。4 月份为 15 d(1966 年 4 月 3—17 日)。而此时正值早、中稻和棉花播种育苗时期,极易受连续阴雨低温天气危害,严重者则烂种烂秧。

夏季 全市一般处在西太平洋副热带高压的控制和影响之下,盛吹西南风,温度高,蒸发大,天气暑热。农谚有"小暑南风十八朝,吹得南山竹叶焦"。每年 6 月中、下旬至 8 月中、下旬这段时间,高温高湿是其主要天气特色。若以候平均气温≥28℃为夏热期,则北部沅陵、辰溪、麻阳等县为 35 d 左右,最长的年份有 60 d;中部芷江、怀化、洪江等县(市)为 20 d左右,最长的年份有 50 d;南部通道等县只有 15 d 左右,夏热期很短。若以日最高气温≥35℃,连续 5 d 或以上为一次高温天气过程,统计 1979—2010 年 7、8 月份代表站的高温天气如表 2.3 所示:

表 2.3 1979—2010 年盛夏(7、8 月份)各站高温天气次数

项　目	北部沅陵	中部芷江	南部通道
7 月	22	4	1
8 月	24	9	3
7—8 月	46	13	4

32 年累计出现高温天气,7 月份:北部沅陵出现 22 次,中部芷江 4 次,南部通道仅 1 次;8 月份:北部沅陵出现 24 次,中部芷江 9 次,南部通道 3 次;32 年累计出现高温(≥35℃)总日数,沅陵 784 d,平均每年 25 d;芷江 433 d,平均每年 14 d;通道只有 171 d,平均每年仅 6 d。由此可见,山区高温酷暑天气少,是避暑旅游的好去处。

盛夏 7—8 月另一个气候特点是:雨量月际变化大,分布极不均匀,降雨量过多,容易产生洪涝;降水量过少,常有高温干旱发生。盛夏期间降雨量极值变化如表 2.4 所示。

表 2.4 盛夏 7—8 月降雨量极值变化(mm)

项　目		北部沅陵	中部芷江	南部通道
7 月雨量	最　多	738.1(1954 年)	435.8(1954 年)	510.0(1993 年)
	最　少	29.1(1953 年)	9.4(1972 年)	29.4(1972 年)
8 月雨量	最　多	369.3(1988 年)	561.3(1969 年)	476.5(1988 年)
	最　少	12.1(1960 年)	6.7(1966 年)	20.4(1966 年)

以芷江为例,7 月份最多雨量达 435.8 mm,最少仅 9.4 mm,两者相差 48 倍;8 份月雨量,最多达 561.3 mm,最少仅 6.7 mm,相差 83 倍。可见,月际之间 7—8 月雨量变化相当大。

同时,7、8 月雨量地域分布也不均匀,7 月份平均雨量以北部沅陵最多,为 180 mm 左右,最少是麻阳、洪江等县,为 107～120 mm。8 月份平均降雨量,以南部通道最多,为 140 mm 左右,最少是溆浦、辰溪、麻阳一带,为 100～110 mm。

另外，雷雨大风也是盛夏期间重大灾害性天气之一。盛夏雷雨大风主要是指7—8月份发展旺盛的积雨云影响时伴随雷雨出现的强烈大风。由于雷雨大风来势异常迅猛，风力一般都达8级或以上，常造成翻船倒屋、断线倒杆等灾害。如表2.5所示。

表2.5 1982—2010年7—8月雷雨大风日数(d)

项　目	沅陵(北部)	芷江(中部)	靖州(南部)
7月	7	16	91
8月	7	17	29

从表2.5可见，以靖州盛夏雷雨大风出现日数最多，29年中，7月份达91 d，平均每年3 d；8月份出现29 d，平均每年1 d。以沅陵出现最少，7、8月份均为7 d，平均每年0.2 d。

秋季　素有秋高气爽，温湿宜人的气候特点。天气变化一般较为平和。秋季也是一年四季中灾害性天气相对较少的季节，大风强度一般较弱，暴雨成灾的可能性也比较小。但秋季正是秋收秋种和晚稻生长成熟的重要时期，不利的天气条件仍然会给农业生产带来非常严重的后果。初秋时节，冷空气南下造成的第一次强烈降温和低温，可使晚稻生长遭受“寒露风”危害；有的年份，秋雨连绵也会严重影响农作物收割入仓和秋种工作，造成所谓丰产不丰收的局面。

因此，冷空气活动频繁是秋季气候的重要特征之一。若按48 h内持续降温8℃或以上，定为一次强冷空气活动过程，全市从东部溆浦至西部芷江一线以北，第一次强冷空气都在9月中、下旬出现，南部秋季第一次强冷空气出现日期则比北部推迟10 d左右。9月份强冷空气出现次数，以北部沅陵最多，平均每年可达2.2次，最大降温幅度可达18℃左右。以南部的通道最少，平均每年为1.8次，最大降温幅度可达16℃左右。10月份强冷空气出现次数，以北部的沅陵、辰溪及中部的怀化出现最多，平均每年达1.4次，强冷空气造成最大降温幅度可达22℃左右，以南部的通道出现最少，平均每年为1.2次，最大降温幅度可达20℃左右。

在两次强冷空气活动过程之间，平均间隔为13～16 d，最短仅3～5 d，最长相隔30 d左右。往往一次强冷空气影响过后，天气转晴，阳光和煦，气温回升，呈现“十月小阳春”景色。

有的年份秋雨绵绵，其对农业生产的影响已引起人们的重视。按晚秋时段(即9月21日—11月20日)一次降水过程连续两天至三天或以上，定为一次秋季连阴雨过程。据1959—2010年资料统计，52年来，全市从北至南秋季连阴雨次数达91～96次，年平均出现2.8～3次，而10月上旬至11月上旬的40 d内，是秋雨过程的多发期，此期间出现的秋雨过程占总次数的90%。10 d以上连续秋雨过程，北部沅陵和中部芷江各出现6次，南部通道出现7次，平均4～5年可出现一次。

冬季　受蒙古高压控制，整个冬季形成偏北的大陆季风，强冷空气侵入，往往形成冰雪天气，但其量甚微，连续降雪的时间也不长，多在二三天内即可消融。

初雪平均日期：北部的沅陵出现在12月上旬，中部的芷江出现在12月中旬，南部的通道出现在12月下旬。终雪平均日期，北部沅陵和中部芷江出现在3月初，南部通道出现在2月下旬。如表2.6所示。

表 2.6　1956—2010 年代表站降雪日数(d)及初、终期(日/月)

项　目		沅陵(北部)	芷江(中部)	通道(南部)
初日	历年平均	8/12	13/12	24/12
	最　早	6/11	15/11	15/11
	最　晚	11/1	12/1	25/3(1987 年)
终日	历年平均	2/3	2/3	25/2
	最　早	2/12	25/1	10/1
	最　晚	1/4	28/3	26/3
年降雪日数(d)		10	11	7

年平均降雪日数:北部沅陵和中部芷江在 10 d 左右,南部通道仅 7 d。最大积雪深度,北部沅陵和中部芷江均在 20 cm 左右,南部通道在 10 cm 上下。

整个冬季冷湿期长,严寒期短。若以候平均气温≤0℃为严寒期的标准,则全市各地绝大多数年份没有严寒期出现,只有个别年份里有一两次候平均气温在 0℃以下,且一般多出现在 1 月中、下旬,即所谓"冷在三九"。冬季日平均气温≤0℃的天数,一般年份都不足 5 d,个别年份最长才有 15 d 左右。地表水面发生结冰的日子,各地不足 20 d。

寒潮是冬季重要的灾害性天气,它能造成急剧降温、低温和大风,有时还形成冰冻、冰雹、霜雪、低温连阴雨等灾害。按湖南省规定的寒潮标准,凡因强冷空气影响,任意 48 h 降温 10℃或以上,日最低气温降至 4℃或以下,即为一次寒潮天气过程。全市各地寒潮年平均次数为 2 次左右。以 1—2 月份出现寒潮次数最多,年平均为 0.4～0.5 次,几乎两年一遇。寒潮发生时间上,最早在 11 月份即可出现,最迟大都发生在 3 月份。

2.1.2　光照充足,雨水集中

全市年平均日照时数在 1215.4 (1997 年)～1657.1 h(1963 年),历年年平均日照时数为 1405.4 h,其中县市最大年日照时数达到 1808.7 h(1978 年,芷江),最小年日照时数为 985.4 h(1999 年,新晃)。

全市年降水量在 987.9 (1985 年)～1650.2 mm(2002 年),历年年平均降水量为 1331.9 mm,其中县市最大年降水量达到 2005.2 mm(1977 年,沅陵),最小年降水量为789.3 mm (1985 年,新晃)。

2.1.3　春温多变,夏秋多旱

春季,是冬季风向夏季风的过渡季节。怀化市地处长江以南、南岭以北,是南方暖湿气流与北方冷干气流交汇地带。由于冷空气在此活动频繁,因此造成春季天气变化多端,冷暖无常,气温陡升骤降。当冷空气入侵时,降温幅度一般在 7℃以上,强冷空气则可带来 10℃以上的降温,甚至有 15℃以上的降温。

短暂的秋季,经常是前一个月左右秋高气爽,后一个月左右秋风秋雨。夏秋均少雨,干旱几乎年年都有,只是影响范围和严重程度不同而已,且秋旱多于夏旱。南部干旱出现几率较低,约为 15%;其他县市大旱年约 4～5 年一遇,多"插花旱",即使大旱之年也有雨水正常的地方。

2.1.4 严寒期短,暑热期长

夏季,在副热带高压的控制下,盛夏天气酷热。若以任意连续5 d平均气温高于28℃作为暑热期标准,则怀化市暑热期平均维持长达63 d。夏季降雨集中在主汛期4—6月,易发生洪涝灾害。7—9月常受西太平洋副热带高压的控制或影响,天气晴热少雨,其间全市平均降水量不到雨季期间降水量的一半,加之温高暑热,蒸发强盛,常常发生干旱。

冬季,湖湘大地处在冬季风控制之下,气候寒暖程度与冷空气侵入频次和强度关系极大。通常从北方南下影响怀化市的冷空气变性甚大,寒威锐减,温度升高,水汽含量增多,故一旦形成降水天气时,多雨水而少冰雪。常年各地日平均气温在0℃以下的不足10 d,深冬期间,有时虽可见几天或十几天的冰雪雨凇,但一般年份降雪多在1~2 d内即消失。

2.2 气象要素的时空分布特征

2.2.1 日照

怀化市境内光照较为充足,平均年日照时数为1215.4~1657.1 h。年日照时数最多是芷江、溆浦的山间盆地,为1500多小时,年日照时数最少是云贵高原东侧的新晃县一带,仅1300 h,即平均每天只有3 h 36 min见到太阳,亦为全省最少日照的地方。这是由于新晃年平均阴天日数(230 d)和≥0.1 mm年雨日(170 d),均为全市最多之故。

1月隆冬季节,日照时数各地在50.6~63.8h之间,北部的溆浦、沅陵山间盆地最多为60.5~63.8h。西南部的新晃、洪江最少,为50.6~51.4 h,每天平均日照只有1 h 36 min。个别年份1、2月日照特少,如1989年1月份洪江只有19.5 h;1959年2月份辰溪无日照。

4月份,日照时数增加为86.2~103.2 h。溆浦、芷江、沅陵山间盆地日照最多,为100.2~103.2 h,南部与广西龙胜、融江交界的通道一带日照较少,为86.2 h,属全省日照最少的地带。

7—8月盛夏,形成全年日照高值期。如7月份,平均日照时间各地普遍达217.2~247.5 h,个别年份高达344 h(芷江,1978年7月),即每天平均有11 h日照。

10月份,由于秋季阴雨的影响,日照时数渐减,全市各地平均日照时数为98.5~125.9 h,月平均日照时数在120 h以上的只有沅陵、溆浦、芷江、通道四县,其余均在98.5~120 h。如表2.7所示。

表2.7 全市各年间各月日照时数(h)

项目	沅陵(1954—1990)	辰溪(1958—1990)	溆浦(1956—1990)	麻阳(1959—1990)	新晃(1960—1990)	芷江(1952—1990)	怀化(1958—1990)	洪江(1960—1990)	会同(1958—1990)	靖州(1963—1990)	通道(1967—1990)
1月	60.5	57.9	63.8	58.4	50.6	56.9	55.8	51.4	55.4	53.6	57.0
4月	100.2	98.6	103.8	96.6	88.0	101.4	99.8	92.3	95.4	90.5	86.2
7月	237.8	245.3	243.1	227.9	217.2	247.5	246.1	237.8	243.6	231.3	223.5
10月	120.8	119.6	125.9	116.2	102.6	121.5	98.5	113.1	112.8	108.2	121.0
全年	1477.1	1464.1	1516.6	1408.4	1303.5	1519.2	1438.5	1390.9	1438.7	1381.5	1387.3

日照时数年月际变化比较大，如芷江 1 月份最多日照时数达 125.3 h，最少日照时数仅 12.0 h，相差竟达 10 倍。4,7,10 月日照时数最多与最少之差也在 4～5 倍。全年日照时数最多为 1900.5 h，最少为 1196.2 h，相差也达 1.6 倍。如表 2.8 所示。

表 2.8 芷江最多最少日照时数(1952—2010 年)

项目		1月	4月	7月	10月	全年
日照时数	最多(h)	125.3	171.8	344.0	237.7	1900.5
	年份	1967	1978	1978	1979	1956
	最少(h)	12.0	42.6	141.7	52.9	1196.2
	年份	1964	1965	1954	1953	1976
日照率(%)	最高(%)	38	45	81	67	43
	年份	1967	1958	1978	1979	1956
	最低(%)	4	11	34	15	27
	年份	1964	1965	1954	1953	1976

日照百分率 日照时数只是反映当地日照时间绝对值的多少，并未说明当地因天气原因而减少日照的情况。因为日照时数除了受云、雨、雾等天气条件影响以外，还受到天文条件的影响。只有实际日照时数与天文日照时数之比的日照百分率才能清楚地反映天气条件对日照时数的影响。对怀化而言，南北纬度仅相差 3°51′，天文日照时数只相差 2 h36 min。所以，年日照百分率和日照时数成正比。因此，日照百分率的地理分布也和日照时数相似。

全年各地日照百分率为 28%～34%，新晃最少为 28%，溆浦最多为 34%。

1 月日照百分率的低值区为西南部的新晃、芷江、洪江、会同、靖州、通道等县，日照百分率均在 18%以下。尤以新晃最少为 15%。属全国、全省最少地区之一。1 月日照百分率最大的溆浦也只有 21%。

4 月份时雨时晴，日照百分率略有上升，全市低值区的新晃、通道、靖州等县为 22%，比 1 月份增升 7%；高值区的溆浦、怀化为 27%，比 1 月份增升 6%。

7,8 月份，日照百分率上升到全年最高值。各地日照百分率升至 50%～60%。新晃、通道最小，为 50%左右，芷江、怀化最大，为 60%左右。

10 月日照百分率，下降到 30%～35%，与 6 月梅雨期的日照百分率值相近，仅次于日照百分率高值期的 7,8,9 月。10 月日照百分率除新晃、靖州不足 30%以外，其余各地在 30%～35%。如表 2.9 所示。

表 2.9 各县(市)历年各月日照百分率(%)

项目	沅陵	辰溪	溆浦	麻阳	新晃	芷江	怀化	洪江	会同	靖州	通道
1月	20	18	21	19	15	17	18	17	17	17	18
4月	26	26	27	25	22	26	27	24	25	23	22
7月	56	57	57	54	49	59	60	57	58	53	53
10月	35	34	36	33	29	34	33	33	32	29	34
全年	33	32	34	31	28	33	33	31	32	30	31

注：观测资料下限年均为 2010 年，起年：芷江 1952 年，沅陵 1954 年，溆浦 1956 年，通道 1957 年，辰溪、怀化、会同 1958 年，麻阳、新晃、洪江 1959 年，靖州 1963 年。

海拔高度与日照 根据雪峰山西坡山麓与山顶日照资料显示:从海拔 170 m 的安江到 1400 m 的雪峰山顶部,年日照时数减少 276.8 h,年日照百分率减少 5%,海拔高度每抬升 100 m 年日照时数减少 18.8 h。夏半年(3—9 月)山顶因多云雨,故日照比山麓少,其中,3—4 月山顶比山麓偏少 21.9～26.2 h,5—6 月少 36.8～49.6 h,7—9 月少 62.0～79.0 h;日照百分率 3—4 月少 5%,5—6 月少 9%～11%,7—9 月少 16%～21%。

冬半年 10,1 月份,山顶日照反比山麓偏多 6.2～8.6 h,11—12 月份偏多 23.8～26.3 h。日照百分率,1,10 月份偏多 2%～4%,11—12 月份偏多 8%。

如表 2.10～2.12 所示。

表 2.10 雪峰麓与山顶日照变化情况(1971—1989 年)

项目		夏半年			冬半年	
		3—4 月	5—6 月	7—9 月	10、1 月	11—12 月
日照时数(h)	安江	171.0	246.5	625.0	176.7	150.2
	雪峰山	122.9	160.1	421.3	191.5	200.3
	差值	48.1	86.4	203.7	−14.8	−50.1
日照百分率(%)	安江	22	31	53	25	23
	雪峰山	17	20	35	28	31
	差值	5	11	18	−3	−8

表 2.11 雪峰山西坡日照随高度变化情况(1983—1986 年)

海拔高度(m)	日照时数(h)				
	1 月	4 月	7 月	10 月	全年
大坪(300)	63.1	95.2	243.9	105.7	1395.6
岩屋界(500)	70.8	95.2	250.7	108.8	1429.6
铲子坪(800)	60.6	69.2	172.9	84.8	1019.7
粟子坪(1000)	59.9	84.9	232.8	96.4	1217.6
坪山塘(1404.9)	61.8	71.5	174.1	129.7	1143.6

表 2.12 雪峰山西坡日照百分率随高度变化情况(1983—1986 年)

海拔高度(m)	日照百分率(%)				
	1 月	4 月	7 月	10 月	全年
大坪(300)	19	25	58	30	31
岩屋界(500)	22	25	59	31	32
铲子坪(800)	18	18	41	24	33
粟子坪(1000)	18	22	55	27	27
坪山塘(1404.9)	19	19	41	37	26

太阳辐射年际变化 太阳辐射热量有直接辐射和散射辐射两种,总称为太阳总辐射量。它是从质的方面反映日照的变化情况,而日照时数则反映日照量的方面。但对地球的气候形成和农作物而言,太阳辐射量更具有意义。现将用左大康公式计算的东、西、南、北四站太阳总

辐射量列表如表 2.13 所示。

表 2.13 怀化地区东西南北四站太阳总辐射量(kcal/cm²①)

项 目	溆浦(东)	新晃(西)	沅陵(北)	通道(南)
1月	4.982	4.31	4.640	4.868
4月	8.788	7.85	9.517	8.003
7月	15.066	13.28	14.279	14.102
10月	8.189	7.10	7.705	7.952
年总量	106.834	94.68	103.254	101.534

太阳总辐射量随高度变化 太阳总辐射量随海拔高度升高而递减,雪峰山顶坪山塘(1405 m)比山麓安江(171 m)年太阳总辐射量偏少 11.84 kcal/cm²。太阳总辐射量的月季分配,除 1 月(冬季)山顶反比山麓偏多 0.25 kcal/cm² 外,其余 4 月(春季)、7 月(夏季)、10 月(秋季)的总辐射量都是山麓比山顶偏多,其中以 7 月偏多达 2.80 kcal/cm²,10 月偏多最少,为 0.02 kcal/cm²。如表 2.14 所示。

表 2.14 雪峰山麓与山顶太阳总辐射量比较(kcal/cm²)

项 目	1月	4月	7月	10月	全年
安江(山麓)	4.55	8.17	14.47	7.63	100.22
坪山塘(山顶)	4.80	7.03	11.67	7.61	88.38
差值	−0.25	1.14	2.80	0.02	11.84

2.2.2 气温

据 1952—2010 年资料统计,全市年均气温 16.3～17.1℃。西南部山间盆地年均气温较高,北部和南部岗地较低。年均气温最高的麻阳县 17.1℃,最低的通道县 16.3℃,高低差 0.8℃。年均最高气温 23.4℃,1963 年出现在洪江市;年均最低气温 11.8℃,1971 年出现在怀化市,高低差 11.6℃。

平均气温的年变化全市 1 月最冷,平均气温 4.7～5.3℃,越冬作物可以继续生长。1 月平均气温以辰麻盆地、安洪盆地、南部靖通谷地最高,在 5.1～5.3℃,以北部沅陵、溆浦、怀化、芷江一带最低,在 4.7～4.9℃。

1 月平均最高气温为 8.7～9.9℃,通道最高为 9.9℃。平均最低气温为 1.4～2.5℃,怀化最低为 1.4℃。

仲春 4 月,气温缓慢回升,平均气温 16.4～16.9℃,即升温 11.7℃左右。平均最高气温在 21.4～22.2℃,高温中心在洪江—洪江—会同山间盆地,为 22.0～22.2℃。平均最低气温在 12.5～13.5℃,低温中心在沅陵,为 12.5℃。各地升温率达 5.3～5.7℃/月。其中北部略大于南部,东部略大于西部。如表 2.15 所示。

① 1 kcal=4.1855 kJ,1 kcal/cm²=4.1855×10⁴ kJ/m²,下同。

表 2.15　东西南北四站春季升温速率(℃/月)

项　目	2—1 月	3—2 月	4—3 月	5—4 月	6—5 月	7—6 月
沅陵(北)	1.4	4.5	5.7	4.4	3.9	3.3
通道(南)	1.2	5.0	5.3	4.1	3.3	2.2
溆浦(东)	1.3	4.6	5.9	4.5	3.9	3.1
新晃(西)	1.3	4.5	5.6	4.6	3.6	2.8

7 月,是全年最热的月份,月均气温达到 26.3～28.4℃,其地理分布为:辰麻盆地为 28.4℃,通道岗地为 26.3℃。平均最高气温 31.5～33.6℃,高温中心分布在沅麻盆地、溆浦盆地、安洪盆地,平均最高气温达 33.0～33.6℃。平均最低气温为 22.8～24.4℃,与初秋 9 月份平均气温 22.4～24.0℃,相差无几。即是说,盛夏的白昼高温炎暑要到清晨才消退,气温才降到人宜入睡的限度。

10 月,北方冷空气开始南下,气温开始迅速下降。10—11 月,月降温率达 5.0～5.7℃/月,北部降温率略大于南部,东部降温率略大于西部。如表 2.16 所示。

表 2.16　东西南北四站秋季降温速率(℃/月)

项　目	8—7 月	9—8 月	10—9 月	11—10 月	12—11 月	1—12 月
沅陵(北)	−0.4	−4.1	−5.7	−5.5	−5.2	−2.3
通道(南)	−0.8	−3.1	−5.0	−5.3	−4.8	−2.1
溆浦(东)	−0.6	−3.9	−5.6	−5.6	−5.2	−2.4
新晃(西)	−0.7	−3.7	−5.5	−5.3	−5.0	−2.2

全市平均气温 17.4～18.2℃,辰麻盆地、溆浦盆地、安洪盆地在 18℃以上,其余不足 18℃;平均最高气温为 22.7～23.9℃,高温中心位于南端通道以及溆浦、洪江山间盆地,其平均最高气温为 23.5～23.9℃;平均最低气温为 13.7～14.8℃,低温中心位于冷空气易于滞积的芷江、怀化、通道等地,其平均最低气温为 13.7～13.9℃。如表 2.17、表 2.18 所示。

表 2.17　全市历年各月平均最高、最低气温(℃)

项　目		沅陵(1963—2010)	辰溪(1968—2010)	溆浦(1955—2010)	麻阳(1959—2010)	新晃(1960—2010)	芷江(1951—2010)	怀化(1958—2010)	洪江(1958—2010)	会同(1958—2010)	靖州(1962—2010)	通道(1957—2010)
平均最高气温	1 月	8.8	9.1	9.1	9.2	9.5	8.7	8.7	9.8	9.4	9.4	9.9
	4 月	21.5	21.8	21.8	21.7	21.7	21.4	21.6	22.2	22.0	21.7	21.7
	7 月	33.2	33.0	33.6	33.5	32.9	32.8	32.9	33.5	32.7	32.1	31.5
	10 月	22.8	23.0	23.5	23.3	22.9	22.7	22.7	23.9	23.2	23.1	23.5
平均最低气温	1 月	1.6	2.4	1.8	2.5	2.1	1.7	1.4	2.5	2.0	2.1	2.2
	4 月	12.5	13.5	13.1	13.4	12.9	12.8	12.7	13.4	13.2	13.5	13.4
	7 月	23.8	24.4	24.1	24.6	23.2	23.5	23.8	23.8	23.3	23.4	22.8
	10 月	14.1	14.7	14.3	4.8	14.1	13.9	13.7	14.5	14.0	14.1	13.9

表 2.18 历年各月平均气温(℃)

项 目	沅陵(1963—2010)	辰溪(1968—2010)	溆浦(1955—2010)	麻阳(1959—2010)	新晃(1960—2010)	芷江(1951—2010)	怀化(1958—2010)	洪江(1958—2010)	会同(1958—2010)	靖州(1962—2010)	通道(1957—2010)
1月	4.7	5.1	4.9	5.3	5.0	4.7	4.5	5.3	4.9	5.1	5.2
4月	16.3	16.9	16.7	16.9	16.4	16.4	16.4	16.9	16.7	16.8	16.7
7月	27.9	28.4	28.2	28.6	27.4	27.5	27.8	28.0	27.4	27.2	26.3
10月	17.7	18.1	18.1	18.2	17.5	17.5	17.4	18.2	17.6	17.7	17.4
年均	16.6	17.0	16.9	17.1	16.5	16.5	16.4	17.0	16.6	16.6	16.3

农业界限温度初终期与积温 日平均气温低于0℃,植物生长停止,冬小麦进入越冬阶段。待到翌年日均气温升到0℃以上,草木萌长,小麦返青,开始一年一度的农事活动。全市冬季日均气温在0℃以下日数一般4～6 d,年平均冰冻日数3～7 d,日均气温稳定通过0℃的持续日数360 d左右,活动积温5973～6239℃·d。

日均气温稳定高于5℃,是越冬作物开始缓慢生长的温度指标。各县稳定高于5℃的平均初日在2月16—25日,辰溪、麻阳、洪江市较早,在2月16—17日,新晃、溆浦县,在2月20—21日,其余各县在2月23—25日。平均终日为12月14—20日,最早终日是沅陵、怀化、芷江,在12月14—15日,最迟终日是洪江、靖州、辰溪、溆浦县,在12月18—20日。日均气温稳定高于5℃的持续日数长达295～308 d,最长为洪江市308 d,最短为沅陵、怀化、芷江295 d,两者相差13 d。日平均稳定通过5℃的活动积温,全市为5600～5965℃·d,最多的麻阳县5965℃·d,最少的通道县5600℃·d,相差365℃·d。

日均气温稳定高于10℃,棉花、水稻、玉米等喜温作物进入生长期,大小麦等喜凉作物进入一年中的活跃生长期。全市平均初日为3月20—25日,最早初日的辰溪为3月20日,最晚初日的靖州为3月25日。平均终日全市为11月18—24日,最早终日的怀化、会同、靖州、通道等县(市),均在11月18日,最迟终日的麻阳县在11月24日。稳定高于10℃的持续日数全市在240～249 d,其中以怀化、芷江、会同、靖州、通道等县(市)持续日数最短,为240 d,以麻阳、辰溪两县较长,为247～249 d。日均气温高于10℃的活动积温全市为5059～5453℃·d,其中以怀化、芷江、会同、靖州、通道最少为5059～5177℃·d,以麻阳、辰溪、溆浦、洪江山间盆地最高达5321～5453℃·d。

如果把≥10℃积温除以≥10℃日数,便得≥10℃期内的热量强度。全市从南到北平均热量强度在20～22℃,其中麻阳平均热量强度最高达22℃,通道平均热量强度最低为20℃。

日均气温稳定高于20℃是保证常规晚稻正常开花结实的温度指标。其平均初日,以洪江、麻阳两县较早,为5月16—17日,其余各地为5月19—21日;平均终日,以通道、沅陵、怀化、芷江、新晃、会同县(市)较早,为9月24—26日,其余各地为9月27—30日。日均气温高于20℃的持续日数为127～138 d,以洪江、麻阳、辰溪、溆浦山间盆地持续日数最长为133～138 d,以通道、沅陵、怀化、芷江持续日数较短,不足130 d。日均气温高于20℃的活动积温,全市为3126～3579℃·d,其中通道不足3200℃·d。

日均气温稳定高于22℃是保证杂交晚稻正常开花结实的温度指标。高于22℃的平均初日为6月1—10日，比高于20℃的平均初日推迟15～20 d。高于22℃的平均终日，全市为9月12—19日，比高于20℃的平均终日提早10～15 d。日均气温高于22℃的持续日数全市为95～110 d，活动积温为2410～2989℃·d。

表2.19　东西南北中代表县各种界限温度

	项目	沅陵(北)	通道(南)	怀化(中)	溆浦(东)	新晃(西)
≥0℃	初终间日数(d)	361.5	360.1	361.1	361.2	360
	积　温(℃·d)	6067.1	5973.1	6008.8	6189.1	6056.4
≥5℃	初　日	2月23日	2月24日	2月24日	2月21日	2月20日
	终　日	12月14日	12月17日	12月15日	12月18日	12月17日
	初终间日数(d)	295.6	297.2	295.2	301.7	301.1
	积温(℃·d)	5710.9	5599.9	5672.1	5868.3	5729.8
≥10℃	初　日	3月23日	3月24日	3月24日	3月24日	3月22日
	终　日	11月21日	11月18日	11月18日	11月21日	11月20日
	初终间日数(d)	243.7	240.8	239.7	243.2	243.6
	积温(℃·d)	5230.4	5058.9	5159.7	5320.7	5204.1
≥20℃	初　日	5月21日	5月21日	5月21日	5月20日	5月20日
	终　日	9月26日	9月24日	9月25日	9月29日	9月26日
	初终间日数(d)	129.7	126.7	127.9	133.3	130.6
	积温(℃·d)	3344.4	3126.3	3285.5	3473.2	3322.5
≥22℃	初　日	6月6日	10月6日	7月6日	1月6日	7月6日
	终　日	9月16日	12月9日	9月15日	9月19日	9月15日
	初终间日数(d)	103	95	100.6	110.7	100.5
	积温(℃·d)	2746.3	2409.9	2665	2964.8	2638.8

各级热日和冷日　全市T_{max}≥30℃的热日，以洪江、麻阳山间盆地最多，平均每年达97～104 d；以海拔400 m的通道山城最少，平均每年为82 d左右。T_{max}≥35℃的炎热日，以麻阳、溆浦、洪江山间盆地最多，平均每年为28 d左右。T_{max}≥40℃的极热日，区内出现极少。自有现代气象观测记录以来，仅沅陵、溆浦、辰溪、新晃各出现一次，麻阳出现3次，而且大都出现在1972年8月27日的热浪中，其中麻阳县出现的极端最高气温41.5℃为目前全市最高纪录。值得注意的是，只要T_{max}≥37℃连续出现，就开始有中暑病人发生，其中老弱病残者容易死亡。因此，T_{max}≥40℃自然可称酷热期。

T_{min}≤0℃的冷日，全市以寒潮冷空气南下必经之道的沅陵、溆浦和冷空气易于滞积的芷江、怀化山间盆地出现日数较多，平均每年有20～25 d。而北边有山体屏障、南边敞口的畚箕形地形，冷空气“难进易出”的麻阳、洪江、新晃县出现日数较少，平均每年15 d左右。

T_{min}≤−5℃的冷日，全市以南部海拔400 m的通道山城出现日数最多，平均每年出现一次。以麻阳县出现日数最少，平均每5年出现一次。其余各县平均2～3年出现一次。

T_{min}≤－10℃的极冷日，自有气象记录以来，全市除南部的通道、靖州、会同县未出现外，其余各县均出现一次，而且出现时间均在1977年1月30日强大的西西伯利亚大陆冷气团南下时，其中沅陵县出现极端最低气温－13.0℃。

气温随海拔高度的变化 怀化地区是个典型的山区，起伏的地形，悬殊的高差，使山区等温线分布好比地形等高线一般复杂、密集。山区中气温一般都是随海拔高度的增加而降低的。如表2.20所示。

表2.20 雪峰山三对高山与山麓平均气温(℃)及气温直减率(℃/100 m)

项目	1月	4月	7月	10月	全年
安江(169.9 m)	5.3	16.9	28	18.2	17
雪峰山(1404.9 m)	－0.5	10.8	20.4	12.2	10.5
温差	－5.8	－6.1	－7.6	－6	－6.5
梯度(℃/100 m)	0.47/100	0.50/100	0.62/100	0.49/100	0.53/100
新晃(355.5 m)	5	16.4	27.4	17.5	16.5
万山(884 m)	1.7	13.7	24.2	15	13.4
温差	－3.3	－2.7	－3.2	－2.5	－3.1
梯度(℃/100 m)	0.62/100	0.52/100	0.60/100	0.47/100	0.58/100
沅陵(143.2 m)	4.7	16.3	27.9	17.7	16.6
齐眉界(800 m)	2.4	13.3	24.4	14.5	13.5
温差	－2.3	－3	－3.5	－3.2	－3.1
梯度(℃/100 m)	0.35/100	0.46/100	0.54/100	0.49/100	0.48/100

表2.20列出三对高山与山麓1,4,7,10月和全年的平均气温对比、气温的直减率(是根据两站之间的温差除以高差，用每上升100 m气温递减度数表示)，三对山顶与山麓年气温直减率为0.48～0.58℃/100 m，各季节的气温直减率，以夏季(7月)最大，为0.54～0.6℃/100 m；以冬季(1月)最小，为0.35～0.47℃/100 m；春(4月)、秋(10月)两季，气温直减率介于两者之间，为0.46～0.52℃/100 m。

即使同一山脉同一坡向上，气温直减率也随海拔高度的增加而增大。以雪峰山西坡为例，选出四个不同海拔高度测点，即安江－岩屋介－铲子坪－坪山塘分别代表山区下部、中部和上部。各月及年气温直减率均以上部大于中部，中部大于下部，以年平均而言，山脉上部直减率为0.70/100 m，而下部为0.28℃/100 m，两者相差0.42℃/100 m。

山地逆温 山地气温一般随海拔高度的增高而降低。但有趣的是，在晴朗或多云微风的夜晚，山地气温反而随海拔高度的增高而升高。出现这种反常的原因，是由于夜晚辐射冷却，山峰上部的冷空气流入下部，迫使下部暖空气向上抬升所致。现列举雪峰山西坡1984年1月10日、12日、14日四个不同海拔高度测量的气温实况如表2.21所示。

表 2.21 雪峰山逆温(夜温)变化实况(℃)

测　点	1月10日				1月12日				1月14日			
	20时	02	05	08	20时	02	05	08	20时	02	05	08
粟子(1000 m)	8.1	6.0	6.5	5.8	5.1	7.3	5.5	4.3	10.9	10.2	11.0	10.1
铲子(800 m)	10.0	8.3	8.4	8.4	6.3	6.5	6.3	5.8	13.8	9.7	10.5	9.8
岩屋(500 m)	12.2	7.9	6.6	5.4	8.5	8.4	7.9	7.4	10.2	8.4	8.3	7.7
大坪(300 m)	6.9	0.5	1.4	1.9	5.6	7.1	6.6	6.0	9.0	1.5	1.2	2.8

由表 2.21 可知:①雪峰山区逆温生消时间,一般傍晚 20 时左右出现,直至翌日 08 时左右(太阳出来以后)消失。②雪峰山区逆温通常出现一层(300～500 m),有时也出现两层(300～500 m,800～1000 m),如 12 日 02 时。③雪峰山区逆温厚度,浅层有 200～300 m,深层也有 500～800 m,如 14 日 02 时、05 时、08 时。④雪峰山区逆温增温率,一般为 2～3℃/100 m,最大增温率可达 3.7～4.8℃/100 m。⑤山地夜晚的逆温效应,对栽种在山腰上的怕冻、怕寒的果木,提供了温室效应,是山区独有的气候资源。

霜日与无霜期　霜是大气中的水汽在地面、物体上的凝华现象。有霜表示地面最低温度已在零度以下,蔬果作物可能遭受冻害。全市年均霜日的地域分布,大致以怀化、芷江中部以北的沅陵、辰溪、溆浦等县(市),全年平均霜日在 14～21 d。南部和西部的新晃、洪江、会同、靖州、通道等县(市),全年平均霜日在 10～13 d。年均霜日以沅陵最多为 21 d,新晃最少为 10 d,两地相差 11 d。

每年从终霜到初霜间隔的期间,称无霜期。区内东北部沅陵、溆浦和中部怀化、芷江,平均终霜日在 2 月 20 日—3 月 2 日,平均初霜日为 11 月 29 日—12 月 5 日,无霜期为 272～288 d。南部各县和西北部的麻阳、辰溪,平均终霜日为 2 月 12—20 日,平均初霜日为 12 月7—15 日,无霜期 291～303 d。如表 2.22 所示。

表 2.22 各代表县全年霜日数与初、终期和无霜期

代表县	全年霜日数(d)	平均初日(日/月)数	平均终日(日/月)数	最早初日(日/月)数	最终晚日(日/月)数	无霜期(d)
沅陵(北)	20.9	29/11	2/3	12/11	26/3	272
通道(南)	13.0	13/12	16/2	10/11	16/3	299
怀化(中)	13.9	5/12	20/2	19/11	10/3	288
溆浦(东)	16.5	30/11	20/2	12/11	12/3	284
新晃(西)	9.9	15/12	15/2	18/11	16/3	299

2.2.3 降水

地理分布　怀化地区降水总的趋势,是东多西少,从东北向西南递减,南北两端为多雨中心。东半部的溆浦、怀化、洪江一线,年平均雨量在 1300 mm 以上,西半部的麻阳、新晃、芷江、会同一线,平均年雨量不足 1300 mm。最多年雨量是北部沅陵和南部通道,平均年雨量在 1400 mm 以上,个别年份如 1954、1977 年沅陵年雨量达 2000 mm 之多,1994 年通道达 1800 mm 以上。年最少雨量是新晃县,多年平均雨量不足 1200 mm。造成年雨量"两多一少"

的原因，主要是因为降水多在夏季，而夏季风均来自东南方的太平洋、南海和西南方的印度洋、孟加拉湾，气流中含有大量水汽。而西部的新晃处在云贵高原的东侧，东南方来的水汽受雪峰山和武陵山脉的屏障阻挡，处在背风的雨影区，西南方来的水汽翻过云贵高原背后下沉增温，水汽大量耗散，所以出现全市的少雨中心。而北部沅陵接近桃源、安化交界的牯牛山暴雨中心，南部通道接近广西越城岭（老山界）资源、融江一带暴雨中心，故年雨量偏多。

季节分配 冬季（12 月至翌年 2 月）最少，各地为 100～170 mm，占全年总雨量 9%～12%。但由于雨日偏多（>0.1 mm 雨日在 35～44 d），光照偏少，气温偏低，使得冬季细雨蒙蒙，气候阴冷而潮湿。

雨季（4—6 月）：各地雨量普遍增多，为 500～660 mm，占全年总雨量的 43%～47%，为全年雨量最多季节。5—6 月份是暴雨（日雨量>50 mm）多发月份，占全年出现暴雨总次数的 47%～60%，也是洪涝灾害易发期和防汛关键期。

旱季（7—9 月）：区内雨季在 7 月初逐渐结束，开始进入少雨伏旱季节。7—9 月雨量各地为 290～380 mm，占全年总雨量的 21%～26%。但这时光照强，气温高，蒸发量大（480～590 mm），降水量远小于蒸发量，入不敷出，伏、秋旱常有发生。到 10 月份，夏季风南撤，降雨量又出现第二个小高峰，各地平均雨量为 90～120 mm，秋旱得到缓解。其后，雨量又逐渐减少，12 月至翌年 1 月为全年的最低点。

量级分布 一日降水量>10 mm（中雨及以上）日数分布，全市年平均日数为 35～43 d，以北部沅陵、溆浦及南部通道出现较多，为 41～43 d，以新晃最少，为 35 d 左右。

日降水量>25 mm 日数（大雨及以上），年平均日数为 11～16 d，以沅陵、通道、溆浦、怀化、洪江较多，达 15～16 d。以新晃、芷江、会同西南一线最少为 11～13 d。

日降水量≥50 mm 日数（暴雨日数），年平均日数为 3～5 d，以沅陵暴雨日数最多，平均每年 5 d。以麻阳、新晃、会同为最少，平均每年 3 d。

日降水量≥100 mm（大暴雨）日数，沅陵、溆浦、通道、怀化平均两年一遇或三年两遇，其余各地平均三年一遇。

日降水量≥150 mm 日数，各地一般很少出现，自有现代气象观测记录以来，新晃、会同两县从未出现过；溆浦、麻阳、怀化、洪江四县市仅出现过 1 次。辰溪、靖州两县出现过 3 次，出现最多的沅陵、芷江、通道三县为 6～7 次。

一日最大降水量，只有沅陵、辰溪、靖州、通道四县一日最大降水量超过 200 mm 以上，其中以辰溪为中心，一日最大降水量达 270 mm（出现于 1965 年 7 月 6 日），创全市最高纪录。

降水变率与降水保证率 降水变率：气候上，一般用雨量变率来衡量一地雨量的年际变化稳定程度，如果一个地方的年雨量逐年不够稳定，就会给农业生产带来灾害。全市各地年雨量的平均变率为 7%～13%，只有新晃、会同平均变率小于 10%。平均变率大于 10%的有沅陵、通道、麻阳、辰溪四县。说明新晃年雨量变化要比沅陵稳定一些。怀化年雨量变率与全国相比属较小的地方。但各年降水总量在数量上的差别仍然较大。例如，沅陵 1954 年雨量最多达 2007.6 mm，而 1994 年雨量少至 1031.1 mm，相差近 1 倍，因而其年雨量变率为全市最大达 13%。如表 2.23 所示。

表 2.23 各地年季降水变率(%)

项目	春季(3—5月)	夏季(6—8月)	秋季(9—11月)	冬季(11月至翌年2月)	全年
沅陵	32	50	56	43	13
辰溪	31	46	54	41	11
溆浦	30	43	53	40	10
麻阳	29	47	57	40	12
新晃	31	43	58	41	8
芷江	31	45	53	40	10
怀化	29	44	55	37	10
洪江	33	47	58	39	10
会同	31	44	57	43	7
通道	31	48	51	39	12

年降水量的保证率：全市各县(市)年降水量都大于 800 mm，即各地在 800 mm 以上的保证率均达 100%；各地年降水量大于 1000 mm 的保证率除新晃、辰溪、麻阳三县在 88%～92%以外，其余各地的保证率为 97%～100%；各地年降水量大于 1200 mm 的保证率，除新晃、麻阳二县在 38%～48%以外，其余各地的保证率为 73%～90%；年降水量大于 1400 mm 的保证率在 50%以上的有沅陵、溆浦、怀化、通道四县(市)；年降水量大于 1600 mm 的保证率，沅陵、通道在 19%～23%；年降水量大于 2000 mm 的，全市唯有沅陵一县达到这一极值。

最长连续降水日数 全市最长连续降水日数为 7～28 d，以南部靖州、会同、通道和怀化连雨日数最长，为 20～28 d。其中靖州连雨日数最长达 28 d(出现于 1976 年 3 月 18 日—4 月 14 日)，怀化连雨期间总雨量为最大(514.4 mm，出现于 1979 年 6 月 15 日—7 月 2 日)。

各地最长连续雨日数与最长连续无雨日数如表 2.14 所示。

最长连雨日数出现的季节：以夏季(6—8 月)出现最多，全市 12 个县(市)中有 6 个县(市)出现，占 50%；春季(3—5 月)次之，有 4 个县(市)出现，占总数的 33%；冬季(1—2 月)出现最少，仅有 1 县出现，占总数的 8%。

全市最长连续无雨日数 平均为 30～42 d，以西北部的麻阳、新晃、芷江连续无雨日数为最长，在 40 d 以上。以南部的通道、靖州、会同连续无雨日数最短，在 30 d 左右。

最长连续无降水日的出现季节，绝大部分地方都出现在伏旱和秋高气爽季节。少数出现在冬季少雨季节。如麻阳县夏秋季最长连续无雨 42 d(发生在 2010 年 8 月 10 日—9 月 20 日)，而辰溪县最长连续无雨 32 d 却出现于冬季(1963 年 1 月 2 日—2 月 2 日)。

各地最长连续雨日数与最长连续无雨日数如表 2.24 所示。

表 2.24 各地最长连续雨日数与最长连续无雨日数

项目	最长连续降水			最长连续无降水		
	日数(d)	总雨量(mm)	出现时间(年.月.日)	日数(d)	出现时间(年.月.日)	30 d 以上无雨次数
沅陵	19	376.6	1988.8.25—9.12	33	1974.10.11—11.12	5 次
辰溪	17	80.4	1982.1.28—2.13	32	1963.1.2—2.2	4 次
溆浦	19	272.5	1988.8.25—9.12	34	1983.11.12—12.15	4 次

续表

项目	最长连续降水			最长连续无降水		
	日数(d)	总雨量(mm)	出现时间(年.月.日)	日数(d)	出现时间(年.月.日)	30 d以上无雨次数
麻阳	18	342.6	1979.6.15—7.2	42	1990.8.10—9.20	4次
新晃	19	130.9	1977.6.4—6.22	40	1990.8.12—9.20	2次
芷江	18	445.7	1979.6.15—7.2	40	1990.8.12—9.20	2次
怀化	24	298.8	1958.4.29—5.22	30	1979.9.25—10.24	2次
洪江	19	384.1	1979.6.15—7.3	35	1966.8.26—9.29	3次
会同	23	272.4	1958.4.30—5.22	31	1988.10.26—11.25	1次
靖州	28	98.1	1976.3.18—4.14	30	1979.9.25—10.24	1次
通道	20	273.5	1975.4.22—5.11	30	1958.11.19—12.18	1次

2.2.4 风

风速 怀化地区历年平均风速为1.1～2.6 m/s，以新晃最小为1.1 m/s，以靖州最大为2.6 m/s，溆浦次之，为2.1 m/s。海拔1400 m的雪峰山站年平均风速达4.9 m/s。年平均大风日数(最大风速≥17.2 m/s)为3～22 d，以靖州出现最多达22 d，个别年份多达62 d(1963年)。究其原因，靖州县城位于渠水河谷畔，渠水自南向北流，渠水两侧为山脉对峙，中间形成一个南北向狭管地形，正好与盛行风向一致。因此，靖州无论风速和大风日数均为全市之冠。溆浦县城位于山间盆地，其东北部的四都河与西南部的沅水汇合于大江口，两条河的东西侧高耸着雪峰山脉，中间形成东北—西南向的狭管地形，故风速也大，居全市第二位。新晃县城北部有万山，南部有滚马坡高山屏障，削弱盛行南北向季风的势力，因而年平均风速最小。

据海拔1400 m雪峰山气象站测得的风速和大风日数远比平地大得多。年平均大风日数38.6 d，个别年份达97 d(1971年)。比山麓的安江年大风日数多33 d。由此可见，山区风能资源潜力较大。

全市年最大风速为13.0～26.3 m/s，以麻阳、雪峰山、怀化、靖州较大，达20.0～26.3 m/s；以会同、新晃、芷江、通道较小，为13.0～16.0 m/s。

一年中，全市平均风速随季节而变更。大部分地方以4月份平均风速最大(为1.7～3.2 m/s)，大风日数最多(2～4 d)。雪峰山上平均风速达5.2 m/s，大风日数7 d。以10月平均风速最小，为1.3～2.2 m/s，平均大风日数最少，各地不足1 d。如表2.25所示。

表2.25 各地年月(季)平均风速(m/s)和大风日数(d)

项目	1月		4月		7月		10月		全年		
	平均风速	大风日数	平均风速	大风日数	平均风速	大风日数	平均风速	大风日数	平均风速	最大风速	大风日数
沅陵	1.6	0.1	1.7	0.9	1.3	0.2	1.5	0.2	1.5	17.0	3.0
辰溪	1.9	0.0	1.9	0.8	1.8	0.7	1.9	0.1	1.8	18.0	3.5
溆浦	2.3	0.5	2.3	0.7	2.0	0.7	2.2	0.1	2.1	19.0	4.3
麻阳	1.6	0.5	1.9	1.1	2.0	1.0	1.6	0.2	1.7	26.3	7.8
新晃	1.1	0.1	1.3	1.1	1.3	1.4	0.9	0.1	1.1	16.0	5.8

续表

项　目	1月		4月		7月		10月		全年		
	平均风速	大风日数	平均风速	大风日数	平均风速	大风日数	平均风速	大风日数	平均风速	最大风速	大风日数
芷　江	1.8	0.1	1.9	0.6	1.7	0.7	1.6	0.1	1.7	16.0	3.7
怀　化	1.7	0.3	2.1	1.4	2.3	1.2	1.6	0.3	1.9	20.7	6.6
洪　江	1.7	0.2	1.9	0.7	1.9	1.4	1.7	0.2	1.7	17.0	5.7
会　同	1.4	0.3	1.7	1.5	1.8	1.2	1.3	0.0	1.5	13.0	6.7
靖　州	2.4	0.7	3.2	4.3	3.2	4.8	2.2	0.4	2.6	20.0	21.9
通　道	2.0	0.2	2.2	1.2	2.1	1.0	1.6	0.0	1.9	14.0	5.0
雪峰山	4.7	3.3	5.2	7.0	4.5	3.4	5.0	1.3	4.9	24.7	38.6

风向　受大气环流的影响，境内风向随季节而变化。冬季盛行偏北风和东北风；夏季盛行偏南风和西南风。春秋两季为冬夏季风的过渡季节，风向不如冬夏季节那样稳定，但仍以偏北风和东北风较多。就全年来看，主导风向为偏北风和东北风，频率达46%。仅仅新晃县因南北部有山脉屏障，中间形成东西向的舞水河谷地带，来自南北盛行的风向被迫改向，故以东南风和偏东风占优势。

冬季，全市以偏北风和东北风为主，辰溪、洪江、溆浦、会同、靖州、通道等县为偏北风；沅陵、麻阳、怀化、芷江等县为东北风。

春季，冬季风逐渐向夏季风过渡，偏南风和西南风开始增多，但由于冷气团的势力仍然占主导地位，因此，全市的风向还是以偏北风和东北风为主。

夏季，受太平洋副热带高压或大陆热低压的控制，全市风向跟冬季相反，即以偏南风和西南风为主。如辰溪、麻阳、芷江、会同、靖州、通道等六县吹偏南风为主。而沅陵、溆浦、怀化、洪江等四县(市)吹西南风为主。

秋季，是夏季风向冬季风过渡的季节，但其交替速度远比春季要快，而且秋季盛行风向与冬季风向相一致，只不过没有冬季风向那样稳定。

2.3　主要气象灾害的分布特征

主要气象灾害有春季3月中旬至4月下旬的“(倒)春寒”天气，对春播育秧造成极为不利的影响；5月出现的“五月低温”天气，严重影响水稻出穗；汛期的暴雨洪涝及其引发的山洪泥石流灾害，严重影响人们的生命财产安全；7、8月出现的持续高温热害天气；9月至10月上旬的“寒露风”天气；冬季的冰冻雨雪天气等，均会对人们的生产、生活造成极为不利的影响，甚至危害到人们的生命财产安全。

2.3.1　暴雨洪涝

据1962—2010年资料统计，怀化共出现日降水量50.0 mm以上的暴雨1978站次，平均40.4站次/年，暴雨洪涝及其引发的水淹农田、冲毁道路、城市渍涝、山洪泥石流等气象灾害，严重影响人们的生命财产安全。

从地理纬度和影响气候的下垫面来看，怀化受安化梅城、桃源牯牛山、涟源越城岭、贵州梵净山四大暴雨中心包围，北方来的冷空气被云贵高原阻挡，西进的暖湿气流为雪峰山、武陵山拦截，在怀化市上空交锋，滞留，形成暴雨和特大暴雨，导致溪河泛滥。而怀化地处雪峰山与武陵山脉之间，地形复杂，多高山峻岭，河道坡度大，水流急，险滩多，加之植被破坏严重，河道相对狭窄，极易由暴雨引发山洪，冲毁农田、公路，淹没村庄、城镇。市内河流纵横，溪流密布，沅水干流及其六大支流均穿境而过，在贵州高水位泄洪，下游截流，本地发生强降水时，使怀化市面临"上压、下顶、中间堵"的严峻防汛形势。

据记载，1978 年以来，全市性中涝以上的年份有 1979、1988、1990、1991、1992、1993、1994、1995、1996、1998、1999、2004、2005、2006 年和 2007 年；从水系上分，溆水、辰水、舞水及沅水干流发生的次数多，酉水次之，渠水、巫水又次之。以 1996 年 7 月洪涝影响最大。

1979 年：6—7 月期间，怀化市的辰溪、麻阳、芷江、鹤城、溆浦、沅陵、新晃、洪江等地普降暴雨、大暴雨，最大降雨量达 547.3 mm，造成大涝。全市因灾死亡 47 人，伤 52 人，淹没稻田 16.164 万亩，造成巨大经济损失。

1988 年：5—8 月期间，怀化市辰溪、溆浦、麻阳、鹤城、通道 、靖州 、会同、洪江等地降暴雨、大暴雨和特大暴雨，出现大涝，致使怀化市大范围受灾，灾情严重。全市共死亡 25 人，伤 45 人，损坏房屋 2873 栋，农业受灾面积 33.2741 万亩，直接经济损失达 10873 万元。

1990 年：5 月 29—31 日，全市由南至北，先后有 12 个县(市、区)的 287 个乡镇、3009 个村、53.17 万户、218 万人遭受山洪暴雨袭击，全市因灾死亡 100 人，失踪 50 人，受伤 2301 人，倒塌房屋 3918 栋，22094 人无家可归；冲走粮食 0.2597 吨，流失木材 20387 m^3，溆浦县 15 日下午沿溆水河两岸 7 km 内一片汪洋，20 万人被洪水围困。被淹稻田 167.9 万亩，垮小Ⅱ型水库 2 座，冲垮公路桥 361 座，造成三条国道和三条省道交通部分中断，受灾学校 459 所，医院 34 所，593 栋校舍和 88 栋医院房屋遭到不同程度损坏。这次水灾造成经济损失达 45000 万元。

1991 年：7 月份以后，怀化市连降暴雨，麻阳县 7 月 6 日至 12 日的 7 d 时间内，总降雨量达 450 mm，辰溪县 6 日至 12 日降水 292.4 mm，造成河水陡涨。全市 171 个乡(镇)、1925 个村、149.58 万人受灾，死亡 12 人、伤 331 人，重伤 43 人，倒塌房屋 1973 间，农作物受灾面积 120.06 万亩，冲垮桥梁 451 座，毁坏车辆 37 台，倒电杆 783 根，因灾造成的直接经济损失达 7197 万元。

1992 年：本年度雨季全市始于 3 月中旬，入汛早于往年。大的洪涝过程有三次。使全市大部分县市遭受严重洪害，全市受灾的有 91 个乡(镇)、32 万人、因灾死亡 21 人，冲毁稻田 16.43 万亩，倒塌房屋 9590 间，因灾造成的直接经济损失达 25000 万元。

1993 年：7 月 2—5 日受西南低涡发展东移影响，通道、会同、沅陵、辰溪、溆浦、麻阳、新晃等地连降暴雨，全市有八个县 265 个乡镇、2337 个村、167.5 万人受灾，损坏房屋 710519 间，倒塌房屋 16543 间，死亡 38 人，损坏小Ⅱ型水库 13 座，电站 49 座。因灾造成的直接经济损失达 64042 万元。

1994 年：5 月 23—24 日，由于受中低空低涡，切变线和地面冷锋的影响，怀化市南部的通道、靖州、会同遭遇暴雨袭击，造成三县 58 个乡、578 个村、45 万人受灾，洪水围困 500 人，死亡 26 人、失踪 12 人、重伤 62 人、5.3 万人无家可归，农作物受灾面积 1.7 万多亩，工矿企业停产 51 个，这次灾害造成的经济损失达 23.65 万元。10 月 8 日，新晃、鹤城、洪江、会同、靖州、通道 7 县市普降暴雨，全市有 10 个县(市)、182 个乡镇、1718 个村、114.75 万人受灾，5.8 万人被洪水围困，9.7 万人被迫紧急转移，7 个县城、26 个乡镇街道进水，损失房屋 69065 间，倒塌房屋 8889 间，死亡 7 人，农作物受灾面积 3.9499 万亩。直接经济损失达 74.9 万元。

1995年:6月30日至7月2日,全市12个县(市、区)连降暴雨,24 h达50.0～99.9 mm的有8站次,100.0～150.0 mm的有3站次,151.0～260.0 mm的有3站次,造成全市9个(县、市)271个乡镇、3131个村、24751个组65.87万户、244.86万人受灾,麻阳、新晃县城全部进水被淹,水深2～7 m,全部停水停电,交通、通讯中断,芷江、辰溪县城三分之二被水淹,怀化市、溆浦县城一半被淹。全市被洪水围困37.5万人。因灾死亡167人,轻伤6427人,重伤1413人,农作物受灾面积202.6万亩,绝收39.05万亩,减产粮食28.648万吨,农田、水利、交通、电力、通讯等基础设施遭到严重破坏,公路塌方13313处844 km,冲垮桥梁887座,小水电站137座,倒断电杆14685根,320、319、209三条国道及7条省道交通中断,损坏中小型水库56座,损坏通信线路273.3 km,输电线路1513 km,造成麻阳、新晃两座县城和全市大部分乡镇公路、通信、电力"三不通"的严重后果,短期内难以恢复,其中320国道新晃境内中断时间长达1个月之久,这次洪灾造成直接经济损失达268700万元。

1996年:7月15日至18日,怀化市12个县(市、区)普降暴雨,降水持续时间长,雨量高度集中,7月9—18日10日内总降雨量除新晃县在216.0 mm外,其余各县在327.0～483.8 mm之间。全市12个县(市区)有324个乡镇、3728个村、289.6万人受灾,其中重灾民20.25万人,因灾死亡92人,倒塌房屋15.7万间,铁路中断258 h,320、209、319国道及1844省道交通全部中断,倒电杆12157根、中断供电860 h,损坏通信线路574 km,155座水库出现险情、垮山塘30余口,损坏水文站5个,有121座水电站被冲垮或部分损坏,4805家工矿企业停产,100多所中小学校和80多家医疗机构被冲淹。全市因灾造成的直接经济损失达731000万元。

1998年:6月13—24日,全市普降大暴雨或特大暴雨,其中6月13日沅陵降特大暴雨207.6 mm,6月16日,辰溪、溆浦、芷江、鹤城、中方等县市(区)降大暴雨,雨量在138.0～169.6 mm之间,6月23—24日,沅陵、溆浦、麻阳、新晃、靖州、通道等县降雨量在55.8～80.9之间,10 d内暴雨接连不断,造成山洪暴发,导致全市洪涝灾害严重,受灾损失惨重。全市12个县(市、区)268个乡镇、3325个村、275.6万人受灾,因灾死亡44人,农作物受灾面积211.2万亩,倒塌民房8451间,1454人无家可归,毁坏电杆3153根。因灾造成直接经济损失达72000万元。

1999年:5月16日—7月16日,怀化市共出现4次暴雨过程,造成洪涝灾害。据统计全市9个县市、180个乡镇、120万人受灾,损坏房屋23965间、倒塌房屋1594间,农作物受灾面积74.235万亩,成灾面积36.363万亩,绝收面积13.965万亩,毁坏耕地3.396万亩,因灾死亡8人,公路中断70条次,冲毁铁路桥涵4座,公路桥涵103座,583个工矿企业因灾停产,损坏小Ⅰ型水库7座,小Ⅱ型水库30座,直接经济损失50643万元。

2004年:6月22—25、7月17—21日,怀化市前后两次遭受暴雨、大暴雨袭击。6月22—25日自北向南出现了一次明显的强降水过程,最大降雨量347 mm(沅陵牧马溪)。7月17—21日自北向南又出现了一次暴雨和大暴雨过程,这次降雨强度大,持续时间长,范围广。全市11个县市24h降雨量超过100 mm的有9个,部分县市日降雨量突破历史极值,全市12个县市同时遭灾。据统计,两次过程共有13个县市315个乡镇289.1万人遭灾,10个以上城镇进水受淹,倒塌房屋3.45万间,死亡27人;农作物受灾面积298.22万亩,成灾201.795万亩,绝收81.81万亩,粮食减收29.45万吨;528个工矿企业停产,中断公路708条,毁坏路基819.05 km,损坏输电线路584.22 km,损坏通信线路174.45 km,损坏水库43座,损坏堤防5094处1122.1 km,损害护岸2251处,水闸520座、灌溉设施3791处、机电泵站382座,冲毁塘坝2006座，26座小水电站受淹或损坏。全市洪灾直接经济损失315520万元，其中水利设施直接经济损失54440万元。

2005年：5月31日至6月1日，怀化市北中部地区普降大到暴雨，局部地区为大暴雨或特大暴雨，降雨量超过200 mm的1站，100～200 mm的5站，50～100 mm的19站，最大降雨量为溆浦谭家湾站达201 mm，深子湖水库191.4 mm，牧马溪110 mm，沅陵108 mm，金家洞106 mm，官庄105 mm，其中谭家湾站1日00—02时降雨141 mm，深子湖水库00—04时降雨172 mm，此次降雨强度为全省最大。受强降雨影响、溆水、辰水及沅水中下游发生不同程度洪水，溆浦县城洪峰水位156.28 m，超警戒水位0.24 m，沅水干流辰溪站6月1日08时起涨，2日03时达到顶峰，洪峰水位117.83 m。怀化市溆浦、沅陵、辰溪等三县66个乡镇57.53万人不同程度受灾，灾情以溆浦县最为严重。全市共倒塌房屋5350间，因灾死亡1人，农作物受灾面积24.045万亩，中断公路交通184条次，毁坏公路路基4.11 km，损坏输电线路201 km，通信线路231 km，136家大小工矿企业停产，损坏堤防1129处60.1 km，损坏护岸1210处、塘坝29座、灌溉设施1666处，全市直接经济损失达35300万元。6月26日08时至27日08时，中部县市普降暴雨，部分地区为大暴雨或特大暴雨，降雨时间短，强度大，范围集中。暴雨最大为安江站247.3 mm（50年一遇），黔城212 mm，黄茅园194 mm，横板桥172 mm，刘家坪163.7 mm，洪江区154 mm（40年一遇），会同140.8 mm，山溪桥109 mm，岩头92 mm，大堡子81 mm，怀化74 mm，溆浦64 mm。沅水上游贵州省锦屏228 mm，天柱54 mm。强度为全省之最。山洪来势猛，破坏力极强。会同、洪江市、洪江区、中方县、溆浦县相继山洪暴发、山体滑坡，给水利、交通、电力、通讯造成严重破坏，先后中断交通254条次，毁坏公路路基354.9 km，其中209国道会同坪村段、鲁大国防公路广坪段水淹中断。320国道洪江市鸡公界段、S318省道多处滑坡或垮塌致路基中断。会同4条县道、126条乡村道路，洪江市6条县道，29条乡村道路中断，进出洪江市的公路全部中断。全市共损坏输电线路122 km，损坏通信线路133.2 km，9座小型水库出险，损坏堤防1101处474.7 km，堤防决口473处21.7 km，损坏护岸2681处，水闸246处，损坏塘坝135座，损坏灌溉设施4736处，损坏电机泵站36处，损坏小型水电站24座。灾害损失大，受灾程度深。洪水所到之处，房倒田埋，全市共有5个县（市、区）83个乡镇63.45万人不同程度受灾，紧急转移群众60126人，倒塌房屋1679间，损坏房屋6817间，因灾死亡5人，失踪3人，农作物受灾面积48.735万亩、成灾29.16万亩，绝收8.18万亩，减收粮食18.49万吨，死亡大牲畜3814头（只），水产养殖损失2.775万亩，0.61万吨，全市洪灾直接经济损失79870万元，其中水利设施直接经济损失22280万元。

2.3.2 干旱

干旱是指因长期无雨或少雨，造成空气干燥、土壤缺水的气候现象。是怀化市各种气象灾害中最为常见、影响最大的一种灾害，平均每年农业生产受害面积在300万亩以上，减产粮食9万吨左右，有的年份致使局地人畜饮水困难。干旱不仅制约了农业生产的发展，对水力发电也带来了严重影响。

干旱在怀化市一年四季均可发生，以夏秋干旱最为频繁，影响最大。夏秋季干旱大致分为两段，第一段出现在7月上旬到8月初，即所谓夏旱，沅麻盆地一般两年一遇，南部通道、靖州三年一遇；立秋至10月发生的干旱称之为秋旱，大多县市三年一遇。全市以新晃、芷江、麻阳、辰溪中部为干旱的频发地段，尤以新晃最为突出。

1978年：全市夏秋连旱，部分县还出现了春旱，其持续时间和影响范围均为历史少见。全市稻田受旱面积占80%以上的公社有23个，受旱的生产队26686个，占总数的89.3%；最大受旱面积达234万亩，占耕地面积的60%，其中稻田受旱164万亩，占总面积的46%。旱土作物受旱的70万亩，占旱土作物总面积的79%，其中减产的40万亩，失收的14万亩。全市有2214条溪河断流，1082座水库、4.7万口山塘和2449口水井干涸，人畜饮水困难的生产队有1923个，2.4万户，10万人。

1981年：全市1月—8月20日，总降雨量比历年同期少25.4%。全市从6月5日后，陆续断雨，比往年提早20多天，有的地方持续干旱达60多天。全市有159万亩稻田受旱，占稻田总面积的35.9%。旱情严重的麻阳、芷江、辰溪、新晃、沅陵、靖县、怀化受旱面积占播种面积的50%以上。

1982年：7月上旬至8月初，靖县、通道、会同、黔阳、麻阳、新晃县夏旱，辰溪县春夏连旱，有的稻田颗粒无收，据统计，全市稻田受旱面积达120.1万亩，其中开拆55.2万亩，枯萎14.1万亩，死苗0.71万亩。

1985年：全市遭受严重干旱，大部分地方出现春、夏、秋连旱。全市受旱面积达282.4万亩，其中早稻61.61万亩，中稻92.77万亩（占中稻总面积的53.3%），晚稻28.28万亩（占晚稻总面积的35.2%）。旱粮83.7万亩（占夏旱粮的84.8%），经济作物和其他作物23.12万亩，旱灾成灾减产面积达164.73万亩，其中失收23.4032万亩，损失粮食17.9万吨。全市有72座小Ⅰ型水库、564座小Ⅱ型水库和5.2万口山塘干涸，2270条溪河断流，有19万人、9.7万头牲畜饮水发生困难。

1988年：春旱：全市1—4月平均降雨量只有253.6 mm，比大旱的1985年同期还少38.17 mm，5月份降雨量为187.7 mm，比历年平均降雨量减少26.9%，且分布很不平衡。造成全市减少27.44万亩早稻面积。有53.3万亩早稻插了老化秧，有8万亩天水田无水翻耕没有插秧。夏秋旱：7月1日至8月20日，全市平均降雨量仅89.2 mm，为上年同期的三分之一，比大旱的1985年同期还少46.4 mm，旱情遍及全市316个乡镇，占乡镇总数的94.3%。干涸水库690座，山塘29679口，总蓄水量下降到2.98亿 m^3，能用于灌溉的仅0.98亿 m^3。全市有2192条溪水断流，5505个村民小组、85625户、35.85万人受旱，人畜饮水发生困难。全市粮食作物受旱面积260万亩，占总播种面积的61.9%。全市柑橘1987年总产140万担①，1988年因干旱高温造成落花落果严重，减产50%。旱情严重的沅陵县，农作物受旱面积达70.83万亩，占农作物种植总面积的72.1%。有些干旱死角，问题更严重，怀化市凉亭坳乡有稻田0.9405万亩，因无水插秧的有0.085万亩，已插下的0.8555万亩，受旱的有0.7907万亩，占已插面积的92%。

1992年：全市从7月7日至8月13日出现夏旱，干旱持续38 d，紧接着又从8月15日开始发生秋旱，一直到11月30日秋旱仍未结束。此次秋旱为新中国成立以来最严重的秋旱。全市30 d的夏旱降雨量仅为0.4～23.7 mm，100余天的秋旱期降雨量仅有55.3～122.1 mm。与历年同期相比，12个县全部偏少6成以上。全市有307个乡镇、2313个村、117.2万人遭受干旱威胁，有3803个村民小组、31.62万人、26.51万头牲畜饮水困难，受旱面积达213.24万亩，失收面积47.505万亩，减产粮食7.647万吨，有16座小Ⅰ型水库、216座小Ⅱ型水库、3.4万口山塘干涸，有2269条溪河断流。

① 1担＝50 kg，下同。

1995年:从7月3日雨季结束后,又进入夏秋连旱,大部分县市出现两段干旱,第一段从7月8日—8月12日,连续36 d总降雨量只有19.0～36.0 mm,第二段从8月21日—9月26日,连续37 d总降雨量只有4.0～25.0 mm,全市12个县(市),有8个县市干旱持续到9月下旬才基本结束,另外4个县则持续到10月中旬才解除。全市12个县市、331个乡镇、3702个村、68.42万户,280.62万人受旱灾影响,其中有6284个村民小组、56.22万人和28.04万头牲畜饮水发生困难。农作物受旱面积379.28万亩,其中水稻200.54万亩,旱粮91.55万亩,经济作物87.19万亩,中、晚稻脱水86.4万亩,开坼46.61万亩,过白31.16万亩,枯萎25.51万亩,旱粮作物枯萎43.76万亩,经济作物枯萎34.51万亩,农民群众赖以脱贫致富的经济作物毁于旱魔。

1998年:7月底怀化市雨季相继结束,各县市出现35～60 d不等的夏秋干旱。全市因旱受灾人口30余万,重灾人口10余万,饮水困难3万余。受旱面积264万亩,成灾面积9.45万亩,绝收面积3.9万亩,减产粮食5.7万吨,农业直接经济损失8644万元。

1999年:会同、靖州、通道三县从1998年11月—1999年4月降雨量仅262.8～280.7 mm,比历年同期偏少4～5成。靖州县5月底有350条河流断流,9座水库和1529座山塘干涸,17座水库处于死水位。通道县计划0.3万亩早稻,一亩未能插下,靖州11.8万亩中稻田,会同12.5万亩中稻田因旱无法翻耕。

2000年:本年怀化市遭受1992年以来比较严重的干旱,先是春旱,后是伏秋旱。北中部各县4—5月降水总量仅为197.8～290.3 mm,比历年同期偏少3～5成,出现较严重的春旱,时值早、中稻抢插时节,当时有50多万亩稻田无水翻耕,致使北中部10.9万亩早稻改种,41.2万亩中稻由早中熟改为晚熟,导致产量下降。6月底—7月19日进入伏旱,全市降雨量仅为5.8～30.8 mm,全市有541条溪河断流,219座水库,11294处山塘干涸,12个县(市、区)中,有281个乡镇154.065万亩耕地受旱,占种植面积的40.2%,其中,稻田受旱108.48万亩,旱作物受旱28.125万亩,过白枯萎0.54万亩,旱作物受旱严重的已能过火。

2003年:7月中旬—10月底出现了20～93 d的晴热高温少雨天气,统计全市干旱时段内7月11—10月29日总降雨量17.9～48.8 mm。全市13个县市318个乡镇受旱,受旱耕地面积156.81万亩,占种植面积的46.3%,其中稻田105.225万亩,旱作51.585万亩;成灾67.785万亩,其中稻田51.75万亩,旱作8.415万亩;绝收30.765万亩;计划内15.45万亩晚稻无法栽插。有2022个村民小组51.98万人发生饮水困难。全市的旱情尤以溆浦、鹤城和洪江为重。

2005年:7—8月,受高温、少雨、强蒸发的影响,鹤城区干旱,受灾17156人,农作物受灾面积8.367万亩,绝收面积0.419万亩,直接经济损失达300万元;芷江受灾12万人,饮水困难7000人,农作物受灾面积10.1万亩,成灾面积3.55万亩,绝收面积0.435万亩,直接经济损失达790万元;会同受灾10000人,饮水困难6500人,农作物受灾面积11.4万亩,成灾面积10.88万亩,绝收面积0.525万亩,农业经济损失600万元;麻阳受旱农作物受灾面积10.1万亩,成灾面积4.80万亩,绝收面积0.801万亩,直接经济损失达5260万元。

2.3.3 倒春寒

1957—2010年,怀化市倒春寒如表2.28所示。

表2.28 怀化市倒春寒统计表(1957—2010年)

年	3月中旬	3月下旬	4月上旬	4月中旬	4月下旬	春季
1957	—	—	—	—	—	—
1958	—	—	—	—	—	—
1959	—	—	—	—	—	—
1960	有	—	—	有	—	有
1961	—	—	—	—	—	—
1962	—	—	—	—	—	—
1963	有	—	—	—	—	有
1964	—	—	—	—	—	—
1965	—	有	—	—	—	有
1966	—	—	—	—	—	—
1967	—	—	—	有	—	有
1968	—	—	—	有	—	有
1969	—	—	有	—	—	有
1970	有	—	—	有	—	有
1971	—	—	—	—	—	—
1972	—	—	有	—	有	有
1973	—	—	—	—	—	—
1974	有	—	—	—	—	有
1975	—	—	—	—	—	—
1976	—	有	—	—	—	有
1977	—	—	—	—	—	—
1978	—	—	—	—	有	有
1979	有	—	有	—	—	有
1980	有	—	—	—	有	有
1981	—	—	—	—	—	—
1982	—	有	—	—	—	有
1983	—	—	—	—	—	—
1984	—	—	—	—	—	—
1985	—	—	—	有	—	有
1986	—	—	—	—	—	—
1987	—	有	—	—	—	有
1988	—	有	—	—	—	有
1989	—	—	—	—	—	—
1990	—	—	—	—	—	—
1991	—	—	—	—	—	—
1992	—	有	—	—	—	有

续表

年	3月中旬	3月下旬	4月上旬	4月中旬	4月下旬	春季
1993	—	—	—	有	—	有
1994	有	—	—	—	—	有
1995	—	—	—	—	—	—
1996	有	有	—	—	—	有
1997	—	—	—	—	—	—
1998	—	有	—	—	—	有
1999	—	有	—	—	—	有
2000	—	—	—	—	—	—
2001	—	—	—	—	有	有
2002	—	—	—	—	—	—
2003	—	—	—	—	—	—
2004	—	—	—	—	—	—
2005	有	—	—	—	—	有
2006	—	—	—	—	—	—
2007	—	—	—	—	有	有
2008	—	—	—	—	—	—
2009	—	—	—	—	—	—
2010	—	—	—	有	—	有

2.3.4 寒露风

秋季出现“寒露风”天气的年份有1959,1964,1968,1969,1970,1972,1973,1974,1977,1979,1980,1984,1985,1987,1988,1992,1995,1997,2002,2004,2010等21年,对常规晚稻抽穗扬花造成了不利影响。

2.3.5 冰冻

冰冻是指雨凇、雾凇、冰结雪、湿雪层,分为轻中重三个等级。冰冻是一种严重的灾害性天气。入冬以后,伴随着强寒潮的入侵,当气温降到0℃以下并持续较久时,空气中的水汽和雨滴就会黏附在近地面的物体上形成一种冻结物,这就是冰冻。冰冻严重时,冰凌会压断树木、电线,压倒电杆、房屋、庄稼,冻坏和冻死牲畜,阻碍交通,影响工农业生产和人民的生活。

1982年:从2月5日开始全市各县出现连续8～10 d的大雪冰冻天气,最大积雪深度达25 cm(溆浦),最低气温为－1.3℃(新晃)。积雪深度仅次于1977年。由于冰结雪的超负荷,对各种林木的破坏十分严重,会同林区老人认为这次大雪乃百年罕见,全市损坏树木60.59万m^3,竹子290.08万m^3,倒电杆1284根,压垮房屋140栋。

1984年:1月18—20日,27—30日,洪江市出现冰冻,最低气温零下1.7.℃,雪深3 cm,部分竹木冻死,冻死耕牛200余头,压断电杆5根,停电200 h,断线4处,中断通讯48 h,雪峰山路段三天不通车。怀化市1月16—21日,26—31日出现冰冻,冻死耕牛385头,汽车客班车停开4 d,损失85万余元。

1989年:1月18—19日,会同县下了一场大雪,24 h降雪量达49.7 mm,平均积雪深度19 cm,最大积雪深度20 cm,是该县有气象记录以来的罕见大雪。大雪给林业生产造成严重影响,损失木材1.2万m^3,楠竹10万根,经济损失近100万元,大雪使交通受阻,各种车辆停开4~5 d,经济损失近10万元,会同至怀化长途电话中断12 h,烧坏载波机6个单项,经济损失2000多万元;受大雪冰冻的袭击,冻死耕牛47头,压垮房屋17栋。

1991年:12月26日—31日,全市出现寒潮降温和降雪天气,北部、南部雪深2~16 cm,中部13~25 cm,怀化、芷江最大雪深25 cm和21 cm,全市极端最低气温零下2.6~5.4℃。全市严寒期3~4 d,属中等强度严寒,冰冻2~5 d,属中轻度冰冻,全市有19.47万亩柑橘受冻,以怀化、溆浦、黔阳、洪江、会同较严重,减产约25%,全市林业有0.2万亩树木受冻雪压,损失木材3000多m^3。

2000年:因受1999年12月19日强寒潮的侵袭,从12月22—28日连续出现干冻型霜害。溆浦、洪江、会同、靖州、通道五县市极端最低气温降至−4.2~−6.9℃,其中南部的靖州、通道分别出现−6.7~−6.9℃的极端最低值,整个冬季雪、霜天气日数多达24 d左右。柑橘遭受不同程度冻害,据调查,有35万亩大红、椪柑、甜橙类的柑橘树遭受一级冻害(秋梢冻死,落叶率达25%),有20万亩柑橘遭受二级冻害(秋梢全部冻死,落叶率达40%),有2.7万亩柑橘遭受三级冻害(秋梢全部冻死,落叶率达50%),导致当年柑橘减产。

2003年:2002年12月25、29日,2003年1月5—6日,受地面强冷空气和高空强西南气流的影响,全市大部分县市普降小到中雪,12月27日会同县测得最大雪深25 cm。这两次降雪过程给农业及交通运输、人们的日常生活造成了一定影响,并造成一定的经济损失。如辰溪因冷空气强度强,持续时间长,降温幅度大,柑橘冻死冻伤0.13万亩,油菜冻死0.65万亩,蔬菜冻烂0.14万亩,冻死耕牛8头,生猪76头,因山区路面结冰,导致中断交通4 h,持续的寒流,引发流感传染致伤寒病人增多,发病率在同年基础上增加10%,造成经济损失1500万元,两次降雪过程,造成晃天公路中断144 h,造成经济损失122万元以上。

2005年:2004年12月冬至开始至2005年1月底,市内出现了长时间的低温阴雨寡照天气,1月9—11日全市12个县(市、区)普降大到暴雪,最大积雪深度19 cm(辰溪、溆浦)高海拔山区出现了冰冻,冰冻、雪害对农作物、林木、交通运输造成了不利影响,损失严重。据有关部门统计,全市农作物受灾面积69万余亩,林木受灾103万亩,冻死牲畜2680头(只),大雪压坏牛羊舍1250栋,小电网高低压线路倒杆1540根,断线1580处,损坏变压器172台,损坏高压线路820 km,部分乡镇交通、电力中断,共造成全市直接经济损失19200万元。12月下旬和1月中旬雪灾对怀化市农作物的影响:1月11日怀化最大积雪深度15 cm,油菜全部被积雪覆盖,植株受损严重,叶片破裂,叶柄和苔杆折断,植株受害程度达50%。据大面积调查,有30%~40%的树枝被积雪压断,部分幼林的主干折断,部分蔬菜大棚被压垮,菜薹、莴苣、大蒜、芹菜等蔬菜受害严重,蔬菜供应偏紧,市场价格明显上涨。从湖南省农业厅获悉,素有"楠竹之乡"的会同县遭受着近20年来最大的一场冰冻雪灾,全县楠竹、松杉等林木资源被冰冻积雪成灾面积达16万亩以上,3100多只山羊和161头耕牛被冻死,全县约6.3万多人受灾。

2006年:1月上旬末,溆浦、沅陵最低气温达−4.0℃,为本年度最低值;2月下旬末,是立春后的第一次较强冷空气活动,导致了全市的气温降至0℃以下,引发了霜冻、冰冻和雨雪天气;3月11—13日,全市11个县市均发生降雪,大部分县市出现了积雪。这两次降雪和冰冻天气,对冬季作物特别是油菜的正常生长发育带来不利影响。

2008年:2008年1月13日全市出现大范围降雪,各县市积雪日7(洪江、通道)~24 d(鹤城),最大积雪深度为4(芷江、洪江)~9 cm(鹤城)。全市靖州13日最早出现雨凇,大部分县市18日开始出现雨凇;各县市雨凇日数为9(沅陵)~21 d(通道),雨凇时间之长创历史之最,对怀化市工农业生产造成严重损失。养殖业受损情况:全市共死亡生猪8.81万头、牛1.25万头、羊6.98万只、家禽163.57万羽,其中种猪7048头,母牛5250头,种羊4.88万只,种禽49万羽。损毁栏舍和生产生活用房14.18万m^2,饲草饲料损失34.08万吨。养鱼池塘受灾2.34万亩,养鱼稻田受灾16.47万亩,损失成鱼0.848万吨、鱼苗鱼种3957万尾,损失特种水产品66.5吨,损毁网箱1410口、拦网5.35万m^2。全市养殖业直接经济损失35000万元,其中畜牧业损失27000万元,水产业损失8000万元。林业受损情况:全市竹林资源损坏:4660万株,占总株数1.4亿根的33%。杉、松、阔叶林受害面积622万亩,受损蓄林量:998万m^3,占全市6800 m^3的14.7%。幼林苗木损失1.7亿株。5万亩桉树更是损失惨重。全市林业损失279500万元。种植业受损情况:柑橘:据统计全市柑橘栽培总面积105.99万亩,一级受害19.05万亩,二级受害31.62万亩,三级受害22.35万亩,四级受害12.18万亩,预计造成柑橘减产,直接经济损失可达50000万元。同时造成大量柑橘滞销,据统计,全市柑橘滞销20余万吨,大量腐烂,以麻阳为重。全市蔬菜受灾面积24万亩,其中沅陵、麻阳县蔬菜受灾面积均在3万亩,溆浦县受灾2.8万亩,芷江2万亩,鹤城、中方、辰溪、靖州、会同、通道等地受灾面积均在1.5万亩以上。倒塌各类蔬菜大中棚近2000座,小拱棚36900座,毁坏菜地低压线路12 km,低压电杆47根,毁坏灌溉管道1150处,排灌设施54处。怀化市市存菜园特别是莴笋、红菜苔等茎类蔬菜影响很大,大部分被冻坏,叶类菜不同程度受损,损失蔬菜产量近40万吨。经估算,大雪造成全市蔬菜生产经济损失在45000万元。油菜:120万亩油菜叶片不同程度冻坏、冻死,造成不同程度减产;据怀化市农业气象试验站实地调查,黄岩油菜烂心率高达30%。水利设施:全市水利设施共有6284处受损,直接经济损失达19619万元。其中,水库:全市共有172座水库受灾,其中重点中型水库24座、重点小Ⅰ型25座、小Ⅱ型水库11座,直接经济损失4270万元。主要灾情为溢洪道底板砼断裂,边坡局部坍塌,涵(卧)管裂缝,电力及通信线路中断,公路中断139处,路面损坏46 km。大中型灌区:全市15处灌区全部受灾,其中渠道冻裂崩垮184处40.8 km,主要建筑物损毁55处,影响灌溉面积7.9万亩,直接经济损失2300万元。中型提灌泵站:全市共有4座中型提灌泵站,91处管道及渠道工程受损。其中,管道破损84 m,输电线路中断750 m,渠道坍塌13.5 km,影响灌溉面积1.95万亩,直接经济损失400万元。小型农田水利工程:全市共有5323处小型农田水利工程受灾,冻裂崩垮渠道966 km,影响小型灌区灌溉面积36.5万亩,直接经济损失4270万元。农村饮水安全工程:全市共有768处农村饮水安全工程受灾,其中集中供水工程485处,损坏管道1 460 km,损坏水表2.6万个,影响供水人数64.8万,直接经济损失3212万元。水保设施:全市共损失水保林16.6万亩,经果林11.7万亩,直接经济损失5170万元。地方电力:全市220千伏线路倒杆33基,断线19处,断线长度37 km;110千伏线路倒杆195基,断线195处,断线长度112.1 km;贵州至怀化,怀化到麻阳、芷江、新晃、靖州、辰溪、溆浦联网线路一度中断,特别是怀化至溆浦110千伏线路共293基,84 km,倒杆达49基,断线107处,断线长度61 km;35千伏供电线路断线327处,倒杆228基,断线长度263.9 km;10千伏及以下供电线路断线14467处,倒杆11911基,低压配电台区受损1362处。农村水(火)电有300多处电站因灾不能发电,装机容量近40万kW。由于以上原因导致全网失压7次,农村80%以上乡镇无法供电,城区供电出现不间断压负荷。全市城区共有14日处于供电紧张状态，截至目前，部分农村停电时间达30余天。这次冰灾造成地方电力直接经济损失初步统计达87100万元。其中，市电力集团本部220千伏线路倒杆33基，断线19处；110千伏线断线174处，倒杆193基，因冰冻导致直接损失42500万元。主电网：220千伏线路倒杆塔（变形）82基/12回，断线88处；110千伏线路已查明倒杆塔（变形）300基/20回，断线268处。主网冰灾损失超过22000万元。农配网：10千伏线路跳闸463条次，倒杆7060基，断线2548处2380 km，损坏配变214台，低压线路倒杆16779基，断线5238处2300 km，停电台区3230个，停电村1133个，307210户居民因灾停电，整个农网系统冰灾损失超过15000万元。电信设施：根据全市各县（市、区）电信分公司上报情况及审核结果汇总，本次冰灾共造成怀化倒（断）5933根电杆，共有各类电（光）缆471.956皮长千米受损；全市通信局（站）蓄电池组因冰冻期间长时间频繁放电，损坏蓄电池组83组；450基站仍中断17个，25个450基站低压交流供电线路损毁，损坏450基站铁塔3座，变压器2台，450基站UPS电源1台；小灵通基站有194个受损退出运营，模块点中断10个，约26100个用户的通信没有恢复。全市通信设施直接经济损失2892.79万元。

第 3 章

怀化的天气过程及影响系统

3.1 寒潮天气过程

寒潮天气过程是一种大规模的强冷空气活动过程。寒潮天气的主要特点是剧烈降温、大风天气，有时还形成冰冻、霜雪、低温连阴雨或大到暴雨等灾害。寒潮能导致河港封冻、交通中断、牲畜和早春晚秋作物受冻，但它也有利小麦灭虫越冬等。因此做好寒潮天气预报，服务于国防、经济生产部门以便采取积极措施防范其危害、利用其有利因素具有相当重要的意义。

3.1.1 寒潮的定义

按照 GB/T20484－2006 中 4.6 关于寒潮的定义：使某地的日最低气温 24 h 内降温幅度大于或等于 8℃，或 48 h 内降温幅度大于或等于 10℃且 48 h 内日最低气温是连续下降的，或 72 h 内降温幅度大于或等于 12℃且 72 h 内日最低气温是连续下降的，而且使该地最低气温下降到 4℃或以下的冷空气。由此可见，寒潮包含最低气温降幅和最低气温两项指标，因此并不是每一次冷空气南下都称为寒潮。

寒潮次数分布 基于上述寒潮的定义，在统计寒潮的时候采取同一次寒潮过程中单站不重复统计的原则。图 3.1 是怀化 11 个县市 1981—2010 年 30 年间寒潮总次数分布图。怀化寒潮次数呈南多北少的趋势。

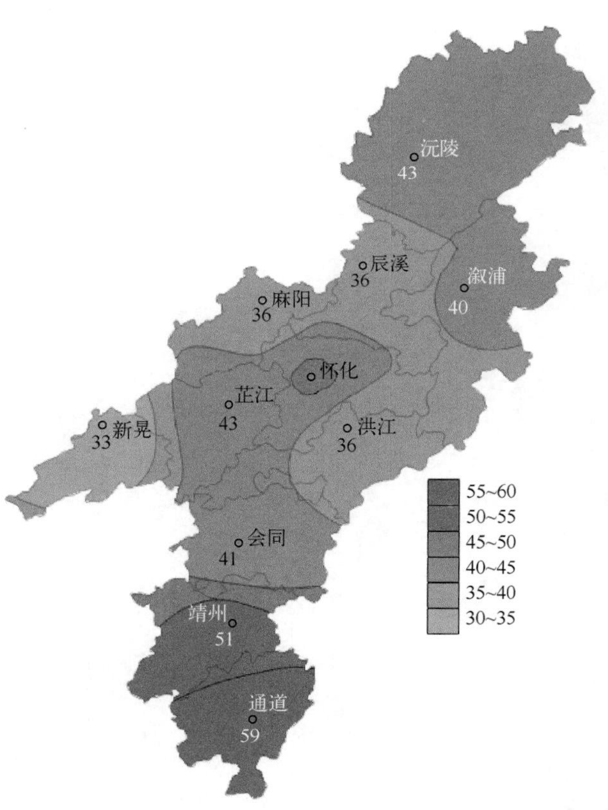

图 3.1 怀化寒潮次数分布图(1981—2010)

南部通道的寒潮次数最多，平均每年约 2 次，新晃最少，每年约 1 次，这表明一次冷空气过程影响怀化时，南部比北部更容易达到寒潮标准；市区寒潮次数较多，那是由于市区处于地势相对平坦区，冷空气沿沅水河谷能够快速影响到市区，加上热岛效应的异常高温作用，使得市区较周围县市更容易达到寒潮标准(表 3.1)。

表 3.1 怀化各县市寒潮总次数(1981—2010)

县市	沅陵	辰溪	麻阳	溆浦	新晃	芷江	怀化	洪江	会同	靖州	通道	平均
寒潮次数	43	36	36	40	33	43	45	36	41	51	59	42.1
年平均	1.43	1.20	1.20	1.33	1.10	1.43	1.50	1.20	1.37	1.70	1.97	1.40

寒潮降温最大幅度的分布 统计怀化 11 站 1981—2010 年 30 年间寒潮过程得出，24 h 降温最大幅度为 13.7℃(辰溪 1982 年 3 月 24 日，寒潮爆发日，下同)，此次过程北中部几乎均出现了 24 h 降温最大幅度；48 h 降温最大幅度为 21.2℃(会同 1988 年 3 月 16 日)，中南部大都出现了 48 h 降温最大幅度；72 h 降温大幅度为 22.3℃(通道 1987 年 11 月 29 日)，除怀化、会同、靖州外，其他县市均达到了 72 h 降温最大幅度。寒潮爆发日极端最低气温为－2.2℃(靖州 2005 年 12 月 28 日)。

寒潮过程的年分布 1981—2010 年中，怀化 11 站未出现寒潮的年份为 1989、1994、1995、1997、2000 等 5 年，占总年份的 1/6，但近 10 年来没有间断过，1985 年 1 月 18 日和 1 月 26 日靖州出现了两次寒潮过程，间隔仅 6 d，成为全市间隔天数最短的两次寒潮过程。如图 3.2 所示。

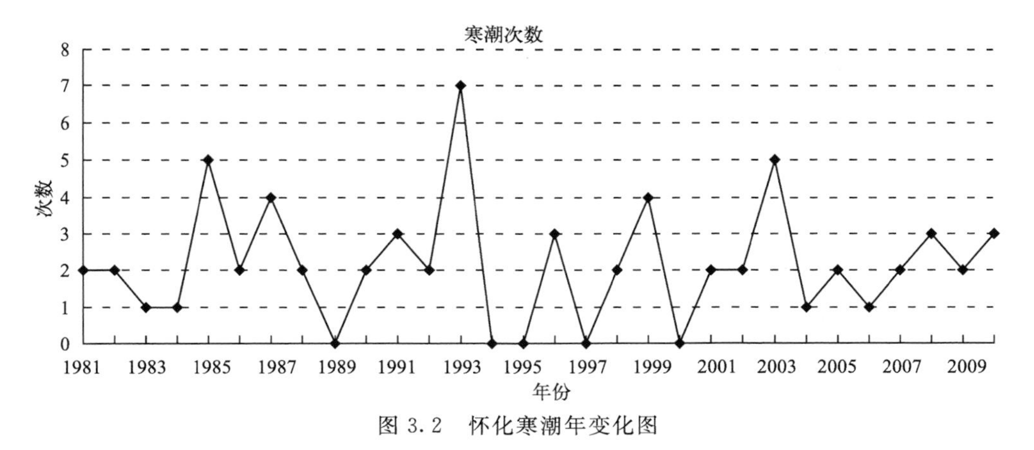

图 3.2 怀化寒潮年变化图

1981—2010 年中，怀化最早的寒潮过程为 1991 年 10 月 28 日的寒潮过程，芷江、洪江、通道达到了寒潮标准；最晚的寒潮为 1982 年 3 月 24 日的寒潮过程，此次过程影响范围广，全市 11 站均达到了寒潮标准。

3.1.2 寒潮过程的预报

从寒潮的定义来看，寒潮是由最低气温降幅和最低气温两个指标共同来确定的。据统计，1981—2010 年中全市 10 月至翌年 3 月最低气温小于等于 4℃有 18064 站次，约占总数的 30%，可见冷空气降温至 4℃这个条件很容易满足，因此，在实际预报工作当中应着重考虑最低气温降幅。而春、秋季为过渡季节，气温变化大，晴天回暖快，冷空气影响后最低气温降幅更容易满足条件，预报时应注意最低气温这个条件。预报寒潮过程时应注意北方冷空气堆积、爆发和南方暖空气这两个方面的条件。寒潮预报应包括：寒潮的强冷空气堆积预报；寒潮的爆发预报；寒潮的路径与强度预报；寒潮天气预报。

蒙古附近的地面高压(图 3.3)：冷高压中心数值越高，范围越大，等压线越密集，冷空气也越强。把即将影响怀化的冷高压强度与历年同期造成寒潮过程的冷高压强度的均值和极值进行比较，来判断冷空气的强弱。

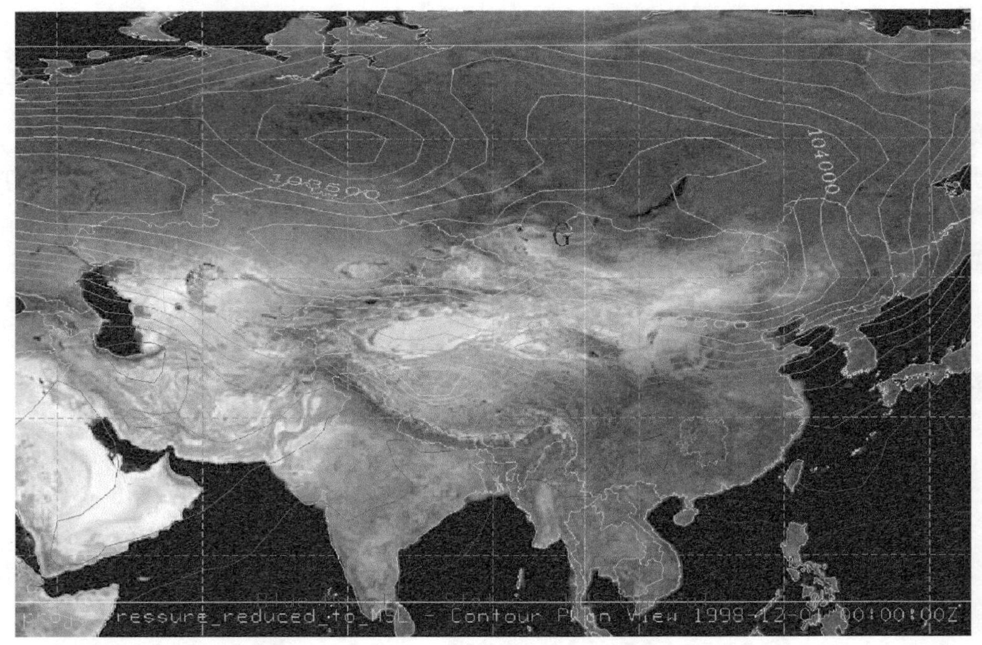

图 3.3　1999 年 12 月 3 日 08 时海平面气压图

地面冷高压前沿的冷锋：冷锋的温度水平梯度越大，锋后降温幅度越大，24 h 正变压中心和 3 h 正变压中心愈强，锋面附近气象要素的梯度愈大，天气现象愈剧烈，冷空气往往也越强。

西伯利亚中西部上空的冷中心或冷槽：冷中心数值的高低与范围的大小，能反映冷空气的强弱。冷中心的数值越低，范围越大，冷空气也越强。

冷空气的强弱，还可以根据各层等压面的锋区强度、冷平流强度和负变温强度等来综合进行判断。

3.1.3 怀化寒潮特征

冷空气堆积　西伯利亚和蒙古特殊的地理地形条件，容易使冷空气到达后得到加强，尤其是在夜间。冷空气停留时间愈长，加强也愈明显，从而形成寒潮过程。也就是说在 500 hPa 首先要有低槽移入西伯利亚和蒙古地区，这种低槽有的来自欧洲、新地岛以西地区，有的来自帕米尔半岛，但大多经过 40°～65°N、70°～90°E 这个关键区。

一般来说地面冷高压进入西伯利亚和蒙古以后移速变慢或呈准静止状态，其强度最容易增强，但当 500 hPa 图上长波槽在 120°E，乌拉尔山到东亚沿海等高线呈西北—东南走向，西伯利亚和蒙古上空盛行偏北气流时，冷空气将随西北气流东南下，不会在西伯利亚和蒙古堆积，东亚中高纬度气流平直，冷空气将随西风气流上仍未发展的小波动快速东移，也不容易在西伯利亚和蒙古堆积；引导冷空气的低槽得不到发展或趋于减弱，东移速度决，也不易使地面冷空气在西伯利亚和蒙古堆积。

有利于冷空气在西伯利亚和蒙古地区堆积的形势可归纳为：

(1)500 hPa 上低槽进入西伯利亚时，已发展成长波槽，移速缓慢。

(2)温度槽落后于高度槽，槽后有明显的冷平流；槽前等高线辐散；负变高中心位于槽线附近，低槽将加深，移动减速。主体南侵，这就是冷空气的爆发。

(3)冷空气的堆积并不是都能导致其向南爆发。例如，当低槽进入西伯利亚减弱时，当沿海有低槽存在，上游低槽东移得不到发展时；当低槽北段移速快，南段移速慢，低槽转为横槽时，积聚在西伯利亚和蒙古一带的冷空气，就可能出现沿 40°N 以北东移而不影响江南或主体停留在原地分股南下等结果，这些都是不利于冷空气爆发的形势。

有利于冷空气爆发的形势可归结为：

(1)500 hPa 东亚沿海低槽的减弱东移，为上游低槽东移发展准备了条件，有利于进入西伯利亚西部的低槽继续加深，或乌拉尔山附近的高压脊发展，导致经向环流加强。低槽在沿海发展成长波槽，使槽后西北气流加强，引导积聚在西伯利亚和蒙古的冷空气向南爆发。

(2)当低槽东移与南支槽同位向叠加时，低槽振幅加大，有利于在沿海形成大槽，槽后偏北气流引导冷空气大举南侵。横槽转竖成东亚大槽，有利于槽后的西北气流引导冷空气向南爆发，越过 40°N 后，一般只需 24 h 左右就能影响。

3.1.4 环流形势特征

短中期天气过程 寒潮的短中期天气过程分为三大类：小槽发展型，低槽东移型，横槽转竖型。

(1)小槽发展型

实质是通过不稳定小槽、小脊发展，把从大西洋到东西伯利亚的大倒 Ω 流型演变为东亚倒 Ω 流型的过程，引导新地岛以西冷空气南下，取西北路径经西伯利亚、蒙古入侵我国(图 3.4)。

(2)低槽东移型

欧洲小槽东移过程中，有来自北方的新鲜冷空气并入，使小槽发展，导致寒潮过程。低槽东移型寒潮要注意两股冷空气合并(图 3.5)。

(3)横槽转竖型

东亚倒 Ω 流型建立时，极涡向西伸出一个东一西走向槽，槽前后是偏北风(340°—20°)与偏西风(300°—250°)的切变。亚洲东部为一横槽(图 3.6)，乌拉尔山或以东及贝加尔湖地区为东北一西南向的长波脊，经常有一阻塞高压，当脊后有暖平流北上时，暖平流促使高压脊继续加强或阻塞稳定维持，脊前偏北气流也随之加强，不断引导冷空气在贝加尔湖地区附近横槽内聚积，汇成一股极寒冷的冷空气。当长波脊或阻高的后部转为冷平流或正涡度平流时，长波脊或阻高开始减弱(图 3.7)。

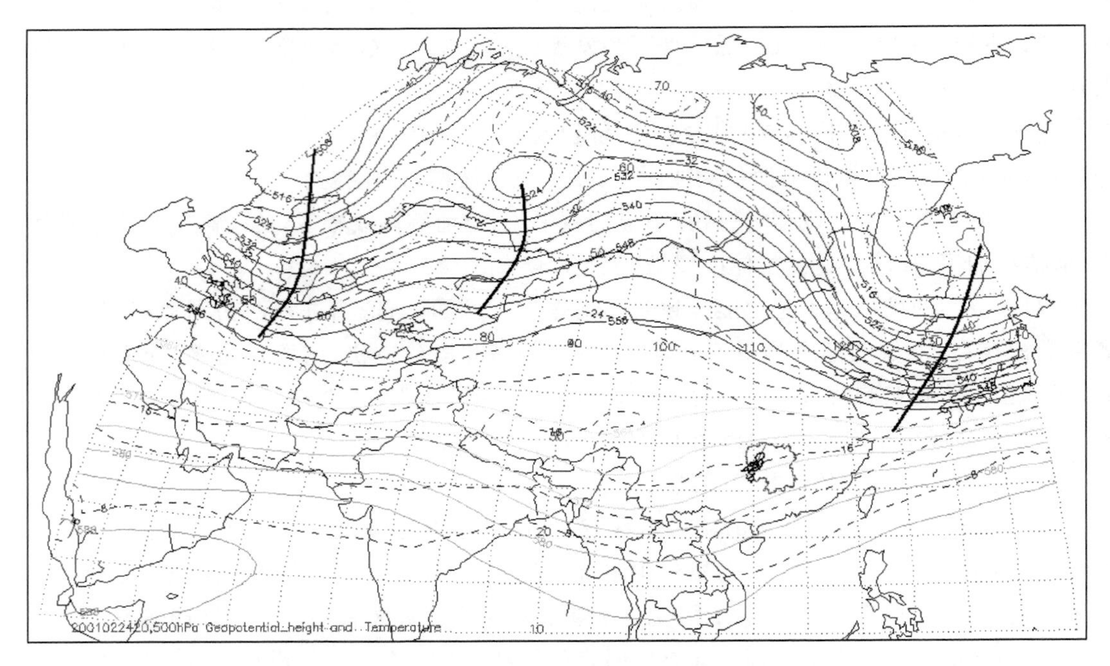

图 3.4　2001 年 2 月 23 日 08 时 500 hPa 等压面图

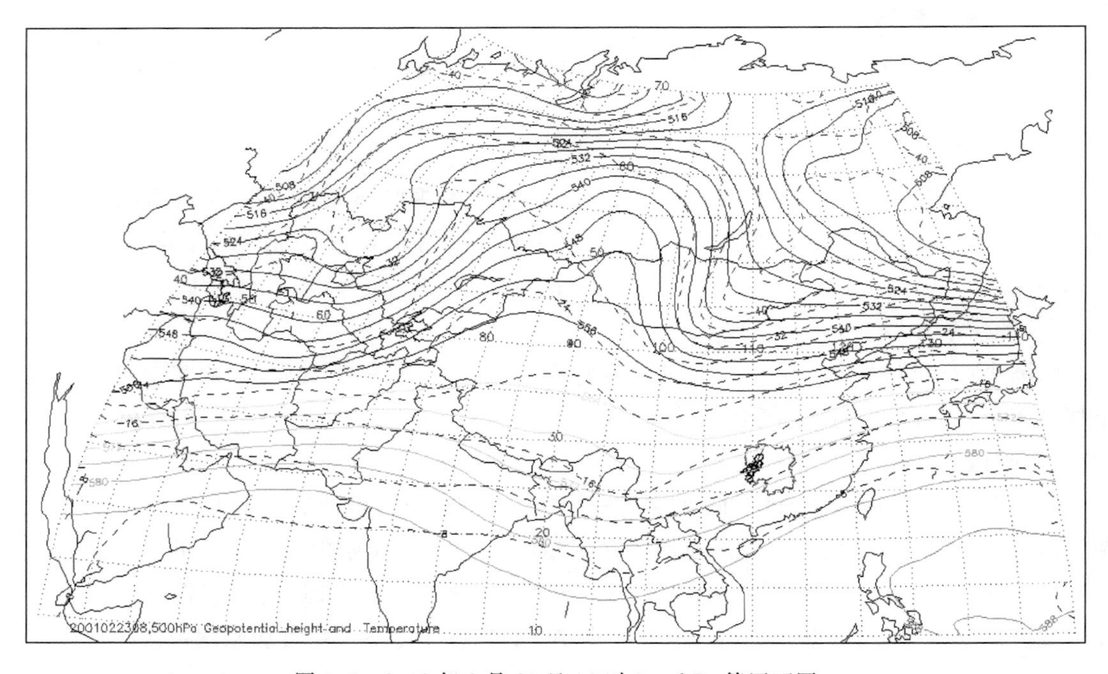

图 3.5　2001 年 2 月 23 日 08 时 500 hPa 等压面图

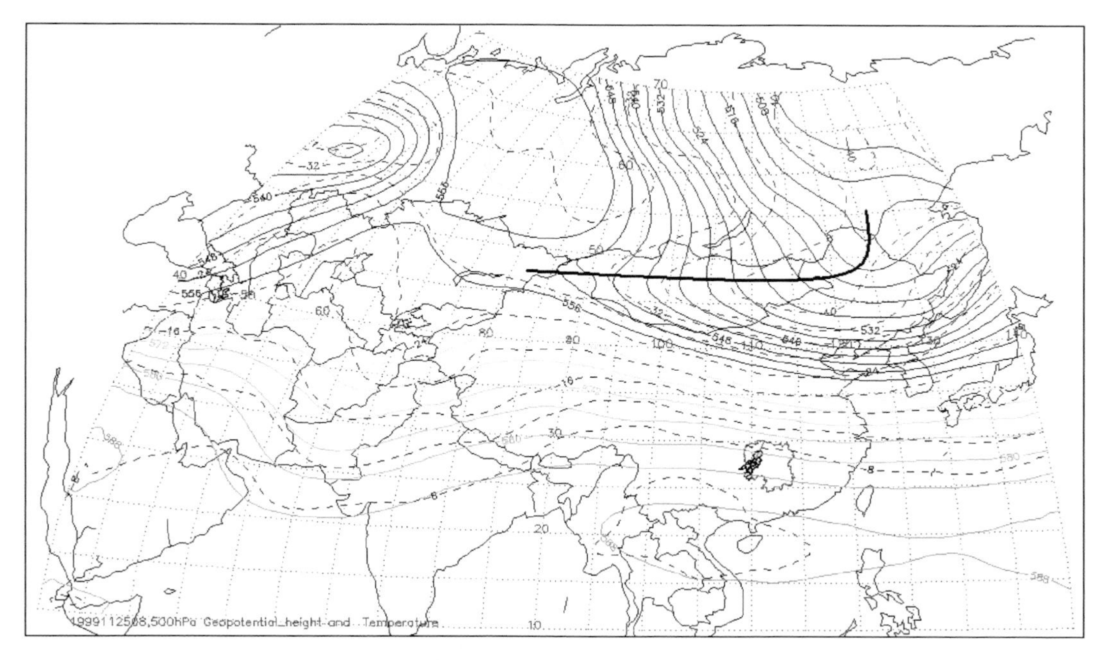

图 3.6　1999 年 11 月 25 日 08 时 500 hPa 等压面图

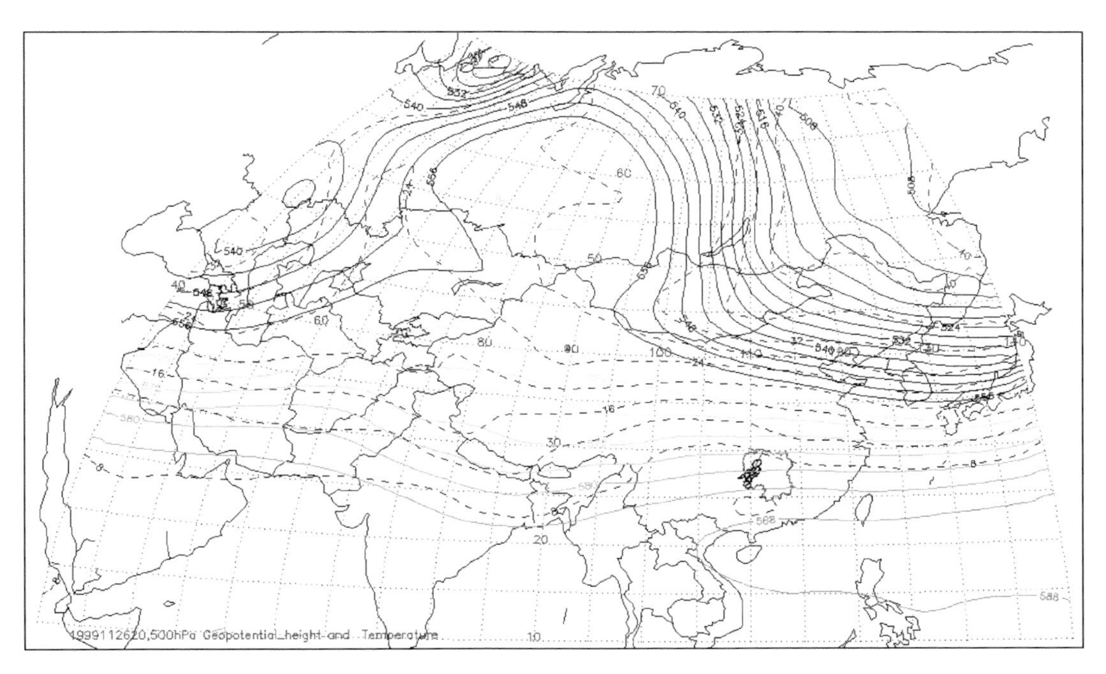

图 3.7　1999 年 11 月 26 日 20 时 500 hPa 等压面图

3.1.5 地面冷高压特征

据统计，怀化出现寒潮天气时，海平面图上通常在蒙古附近有 1040 hPa 以上的冷高压中心(图 3.8)。

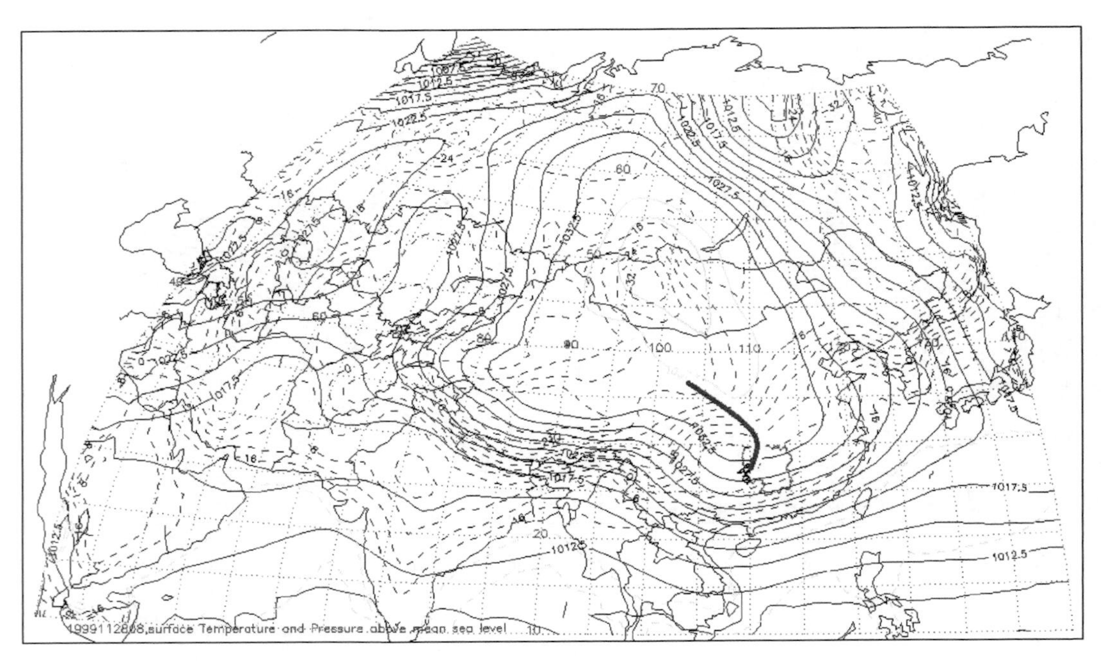

图 3.8 1999 年 11 月 28 日 20 时海平面气压和地面温度

3.2 大风天气过程

大风是一年四季都可能出现的灾害性天气，它会造成翻船、倒屋等经济损失或伤亡事故，直接关系到人身安全，对工农业生产及航运、电力等部门也有很大的影响。

根据对怀化、沅陵、辰溪、麻阳、新晃、芷江、溆浦、洪江、靖州、会同、通道 11 个测站每天的自记风资料的统计，把大风标准定义为瞬时风速 $V_{max} \geqslant 17.2$ m/s 或者最大 10 min 平均风速 $V_{most} \geqslant 12.0$ m/s。若 11 个站中至少有一个站出现上述风速之一，则定义为一个大风日。

3.2.1 冬季大风的气候概况

通过对 1971—2010 共 40 年的大风资料统计分析，怀化地区共出现大风日为 680 个，其中冬季(12 月至次年 2 月)大风日为 107 个。冬季大风日虽然只占 15.7%，但它影响范围广大，持续时间长，带来的灾害影响不容忽视。

1. 大风日数的分布

从月分布情况来看，整个怀化地区的大风日数 12 月为 23 个，1 月为 24 个，2 月为 60 个(图略)，表明 2 月份大风日出现的频率较高。从地域分布情况来看(图 3.9)，通道出现 55 次，为冬季大风出现站次最多的测站，沅陵第二，而会同和新晃冬季大风出现站次最少，会同出现 4 次，新晃仅出现 1 次。

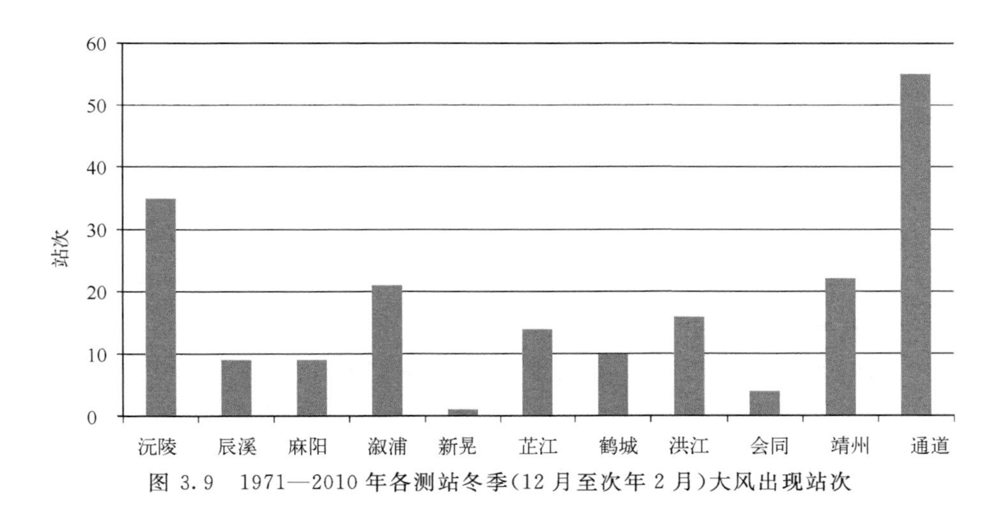

图 3.9 1971—2010 年各测站冬季(12 月至次年 2 月)大风出现站次

2. 最大风速的分布

1971—2010 年靖州和通道的冬季最大风速值可达 20 m/s,麻阳、新晃、芷江三站的最大值集中在 14～15 m/s,其余各站的冬季最大风速值在 16～18 m/s,其分布如图 3.10 所示。

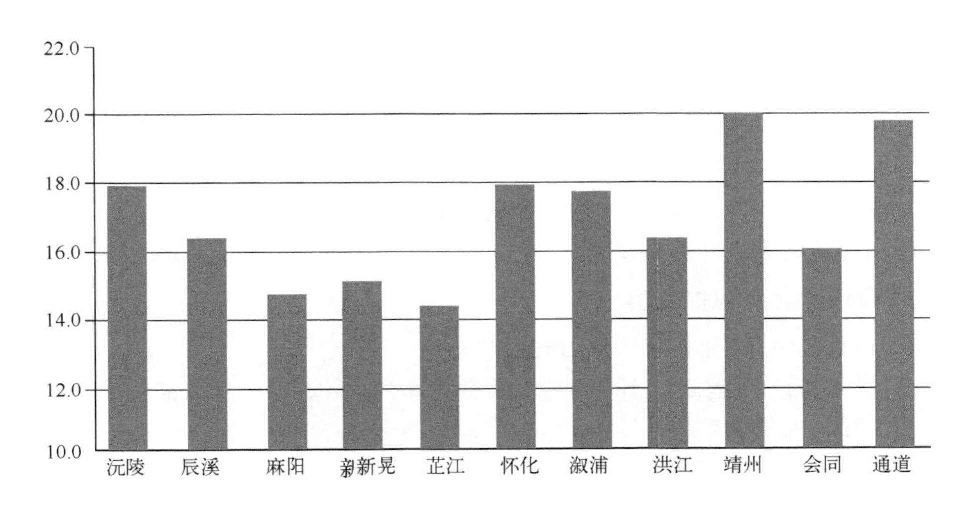

图 3.10 1971—2010 年各测站冬季(12 月至次年 2 月)最大风速值(m/s)

3.2.2 有利和不利于冷锋后偏北大风形成的因素

1. 影响风力的主要因素

(1)气压梯度:偏北大风出现在地面冷锋过后冷高压前部气压梯度最大的地方。从锋面到冷高压中心,等压线密集的区域越大,偏北大风持续的时间也越长。

(2)温度梯度:锋面附近温度差异越显著,与地面冷锋配合的高空槽后冷平流就越强,850 hPa 和700 hPa 锋区越明显,风力也越大,偏北大风出现在高空冷平流最强处所对应的位置。

(3)地形形势、冷空气路径、冷锋过境时间在冷空气条件相同的情况下,湖区、峡谷、河口的风力比山丘大；由贝湖取偏东路径南下的强冷空气过程的风力，一般都比从新疆经河西走廊插入四川盆地的西路冷空气过程所产生的风力大；冷空气在下午到傍晚影响时的风力一般大于后半夜到早晨影响的风力。

2. 有利于冷锋后偏北大风形成的条件

(1)500 hPa 上引导冷空气的低槽后部高压脊强，低槽又在沿海加深或与南支槽同位相叠加，致使冷空气主体南下。

(2)地面冷高压在蒙古附近时，长轴呈东西走向，冷锋亦呈东西走向。

(3)850 hPa、700 hPa 上长江上中游有低压出现，四川、贵州地面有倒槽向东北方向伸展或两湖盆地有气旋波发生发展。

(4)锋前测站连续升温降压，日最高气温与最低气压已超过历年同期平均值或接近极值。

(5)有时冷空气过后迅速转晴，午后地面气温回升，但对流层中低层槽后冷平流强，偏北风大，易出现动量下传而发生的风力加大现象，这有利于大风持续。

3. 不利于冷锋后偏北大风形成的条件

(1)500 hPa 上东亚大槽稳定，中高纬度从乌拉尔山到东亚沿海等高线呈西北—东南走向，地面冷空气以小股或扩散形式南下，不易在西伯利亚和蒙古附近堆积。

(2)700 hPa 层低槽比 850 hPa 低槽移动快，出现低槽随高度前倾的现象，地面冷锋呈下滑锋南下。

(3)地面冷高压在蒙古附近长轴呈南北向，冷锋亦呈南北走向或东北到西南走向。

(4)长江流域地面是北高南低或西高东低的气压场形势，或者已经是明显的阴雨天气。当锋前气压高，气温低时，也不利于偏北大风的形成。

(5)40°～50°N，60°～130°E 范围内，地面有范围大、强度强的低压存在。当蒙古和我国东北、华北一带有气旋强烈发展时，虽能使冷空气南下加快，但常导致冷空气主力在南下过程中偏向东移，不利于江南另有气旋新生，也不利于偏北大风的形成。

3.2.3 怀化预报偏北大风的经验

出现下述条件之一，怀化将有大风过程发生：

(1)西安与怀化的气压差超过 12 hPa。若冷锋 14 时过西安，一般从上半夜开始有偏北大风。

(2)酒泉与怀化的气压差超过 20 hPa，温度差超过 20℃。

(3)冷锋越过 40°N 后，锋后气压梯度超过 10 hPa/5 纬距。

(4)冷锋在 40°N 以南，14 时 $\Delta P3>1.5$ hPa，其他时间 $\Delta P3>4.5$ hPa。

(5)锋后钟祥站北风超过 10 m/s。

(6)怀化与北京气温差超过 18℃，850 hPa 槽后有明显的冷平流，锋区强度超过 12℃/5 纬距。

出现下述条件之一，冬季不会有冷锋后偏北大风过程发生：

(1)锋后冷高压中心强度低于 1038 hPa，当中心强度低于 1045 hPa 时，发生大风过程的可能性也很小。

(2)冷高压中心与怀化的气压差在 20 hPa 以下。

(3)11 月份怀化 08 时气温低于 6℃，1 月和 12 月低于 3℃，2 月低于－1℃。

(4)11 月份怀化 08 时海平面气压高于 1026.4 hPa，12 月高于 1027.5 hPa，1 月高于 1031.8 hPa，2 月高于 1032.7 hPa。在 1—2 月份怀化 08 时海平面气压超过 1027 hPa 时，冷锋

影响后发生大风过程的可能性也很小。

3.3 冰冻天气及其预报

3.3.1 冰冻知识基础

冬季冷空气的入侵除造成怀化寒潮、大风等灾害性天气外，还能形成冰冻灾害。冰冻又称冻雨、雨凇，它是大气中的过冷雨滴下降到近地面0℃以下的物体表面冻结而成的天气现象。冻雨与地表水面结冰有明显的不同。由于冻雨边降边冻，能立即黏附在裸露物体的外表而不流失，形成越来越厚的、浓密而坚实的冰层，从而使物体负重加大，造成树木折枝、电线崩断、倒杆塌屋和路面打滑等灾害，如遇风力较大或冰冻期较长，灾情将更为严重。冰冻维持和解冻时还能形成强烈低温，因此，使工农业生产、交通运输、人民生命财产和生活遭受很大损失和困难。

中国出现冻雨较多的地区是贵州省，其次是湖南、江西、湖北、河南和安徽等地，其中山区比平原多，高山最多。关于冻雨天气有许多研究，王晓兰等(2006)对2005年的湖南省特大冰冻灾害天气进行了分析，指出逆温层底高度偏低，逆温层顶气温偏高，阴雨持续时间长，是导致此次冰冻灾害严重的主要原因。此外，吴有训等(2000)曾对黄山地区的雪凇和雨凇特征作过气候分析，得出了一些有意义的结果。但所有这些研究工作只是涉及一般性的天气过程，时空尺度也相对较小，并且鲜有涉及极端严重的天气气候事件的工作。

2008年1月中旬至2月上旬，中国南方地区发生了历史罕见的低温雨雪冰冻灾害，影响范围广，持续时间长，强度大，受灾人口达1亿多，直接经济损失两千多亿元。湖南全省性受灾，受灾人口达3927.7万，直接经济损失680亿元。其中农业(含牧渔业)直接经济损失238.6亿元、林业164.98亿元、电网32亿元、交通系统17.7亿元。无论是直经济损失还是受灾人口，湖南都是最重省份。

3.3.2 怀化冰冻的气候特征

1. 怀化冰冻发生的年分布

冰冻灾害在怀化地区发生是比较频繁的，在1971—2010年共40年间，共有34年出现了冰冻现象，占85%。根据这40年的资料统计，怀化地区以一般或轻微的冰冻较多，而在1974年1—2月、1976年12月底到1977年2月初、1981年1月、1984年1月到2月初、2008年1月到2月初有5次较明显且严重的冰冻灾害发生。而这其中又以2008年1月中旬到2月初的冰冻灾害强度，持续范围，持续时间最广，此次冰冻灾害由3次主要过程组成，发生的时间段分别为1月10—16日，18—22日，以及25—29日。

2. 最早的初日和最迟的终日分布

从表3.2可以看出在整个怀化地区绝大部分站点出现冰冻最早的初日都集中在12月上旬，只有芷江曾在1976年11月中旬出现过冰冻；大部分站点出现冰冻最迟的终日也集中在2月下旬，只有新晃、怀化、溆浦、靖州4个站的最迟终日出现在3月上旬。整体来说，怀化地区的冰冻期有2.5月到3个月。

表 3.2 1971—2010 年怀化地区冰冻的初日和终日分布

站 名	沅陵	辰溪	麻阳	新晃	芷江	怀化	溆浦	洪江	靖州	会同	通道
最早的初日	12月上旬	12月上旬	12月上旬	12月上旬	11月中旬	12月上旬	12月上旬	12月上旬	12月上旬	12月上旬	12月上旬
最迟的终日	2月下旬	2月下旬	2月下旬	3月上旬	2月下旬	3月上旬	3月上旬	2月下旬	3月上旬	2月下旬	2月下旬

3. 冰冻年累计日数分布

图 3.11 为 1971 年到 2010 年怀化各地的冰冻累计日数分布，可以看出靖州的累计日数最多，达 152 d；从整个怀化地区的分布，可以看出南部地区的冰冻日数较多，其次是中部地区，而北部地区的冰冻累计日数偏少，这与地形分布有一定的关系，南部三县的地形以山地的北坡为主，更为容易出现冰冻灾害。

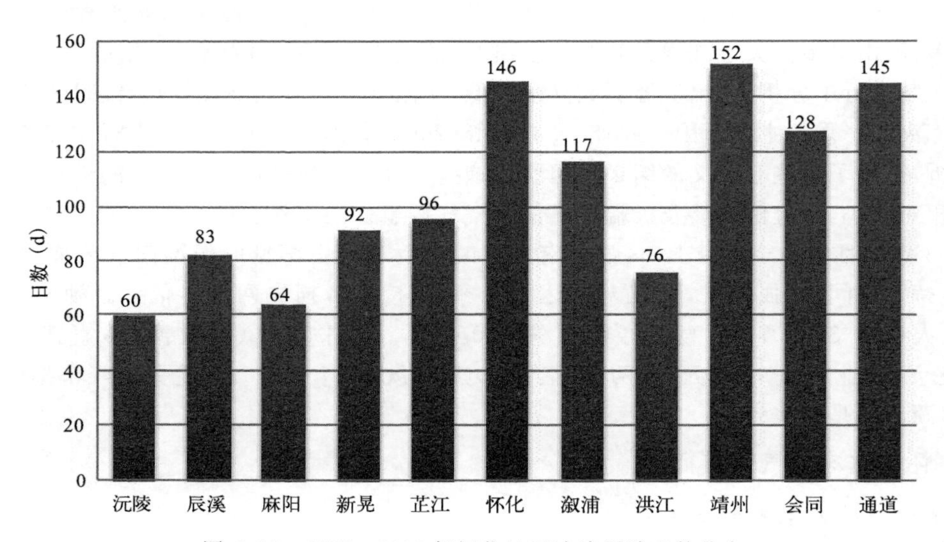

图 3.11 1971—2010 年怀化地区冰冻累计日数分布

4. 各月冰冻累计日数分布

图 3.12 为 1971—2010 年间各月冰冻累计日数的分布，可以看出整个怀化的冰冻时间范围出现在 12 月至次年 2 月，除了这三个月，还在 11 月和 3 月也有过冰冻现象的发生，但出现的可能性非常小，持续时间也十分短，所以一般不在考虑范围之内。从一般会发生冰冻灾害的这三个月内来看，12 月份各站的累计日数为 8～24 d，只占各站总日数的 9%～17%，1 月份各站累计日数为 35～82 d，占各站总日数的 50%～70%，2 月份各站累计日数为 12～49 d，占到了各站总日数的 19%～34%。从整个怀化地区来看，12 月份占 13%，1 月份占 59%，2 月份占 28%，可以清楚地看到 1 月份发生的概率是 12 月份的 4 倍，是 2 月份的 2 倍，说明怀化地区的冰冻灾害最主要的发生时段还是集中在 1、2 月份，其次在 12 月份。

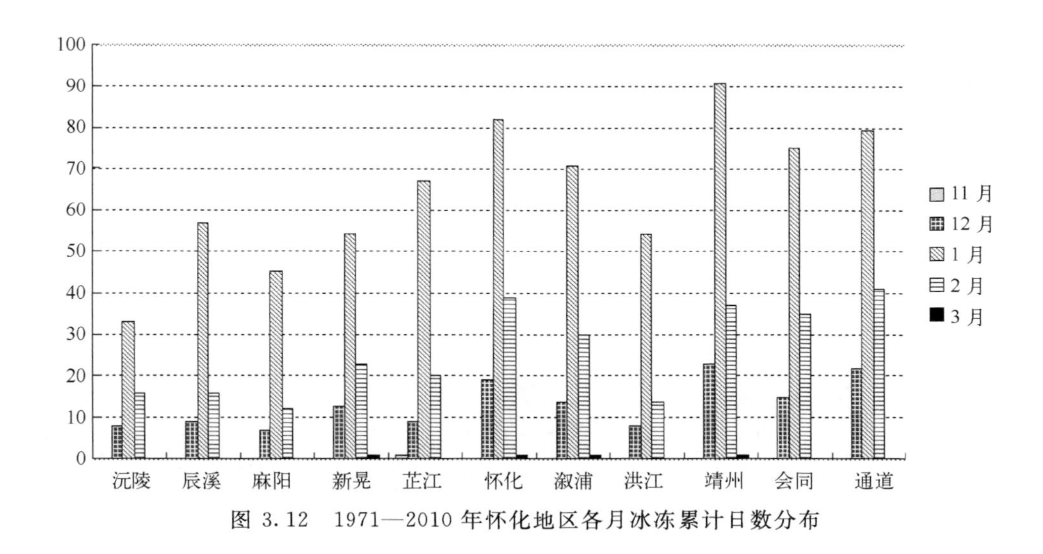

图 3.12 1971—2010 年怀化地区各月冰冻累计日数分布

5. 持续最久的冰冻天数分布

从整个怀化地区来看，冰冻持续最久时间的平均值为 13 d，怀化北部的沅陵持续最久时间为各站中最短，为 5 d，怀化北中部其他测站的持续最久时间在 12 d 左右，南部三县的持续最久时间较长，最长的通道达 21 d，同样这也是与南部的地形相关。从出现年份可以看到各站冰冻持续最久时间的出现年份都在 2008 年，2008 年中国南方地区发生的历史罕见的低温雨雪冰冻天气造成了极其严重的灾害（表 3.3）。

表 3.3 怀化地区冰冻持续最久时间(d)及出现年份

站　名	沅陵	辰溪	麻阳	新晃	芷江	怀化	溆浦	洪江	靖州	会同	通道
持续最久的天数	5	12	12	11	12	16	12	11	17	16	21
出现年份	1972—2008	2008	2008	2008	2008	2008	2008	2008	2008	2008	2008

根据以上情况，怀化地区的冰冻天气的气候特点归纳如下：怀化地区的冰冻灾害的发生的年频率占到了 85%，发生是比较频繁的；一般来说怀化地区出现冰冻天气最早的初日集中在 12 月上旬，而大部分站点出现冰冻天气最迟的终日集中在 2 月下旬；从冰冻年累计日数的分布可以明显看出怀化南部地区的冰冻累计日数最多，最易发生冰冻，其次是中部地区，而北部地区的累计日数偏少；从各月冰冻累计日数的分布来看，怀化地区的冰冻灾害最主要的发生时段还是集中在 1，2 月份；在怀化地区南部的冰冻持续时间最长，说明南部三县的冰冻灾害程度也最为严重。

3.3.3 怀化重大冰冻灾害事例

据历史资料记载，在新中国成立后的 1954 年 12 月至 1955 年 1 月发生了严重的冰冻灾害，这次冰冻过程从 12 月下旬持续到 1955 年 1 月中、下旬，全省普遍连续半个月到二十天日平均气温维持在 0℃以下，这次冰冻使大部分地区供电线路断线倒杆，各地电报电话业务多次中止，树木大量折断，溆浦、辰溪次年柑橙减产 80%，溆浦县柑橙栽培面积减少 2400 多亩，沅陵县冻死耕牛 5100 多头，同时各地水陆交通受阻，事故接连发生而中止运行 6、7 d 以上，给人民生命财产和生活带来极大影响。2005 年 2 月 7—20 日怀化地区再一次遭受严重冰冻，使怀化地区电网遭遇了

1954年以来又一次最严重的威胁。2008年1月中旬至2月上旬，中国南方地区发生了历史罕见的低温雨雪冰冻灾害，影响范围广，持续时间长，强度大，为1954年冬季以来之最，由于长时间的雨雪冰冻严寒天气，对怀化市农业、林业、畜牧业、交通、电力等造成了严重的灾害，也给人民群众生活等造成了严重的影响。图3.13为2008年1月怀化地区冰冻灾情。

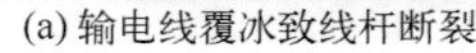
(a) 输电线覆冰致线杆断裂

(b) 树木覆冰致折断

图3.13　2008年1月怀化地区冰冻灾情

3.3.4　怀化冰冻发生的典型天气形势

2008年1月中旬至2月上旬，中国南方地区发生了历史罕见的低温雨雪冰冻灾害，因此选择此次天气过程用作分析怀化冰冻发生的典型天气形势。

1. 冰冻天气过程概述

依据怀化地区日平均气温的演变情况(图3.14)，2008年1月中旬至2月上旬怀化地区受到了6次冷空活动的影响。冷空气过程影响开始日期分别是1月11日、1月17日、1月20日、1月24日、1月31日和2月3日，持续时间依次为4，1，3，3，2，2 d，各次冷空气降温幅度分别是12.9，0.8，0.9，2.0，1.6，0.3℃，降温间歇时间分别是2，2，1，5，1 d；整个过程最低日平均气温出现在1月26日，较1月10日降低了14℃；在过程间歇期温度变幅小，且维持低温状态。

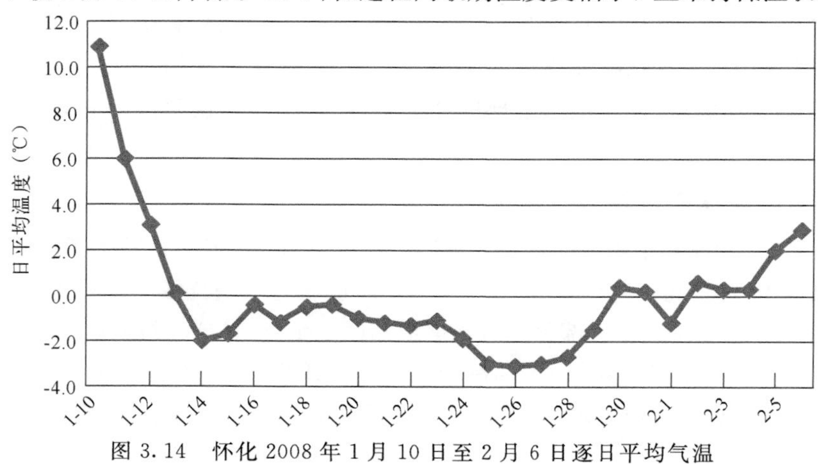

图3.14　怀化2008年1月10日至2月6日逐日平均气温

6 次冷空气活动过程中，第 1 次影响持续时间最长，降温强度最大，直接造成了全市性的低温、雨雪、冰冻天气；第 2 次影响时间较短；第 3 次到第 4 次之间虽然间隔了 3 d，但间歇期的回温不明显，连续性的冷空气降温，使得低温严重程度更进一步加重；第 5 次冷空气影响过程时间虽然短，但降温强度不小，对长时间处在低温、雨雪、冰冻状态下的怀化更是起着雪上加霜的作用；第 6 次过程降温强度及影响时间都较小。这次强冰冻由 6 次冰层叠加而成，说明对应于每一次冷空气过程都存在一次积冰增厚过程。

2. 环流形势分析

分析 500 hPa 候平均高度场得出，在此次低温雨雪冰冻过程，中高纬为持续的经向环流，中低纬为持续纬向环流，有利于北方冷空气南下并被阻隔在江南一带；孟加拉湾地区一直维持一低槽，槽前有暖湿气流源源不断被输送到江南地区；另外，850 hPa 显示出孟加拉湾至江南地区有一条清晰的 SW—NE 向的水汽辐合带(图 3.15)。冷暖空气在江南地区长时间的交绥，并存在源源不断的水汽输送，从而形成了江南地区长时间的低温雨雪天气。

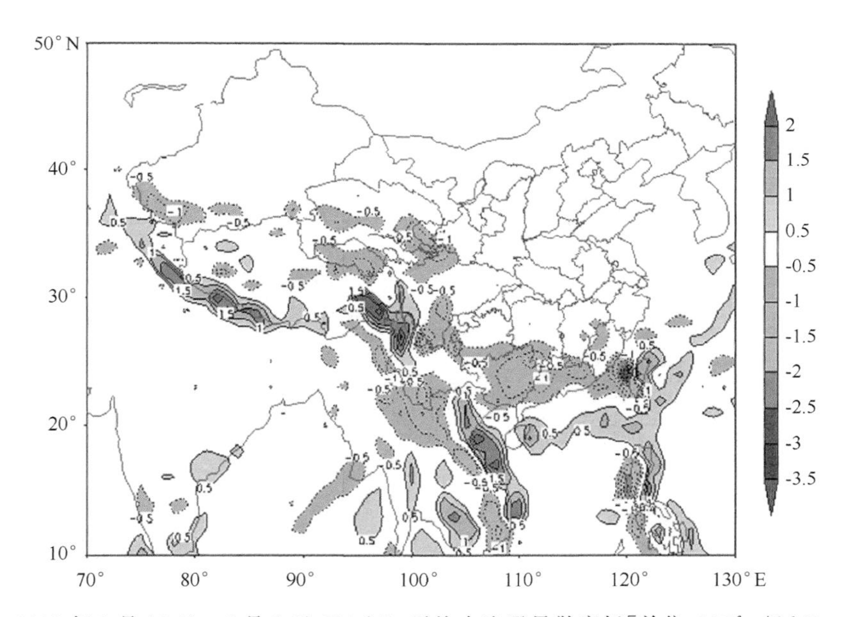

图 3.15 2008 年 1 月 10 日—2 月 2 日 850 hPa 平均水汽通量散度场[单位：10^{-6} g/(hPa·cm^2·s)]

从阻塞高压的演变来看，乌拉尔山阻塞高压建立于 1 月第 2 候，于第 3 候崩溃(图 3.16)，带动地面冷空气大举南下，造成第 1 次强降温过程；第 4 候乌拉尔山阻塞高压重建并维持到第 5 候前期，同时在巴尔克什湖附近形成一切断低压，期间脊前不断有小槽分裂南下，形成弱降温过程；重建阻高于第 5 候后期再次崩溃，造成第 2 次强降温过程。

大气环流场另一个显著特征就是西北太平洋副热带高压位置偏北。2008 年 1 月西北太平洋副热带高压脊线平均位置居 1951 年以来最北位置，588 线北界平均位置居 1951 年以来的第 2 偏北位置。合适的位置在江南地区起到了对北方南下冷空气的阻挡作用和对暖湿气流的加强作用，造成冷暖空气交汇的主要地区位于我国长江中下游及其以南地区。

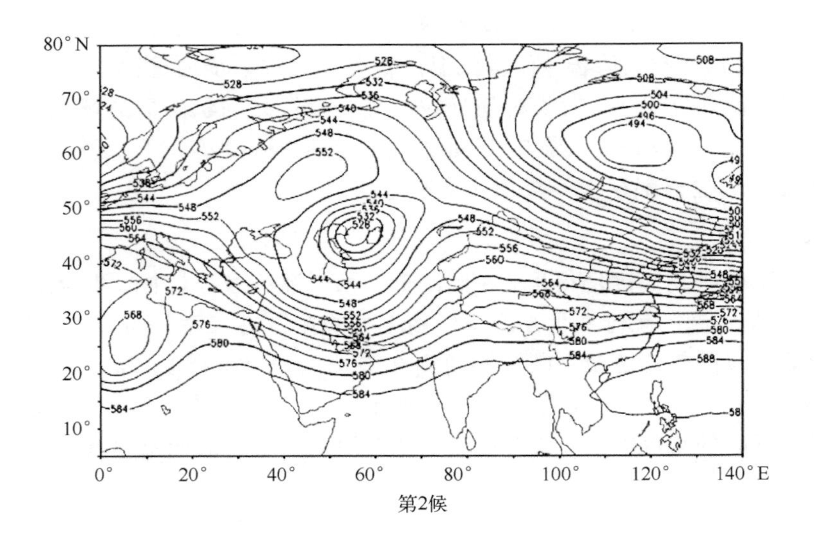

第2候

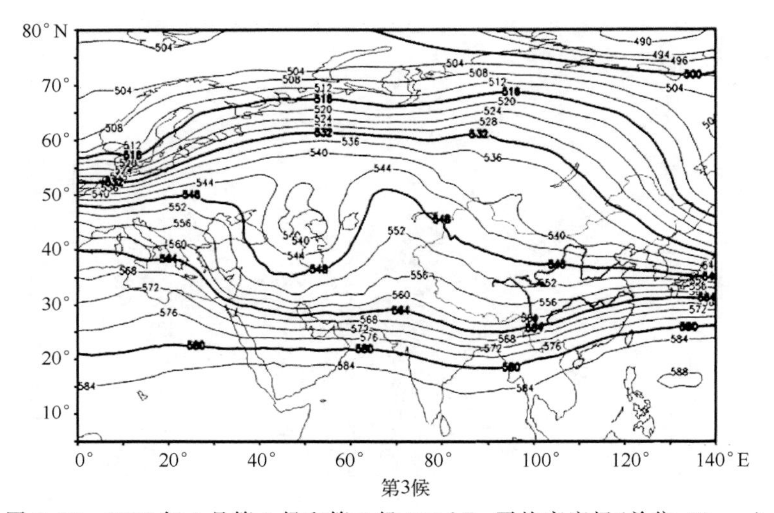

第3候

图 3.16　2008 年 1 月第 2 候和第 3 候 500 hPa 平均高度场(单位:10gmp)

3. 温度层结

以怀化站为代表,分析 2008 年 1 月 10 日至 2 月 6 日各等压面上温度演变(图 3.17),可以看出,低层(850 hPa 高度层以下)气温基本维持在 0℃,最低达－10.5℃,中层(700 hPa)气温基本维持在 0℃附近,最高达 6.8℃,高层(500 hPa)温度基本维持在－10℃以下,可以明显地看出在 850 hPa 到 700 hPa 维持着一个强的逆温层。这种“冷—暖—冷”的垂直结构,暖层提供充足的水汽,输送到高层的冷空气层中,迅速凝结成长为过冷水或雪花,过冷水再通过贝吉隆过程变成大雪花。大雪花下降到暖层中融化成水滴,水滴继续下降到冷层变成过冷却水滴,而过冷却水滴在下降过程中碰到物体时则会发生凝结,形成冰冻。

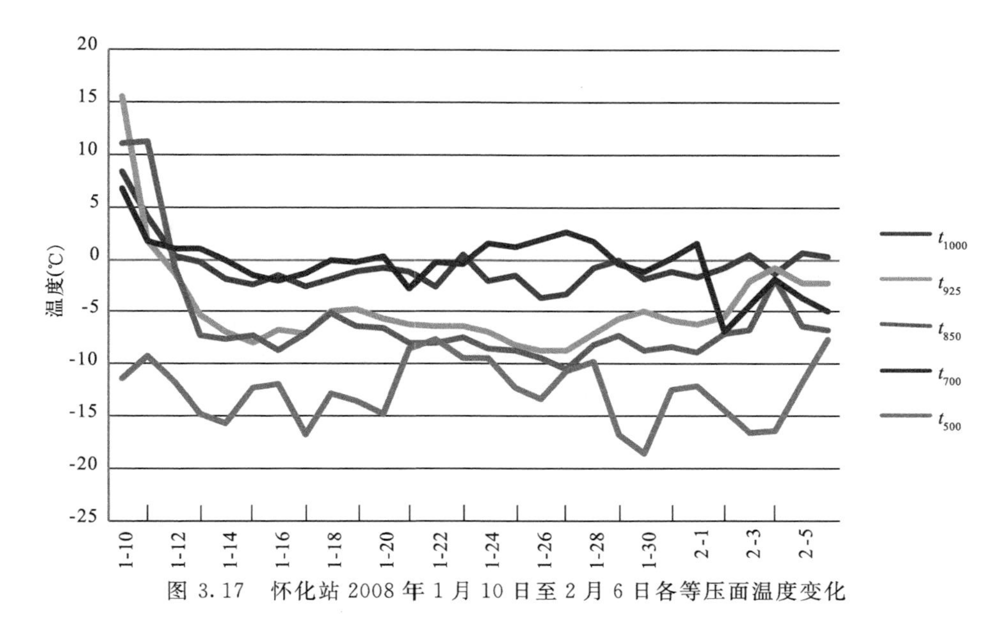

图 3.17　怀化站2008年1月10日至2月6日各等压面温度变化

3.3.5　怀化冰冻预报着眼点

叶成志等指出强冰冻的预报应关注700 hPa附近的剧烈增温、增湿及850 hPa以下的强降温。通过这次长时间的雨雪冰冻灾害天气的预报实践和对这次冰冻灾害天气的成因分析，结合前人预报冰冻的经验指标和方法，从海温异常、前期天气气候特点、大气环流异常、大气层结特征、地面高压强度等几个方面来考虑冰冻的预报，从而得出这次冰冻天气过程的预报着眼点：

从海温异常的角度来考虑："拉尼娜"事件发生，海温异常偏低，并有不断加强发展的趋势，持续时间在半年以上，可提前1～2个月为冰冻预报提供信息。

(1)从前期天气气候特点考虑：前期气温连续偏高或特高，未来正处在当地历年冰冻发生时期和冰冻的多发时段，可提前1个月左右提供冰冻预报信息。

(2)从大气环流异常特征考虑：①乌拉尔山地区位势高度场异常偏高，蒙古冷高压稳定维持在90°～120°E、40°～60°N，不断有分裂冷空气南下影响，西太平洋副热带高压偏西、偏北，强度较强，强大副高的位置稳定维持在中国东南侧的海洋上空，并多次向西伸展；②500 hPa中高纬度多次出现横槽重建、维持、转竖的过程，有利于冷空气的堆积及持续南下，有利冰冻的形成和长时间维持，可提前10 d左右提供冰冻预报信息。

(3)从地面气压和地面温度来考虑：①在地面图上，锋后强冷高压中心位于47°N以北，距锋面较远，冷高压强度强，中心强度在1045～1070 hPa，移向东南，移到黄河附近转向东移，可提前4～5 d提供冰冻预报信息；②冷高压移近怀化时，高压中心数值在1045 hPa以上，地面温度在－8～－1℃，可提前48 h预报有冰冻出现。

(4)从大气层结特征来考虑：中低层存在明显的逆温层，且厚度较厚(1～2 km)。温度指标：700～850 hPa中低层温度＞0℃；下垫面物体＜0℃。单站指标：怀化探空站逆温层温差大于10℃现象先于冰冻1～2 d出现，可提前24—48 h预报怀化有冰冻天气过程。

(5)结合冰冻预报指标来考虑:①当昆明、贵阳两站中,有一站 700 hPa 上连续两天出现 10 m/s 以上的西南风,任意一站连续两天气温之和在 5℃以上,同时,怀化、郑州两站中任意一站地面 24 h 降温 4℃以上,或者 24 h 为负变温和 12 m/s 以上的西北风,怀化地面气温降至 0℃,则 24 h 内将有全市性的冰冻天气过程。②同时具备下面两条时,24 h 以内怀化将有强冰冻天气过程。a)昆明、贵阳两站中,任意一站 700 hPa 上连续两天出现 12 m/s 以上的西南风,同时任意一站两天气温之和在 8℃以上。b)怀化地面温度低于 5℃,24 h 降温 4℃以上,同时 850 hPa 上郑州有 6 m/s 的偏北风和 24 h 降温 4℃以上。

(6)从南北两支锋区上的水汽汇合来考虑:南支锋区上强盛的西南气流带来的充沛水汽,与北支锋区上南下的冷空气相结合,可预报有持续性强冰冻天气过程。

3.4 春季连阴雨天气过程

春雨连绵,寒流频繁是怀化春季气候特色之一,这时正值早、中稻和棉花播种育苗阶段,极易遭受连阴雨低温天气的危害。

根据生产实践经验,在早稻播种期如出现连阴雨、无日照、日平均气温低于 10℃。最低气温小于 8℃的天气,早稻即有烂秧可能,如技术措施不当,或低温时间超过 3 d,烂秧程度将显著增加。因此低温连阴雨是怀化春季的主要灾害天气之一。

3.4.1 气候概况

低温连阴雨属大型天气过程,影响范围大多较宽广。根据适宜水稻生长的最低气象条件,规定日降水量 $R\geqslant 0.1$ mm、日照 $S\leqslant 2$ h,3 月份日平均气温≤12℃,4 月份日平均气温≤14℃为一低温阴雨日。用上述标准普查 1981—2010 年 3,4 月辰溪、怀化、靖州 3 个代表站点资料,得出怀化春季阴雨低温天气的气候特点(图 3.18,图 3.19)。

统计 30 年逐日低温阴雨频率(低温阴雨日数/30),可以得到各站 3,4 月低温阴雨的可能性。从中可以看出,怀化市区 3,4 月低温阴雨概率≥40%的有 15 d,靖州有 18 d,为全市最多,麻阳最少,为 11 d。这说明怀化市南部 3,4 月低温阴雨天数相对较多。

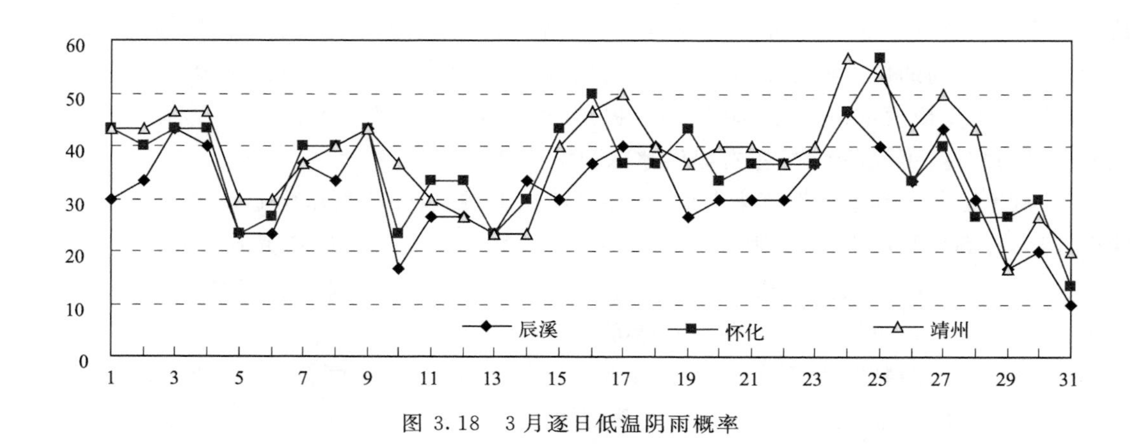

图 3.18 3 月逐日低温阴雨概率

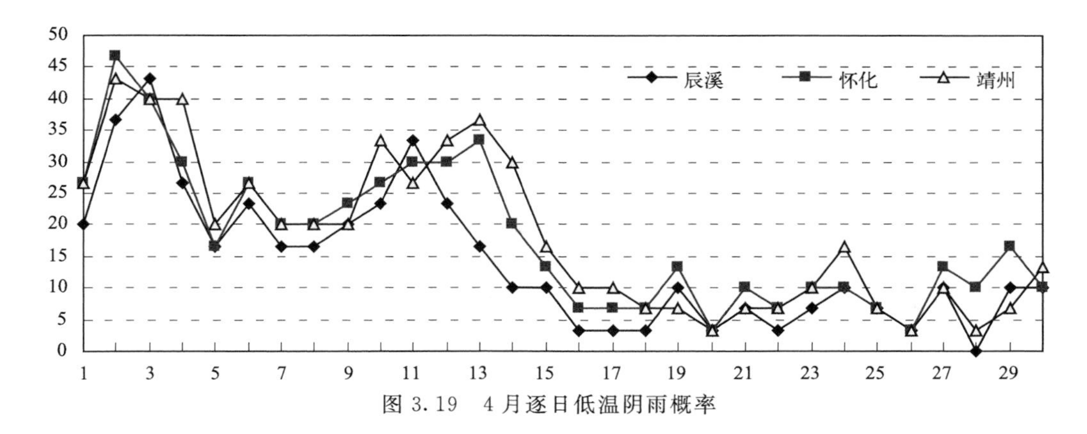

图 3.19 4月逐日低温阴雨概率

大范围低温阴雨频率较大时段 以单日低温阴雨频率≥40%的站数≥5站，且连续出现日数≥2 d进行统计，得出3、4月各有几个大范围低温阴雨频率较大时段，3月份出现在3—4日、6—9日、16—18日、23—25日；4月份出现在2—3日。

3.4.2 倒春寒

在春季天气回暖过程中，常因冷空气的侵入，使气温明显降低，对作物造成危害，这种"前春暖，后春寒"的天气称为倒春寒。倒春寒是南方早稻播种育秧期的主要灾害性天气，是造成早稻烂种烂秧的主要原因。根据湖南关于倒春寒的定义：在春季(3月中旬到4月)中，如果旬平均气温比气候平均值低2℃或以上，称为"春寒"；如果旬平均气温比上一旬平均气温低，称为"倒寒"；而上述两个条件同时满足时则称为"倒春寒"。

根据上述定义统计1981—2010年30年间怀化倒春寒出现的站次(图3.20)。

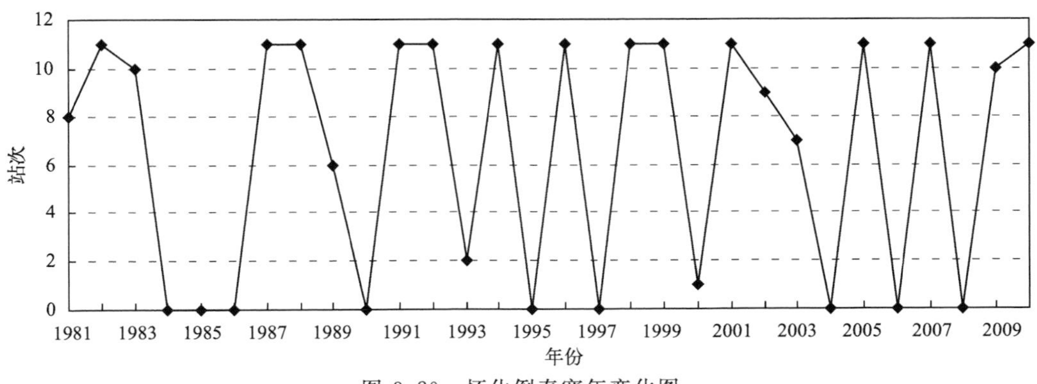

图 3.20 怀化倒春寒年变化图

3.4.3 五月低温

在5月上旬连续3 d或以上日平均气温≤15℃，中下旬连续3 d或以上日平均气温≤20℃，称为"五月寒"，或"五月低温"。

3.4.4 连阴雨低温过程的基本特征

春季的连阴雨低温过程，是一种大范围的天气过程，其发生、发展均受长波和超长波系统的调整、演变所制约。怀化连阴雨低温时期的北半球500 hPa环流型，一般都属于三波型或由四波型调整为三波型的发展阶段。

连阴雨低温过程的对流层底部都有一冷空气垫。地面天气图上怀化受高压脊控制，一般吹偏北风，准静止锋滞留在南岭或云贵一带，850 hPa 温度场上，长江中下游有一东北—西南向的冷槽，其内可有闭合中心，锋区自云贵高原向东延伸到南岭地区，700 hPa 上，四川地区有明显的低槽或低涡，槽前等高线辐散，呈气旋性弯曲，并有负变高配合，在对流层中部(500 hPa 上)，孟加拉湾低槽与南海的副热带高压都较稳定。

造成怀化春季连阴雨低温过程的天气系统在 500 hPa 有北支低槽和高原低槽两种，地面有冷锋、倒槽锋生、静止锋再生、高原冷锋和入海高压(后部)共五种。连阴雨天气都是两种或以上系统配合影响形成的。

(1)北支低槽影响形成的连阴雨低温过程

北支低槽(包括来自中欧、北欧或乌拉尔山以及来自巴湖或贝湖等地的低槽)影响形成连阴雨低温过程时，地面图上表现为冷锋越过 40°N 南下过境，最终形成云贵准静止锋。在高空图上孟加拉湾槽前西南气流强烈，锋后雨区变宽，南北宽度多在 300～500 km 以上，东西影响 2000 km 以上，形成连阴雨低温过程。

(2)高原低槽影响形成的连阴雨低温过程

这类过程由青藏高原低槽包括一部分孟加拉湾一带的南支槽影响长江流域时形成，地面系统有以下几类：①倒槽锋生类。由于高原低槽东移，槽前正涡度辐合，致使地面减压区发展，江南倒“v”形槽逐渐形成，槽后有冷平流，温差加大，槽内锋生或者有两湖气旋形成，这种过程的降温幅度较大；②静止锋再生类。高原低槽的东移，使云贵残存的静止锋上的雨区再生，东扩。这种过程和高压后部的连阴雨过程特点相似，降温幅度一般都不大；③高原冷锋类。高原低槽的活动引起青藏高原地区锋生，然后冷锋东南移影响江南，造成连阴雨过程；④高压后部低温阴雨类。这类过程发生前后没有锋面生消，而是在前一次冷空气过程的变性冷高压脊上有高原低槽东移，辐合和暖湿平流加强，雨区形成并发展成连阴雨低温过程。

3.4.5 各类连阴雨低温过程的特点及其形成的预报

连阴雨低温过程一般以 500 hPa 环流形势分类，通常以过程开始前三天和当天的 500 hPa 环流形势特征及主要系统的分布为主，兼顾过程演变的连续性进行归纳。连阴雨低温过程可划分为平直西风型、纬向多波型、巴湖横槽型及两槽一脊型等四个类型。其中以巴湖横槽型出现的次数最多，其次是两槽一脊型和平直西风型，波动型出现次数较少。

(1)平直西风型

基本特征 500 hPa 高空图上有乌拉尔山阻塞高压或巴湖横槽，里海到黑海有切断冷低压，亚洲 50°N 以北为宽广的低槽区，35°～50°N 为平直西风气流，低纬度西太平洋副高或南海高压的强度较强(长轴或高压中心在 15°N 附近)，西南气流活跃并有小槽东传。700 hPa 在长江流域维持一条切变线，西北地区的高压中心沿 33°N 以北东移；地面冷高压自蒙古西部经河套北部移入黄海。

预报着眼点 预报这类过程的重点是掌握长波的调整和亚洲地区经向环流转为纬向环流的特点注意西风指数由低值向高值的转变。

这类过程的结束形式有两种，一种是北欧冷槽和里海、黑海切断低压合并成长波槽，槽前暖平流引起青藏高原及其以北地区暖脊的发展、东移；另一种是南、北支西风短波槽东移到华东沿海同位相叠加、发展。

(2)纬向多波型

基本特征 500 hPa 高空图上中纬度为移动性系统，槽脊的移速较快，但都得到强烈发展；锋区位于 35°～45°N，在菲律宾到南海一带的副高较强且稳定；孟加拉湾为低槽区，长江以南维持一支强劲的西南气流，其上不断有小槽东移；700 hPa 图上，河西走廊的高压中心一般沿 35°N 东移，南海高压较稳定，切变线活动在 30°N 以北。

预报着眼点 这类过程大多形成于环流调整的过渡阶段，因此，需注意长波系统的移动和强度变化。过程的结束有两种形式，一种是里海、咸海的暖平流促使伊朗到青藏高原的暖脊强烈发展东移；另一种是南北两支西风小槽合并加深，使连阴雨过程结束。

(3)巴湖横槽型

基本特征 过程开始前三天乌拉尔山附近有暖性高压形成(或由欧洲移来)，天山到巴湖稳定维持一东西向的横槽，构成东亚的阻塞环流。而在 35°～50°N 为平直西风，北支锋区约在 40°N 附近，其上不断有西北低槽东移但并无发展；南支锋区在 25°～35°N、105～125°E，35°N 以南的南支西风活跃。在上述形势下，850～700 hPa 层上和南支锋区对应有切变线，云贵到两广沿海有准静止锋滞留，怀化处在锋后冷高压脊控制下，对流层下部冷空气垫明显时，只要 500 hPa 有南支低槽东移即可产生连阴雨低温天气过程。

预报着眼点 这类过程的预报需注意下列几方面：①要形成乌拉尔山阻塞高压和巴湖横槽；②40°～50°N 间有强烈的西风气流和锋区存在，或者不断有短波槽东移但无明显加深、发展；③40°N 以南维持纬向气流，副高脊线维持在 15°～20°N 或孟加拉湾维持低槽，江南上空为强烈的西南暖湿气流。

这类过程的结束大多是由强冷平流侵入乌山阻高，阻高强度减弱向东或东南移，我国 40°N 以南的 500 hPa 环流由纬向型逐渐向经向型转变引起。

(4)两槽一脊型

基本特征 500 hPa 图上 40°～65°N、75°～105°E 区域内为西南—东北向的暖脊，东欧到乌拉尔和我国的东北地区分别为低槽区；在低纬度，南海到菲律宾一带为东西向的高压控制，孟加拉湾为低槽区，从槽前到长江流域有一支稳定而强劲的西南气流。

根据中纬度暖脊内高压中心的位置可分为偏南和偏北两种类型：①偏北型：本型与西伯利亚高阻形势相似，但不一定有两支低槽，稳定性也较差，在贝湖北部(包括 50°N 以北)有闭合暖高压中心停留，雅库茨克地区为一准静止的冷性低压，由于有低涡经蒙古东部南移，带来强冷空气过程。如连续有几个低槽沿冷性低压后部旋转南下，每个低槽都可带来一股冷空气经华北南下影响长江流域，但有时也只影响黄淮平原及黄海、东海等地区。②偏南型：暖高压中心在西藏高原的西北部(45°N 以南)，位置较前一种形势偏南，在青藏高原上有低槽滞留或者不断有小波东传，怀化处在西南暖湿气流影响下，近地面为冷空气垫控制。

两槽一脊连阴雨低温过程发生前 3～5 d，通常在巴湖到咸海为西北—东南向的暖脊，贝湖以北、以东地区为强大的冷低压区；新地岛到华北地区盛行西北气流，在这支气流里不断有低槽南移加深，带来强烈的冷平流，东亚 20°N 以南为东西向的高压带，20°～30°N 维持南支西风气流。

预报着眼点 预报这类过程时，主要应注意 45°N 及其以南地区纬向气流的形成和维持，南下的冷高压应较弱，并以东移为主，副高脊线维持在 15°～20°N。但需注意，在偏北型中的冷性低压后部的低槽南下，并不是都能造成连阴雨低温过程，相反，有时会造成东亚大槽加深，使江南雨区南移，天气好转；其次是地面图上贝湖的冷高压往往在加强中突然爆发南下，预报时较难把握。在偏南型过程中，青藏低槽的滞留时间一般不易及早估计出来。因此，预报时还应密切注意周围主要系统的演变及其相互制约的关系。

以上仅从环流型上归纳了各类连阴雨过程的特点及过程开始的预报着眼点，在实际工作中对中高纬度地区应重点注意大型环流的演变，长波系统的调整，尤其要注意阻塞形势和横槽形势的建立；对低纬度地区应重点注意孟加拉湾低槽及南支西风低槽和西太平洋到南海的副高位置及强度的变化。对于孟加拉湾低槽应注意：地中海、黑海地区系统的发展变化是否有利于孟加拉湾槽的建立或加强，以及孟加拉湾低槽位置的摆动和强度的周期性变化。对于西太平洋副高，需注意：①副高本身流场特点，如脊线南北两侧东、西风风速的比较，对副高移动有一定指示意义，若脊线南侧东风很强，脊线将比较稳定；②周围系统变化的影响，例如，南支西风经向度加大，或西风带高压或脊的东南移动和副高合并，以及高原暖中心（或暖舌）东移合并等，都将有利于副高加强或西伸；③副高位置和强度的周期性变化等。此外，还需注意中高纬度和低纬度系统的组合配置情况。

3.4.6 春季低温连阴雨过程的预报指标

除用 500 hPa 环流型结合指标预报连阴雨过程外，还可参考下列指标。

连阴雨低温过程结束的形势有以下五种：

①锋面及锋区雨带南移。包括准静止锋缓慢南移和静止锋转为冷锋南移两种，常与两湖气旋的发生、发展相联系（高空风对锋面的南移有较好的指示性）。

②高空阶梯槽东移，在华东沿海加深。即青藏高原有低槽东移，同时高原以北也有北支低槽东移与南北两槽成阶梯状在华东沿海合并加深，一般低槽槽线过境阴雨过程就结束。在高空阶梯槽加深过程中地面的演变有两种形式，一是西路冷空气南下造成雨区东移，二是槽后西北气流发展，地面河套附近冷高压主体南移到长江流域。

③青藏高原低槽东移，槽后偏北气流影响，过程结束。

④地面西南倒槽强烈发展，怀化处在槽前，转为上下一致的偏南风，江南的锋区和雨带减弱消失。

⑤南海台风北上，静止锋南部转偏北风．静止锋流场破坏，云雨区向东南移出。

3.5 春季连晴回暖过程

怀化春季具有连续晴天少、阴雨天气多的气候特色。但春季是早中稻和棉花等作物的播种育秧时节，需有几个晴朗天气有利作物的生长发育，因此，做好春季连晴回暖过程的预报，对顺利进行春耕生产有很大作用。

3.5.1 连晴回暖天气的气候概况

春播作物的发育需有充分日照，短时阵雨尤其是夜间阴雨时其实并无多大影响。因此，连晴回暖过程的标准以日照为主，规定日照时数达 3 h 或以上，且当天无雨或仅有小雨时定为一个晴天。

3.5.2 连晴回暖过程的环流特征

连晴回暖天气是大尺度天气系统影响的结果，一般都出现在强冷空气侵入或连阴雨低温之后、另一次冷空气侵入之前，影响范围较为宽广。

3.5.3 连晴回暖过程的地面形势特征

连晴回暖过程除有明显的高空环流特征外。据普查，湖南连晴天气出现的地面形势同时也有明显的地面形势特征及其转变。基本上可分为高压类和倒槽类两种。

1. 高压类

高压类连晴是怀化春季连晴回暖过程的主要类型，多出现在冷空气，特别是强冷空气侵入36～48 h以后开始，其中又可分为下列三种类型：

(1)“脚形”高压型：本型出现前，冷高压主体在蒙古，冷锋越过黄河流域直抵江南，造成湖南一次西路或北路冷锋过程。当冷锋越过南岭抵达南海北部时，冷高压主体南下到陕甘、川黔、湘鄂等地分裂成若干个小高压中心构成“脚形”或“品”字形高压，长江中下游天气转晴；这时500 hPa槽线已越过长江中下游，与地面冷锋相距约7～10个纬距，亚洲中纬地区类似“两槽一脊型”，脊线在巴湖到贝湖之间。

(2)南槽北涡型：其主要特点是长江中下游为高压控制，湘、黔或湘、赣有闭合高压中心(湖南地面风场一般是湘北吹偏南风，湘南吹偏北风)，黄河流域为低压区和负变压区，原南海北部的冷锋多因气团变性而锋消，北段则移入太平洋，这时500 hPa高空的东亚低槽主体已移到日本海附近，强度趋于减弱。

(3)东海高压型：原控制长江中下游的变性冷高压中心东移人海，湖南处在高压的西部，多为偏南风，这时蒙古另有冷空气南下，西部倒槽正逐渐形成。在500 hPa高空，原在日本海的低槽减弱，上游北支西风带中又有低槽南下，因此，本型常在连晴过程后期出现。

2. 倒槽类

倒槽类形成的晴天包括西南倒槽和倒槽锋两种类型：

(1)西南倒槽型：西南倒槽形成的晴天有两种形式，一种是长江流域地面高压入海后紧接着西南倒槽强烈发展，这时江南500 hPa以下均为一致的西南风，从而形成晴朗天气；另一种形式发生在华南静止锋锋消或者静止锋从湘南北抬锋消的情况下，这时静止锋锋区和锋后冷区基本上已不复存在，冷空气已经显著变暖，而且南海副高增强、北移，甚至与华北的西风带高压结合，在我国东部沿海形成南北向的高压坝，江南500 hPa以下为一致西南气流而形成晴天。

(2)倒槽锋型：这种晴天出现在倒槽锋前。当北方南下的冷锋进入西南倒槽后，锋前一般都能出现这种晴天，如果南下的冷空气很弱或路径偏东，而南海副高较强，将更有利于锋前晴天的持续。

以上是湖南晴天常见的地面形势特征，而在连晴过程中，地面形势是在逐渐转变的，即使是只晴3 d的短连晴，大都也由两种或两种以上的地面形势特征组合而成。

在上述两类连晴过程之间也有承替关系，多数情况下是高压类连晴之后紧接出现倒槽类连晴，使连晴过程持续延长。需要注意的是倒槽类转高压类的连晴过程，这类过程常开始于湖南连阴雨过程结束阶段，这时由于高原低槽东移或南支小槽和北支小槽在长江流域叠加，地面出现倒槽，当槽内锋生出波动东移入海以后，高空槽后冷平流和动力加压又在长江流域形成闭合高压中心,结果形成连晴过程。这类转连晴过程的前期征兆较少,预报上难度较大。

3.5.4 各类连晴过程的特点及其预报

春季连晴回暖过程大都是冷锋过程或静止锋波动过程结束后开始的。湖南常用 500 hPa 形势划分连晴过程的类别,20°～40°N,70°～100°E 和 30°N 以南、115°～130°E 这两个关键区内的形势特征,可以将连晴过程分为东亚大槽后、孟加拉湾槽前和青藏高原暖脊前等三大类。在预报连晴过程时要特别注意高原暖脊和孟加拉湾低槽的活动和发展,同时要注意两种或两种以上连晴形势接连发生而导致连晴过程的形成或延续。

1. 过程特点

115°～130°E 有一南北向的冷槽,怀化南处于槽后上下沉的西北气流控制下。这类过程都发生在冷空气侵入之后,往往是连晴过程开始的类型,一般只有 1～3 d 的晴天,当大槽后部继续有小槽下滑,并引导地面冷空气补充南下,则有利于晴天的持续。

其形成过程有三种:

(1)中高纬度地区低槽东移发展加深:新地岛、北欧等地区的低槽向东南移动加深,形成东亚沿海大槽,这种形势往往首先造成湖南春季强冷空气天气过程。

(2)横槽转向后发展加深:贝湖至巴湖一线的横槽转成南北向,东移加深形成的东亚大槽,同时乌拉尔山阻塞高压崩溃南移,形成长江流域的接连晴过程。

(3)南、北支低槽叠加发展:在东亚以纬向环流为主的多移动性波动东传的形势下,南、北支低槽移到长江中、下游后,同位相叠加,形成东亚沿海的深槽,地面往往有"两湖气旋"发生和发展。

2. 预报着眼点和预报指标

(1)注意中高纬度地区低槽或巴湖横槽的强度变化,以及南支槽同北支槽结合引起的强度变化。

(2)东北大槽建立时,槽底要伸展到我国东南沿海,500 hPa 上江南受西北气流影响。槽后冷平流越强,西北气流范围越宽,越有利于连晴持续。

(3)南海副高趋于减弱南退,孟加拉湾地区为平直西风。

3.6 两湖波动过程

两湖波动是指洞庭湖、鄱阳湖流域的气旋波动,这是在湖南、江西两省形成的一种新生地面天气系统。两湖波动常常能发展成江淮气旋或东海气旋,使南方天气形势发生明显变化或重大转折。就湖南来说,两湖波动形成前后的降水将明显加大,常出现暴雨或强对流天气,当波动发展加深时则易形成大风灾害。因此两湖波动的形成常是湖南预报暴雨、大风等灾害性天气的重要判据之一。

3.6.1 两湖波动过程的气候概况

凡移入两湖地区或在两湖地区形成的锋面上,出现低压中心(较周围低 2～3 hPa)和冷暖锋面时,无论其发展趋势如何,均称其为两湖波动。在 25°～31°N,108°～118°E 地区出现上述条件,并能维持 24 h 或以上者(包括形成后移出界外的),作为一次两湖波动的过程。

3.6.2 各类波动的形成过程

1. 冷锋波动

冷锋波动常发生在中高纬度两槽一脊或两脊一槽的环流形势下，通常是冷锋侵入西南倒槽，在倒槽内形成两湖波动。波动可在冷锋上形成，也可由锋前1～2个纬距内形成的低压演变而成。在4—6月冷锋波动形成大风和暴雨的可能性较大，因此需要特别注意。冷锋波动的形成基本上可以分为两个阶段。

(1)西南倒槽发展和低涡形成阶段

冷锋波动形成前首先有明显的暖湿气流影响长江流域，表现在500 hPa上是孟加拉湾低槽很深，或者副高脊线偏北(20°N附近)，以至于长江流域上空为稳定的西南气流控制；在700 hPa以下主要表现为南高北低或东高西低形势；850 hPa有西南低涡或横槽形成；地面图上有西南倒槽沿长江流域以北向东北方伸展，有时长江流域同时有横槽或静止锋存在。

(2)冷锋侵入倒槽、波动形成阶段

西风带大槽形成的冷锋波动。南北向的西风带大槽引导冷锋从河套以西南下，同东部沿海暖脊同时东移并加强，当850 hPa上低槽和地面冷锋进入东北—西南向的倒槽内后，江南有暖切变北抬，在西南低涡沿槽东移影响下形成两湖波动。这类过程大槽位置比较偏南，一般需经高原东部南下，主要形成西路冷锋波动过程。总的来说，由西风带大槽形成冷锋波动的机会较少。

南北支短波槽相结合或短波槽同大槽结合形成的冷锋波动。当西风带低槽沿50°N东移时，由于槽后冷平流南扩或者高原西侧暖脊发展的影响，新疆一带有短波槽沿高原南下加深，引导冷空气侵入西南倒槽内，这时已有南支槽使南支锋区北抬，850 hPa和地面图上也有长江横槽形成，在500 hPa短波槽与南支槽同位相加深和850 hPa低涡东移影响下，侵入长江上游的冷锋同横切变线结合形成两湖波动，其中大都形成西路冷锋波动。

如果有西风带大槽从蒙古一带南下减弱，或者受副高影响转为东北—西南向缓慢进入长江流域时，在高空槽前的平直西风气流中如有高原小槽东移加深，促使850 hPa低涡沿横槽东移，也能形成西路或北路冷锋波动。

冷锋波动的上述两个阶段一般都比较清楚，但也有同时发生，即西南倒槽和低涡形成的同时，冷锋已逼近长江流域，波动酝酿相对较短。

2. 静止锋波动

静止锋波动主要发生在中高纬度为平直西风或纬向多波的环流形势下，由500 hPa短波槽或者南北支短波槽结合沿锋区东移加深而形成的。造成暴雨过程的可能性比造成大风的可能性大，其形成过程基本上有两种。

南北支短波槽结合波动的形成过程 这种过程大都发生在500 hPa上40°N以南连接有短波槽东移的情况下，副高脊线偏在15°N附近。波动形成前首先有孟加拉湾低槽加深或者孟加拉湾槽前有短波槽向长江中上游移近；南支锋区和850 hPa切变线北抬，并有横槽和西南低涡发展和形成；地面静止锋上也有横槽东伸，当高原有短波槽东南下时，地面图上仅有加压区出现和云系发展，而无明显的冷锋南侵；由于南北支短波槽同位相叠加，槽前正涡度平流加强而低涡东移，静止锋西段天气发展，锋面南压，最终在静止锋上形成波动。这种过程最显著的特点，是波动发生前静止锋上的西南倒槽发展较明显，甚至有低压沿锋面东传，波动形成后有时还另有冷锋补充南下。

短波槽或锋区扰动形成的波动 北支短波槽形成的波动。这种过程大都也发生在500 hPa上40°N以南多短波槽活动的情况下。波动发生前孟加拉湾有一低槽，副高较强或脊线位置偏北(20°N附近)。呈东北一西南向位于西太平洋至南海上空；南支锋区、850 hPa切变线和地面静止锋都因副高影响相应地位于28°～31°N；长江流域为明显的南高北低形势。在副高西北侧低空急流影响下，切变线和静止锋上有低涡和西南倒槽发展。由于高原北侧短波槽南下时引导850 hPa低涡东移，长江上游出现加压和降水区，最终在其前方形成静止锋波动。这种过程常在雨季结束前发生，波动强度一般都较弱，并可因短波槽连续越过静止锋上空而多次形成波动，静止锋位置却无多大变化，因此，极易在湖南北部造成东西向现在暴雨带，危害较大。

南支锋区扰动形成的波动。这种过程大都发生在锋区位置比较偏南的情况下。在500 hPa上江北处于东亚宽平低槽之后，副高较弱或位置偏南，脊线常在15°N附近，孟加拉湾为一低槽；850 hPa切变及地面静止锋都位于25°～28°N，长江流域为北高南低形势。由于孟加拉湾槽前或副高西北侧的西南气流中有短波槽东移，川、滇一带有负变压中心东传，加之低空急流的影响，在湘、赣南部的850 hPa切变线和地面静止锋上同时形成低涡和波动。这种波动强度大都较弱，有时仅表现为静止锋上的低压环流，在东移过程中一般较易减弱。但在静止锋维持期间往往能连续形成这种弱波动，造成湖南南部持续性的狭窄暴雨带，威胁性较大，这种过程主要发生在5月和6月上半月，因过程前期西南倒槽常不十分明显，低涡、波动和暴雨又往往同时形成和发生，预报上较难掌握。

3. 锋生波动

锋生波动常发生在东亚大槽偏东，即140°E附近为一南北向型大槽控制，槽底一般伸到30°N或以南的情况下，在长江中上游横槽内锋生而形成的波动过程。在4—6月可造成暴雨、大暴雨乃至特大暴雨，危害比较严重。其形成过程可分两个阶段。

暖式切变线和长江横槽形成过程 在暖切变线形成之前，首先有切变线或锋面南压，其后高压东移时因受日本海一带大槽阻挡及河西槽前暖平流的影响，移速减慢、强度增强，在我国东部沿海形成一南北向的高压坝，同时南海一带的副高增强北上，使南支锋区和原已移至华南的切变线转向北抬，形成暖式切变线；由于长江横向槽强烈发展，江南从地面到500 hPa转为一致的东高西低形势。这是一种典型的暖切变形成过程，主要在700 hPa上反映得最清楚。

另一种少见的情形是遗留在华南的切变线已经消失，暖式切变线是孟加拉湾槽前西南气流的南支槽逆转北上演变而成，其位置也在副高和黄淮地区的高压坝之间。

地面锋生和波动形成过程 北支槽同暖切变线结合形成的波动。这种过程发生在北支短波槽活跃的情况下，即暖切变线形成时，500 hPa上有短波槽从高原北侧东移，700，850 hPa上相应地有河西槽东移并同暖切变线结合，形成“人”字形槽区和低涡，导致暖切变线北面偏东北气流加强，云系和天气区发展，静止锋锋生而形成波动。当北支槽后冷平流较明显时，锋生波动往往先在冷锋前形成，冷锋则在波动形成后补充南下。

如果是高原短波槽东移，低层一般都没有“人”字形槽区形成，仅在长江中上游的横槽内，即在四川一带出现一微弱的倒槽东移，地面图上也只表现为微弱的加压，但是长江横槽北侧偏东气流加强，在高原短波槽影响下，对流性天气强烈发展，850 hPa有涡形成，地面锋生而形成波动。由于这种过程比较常见;低涡、锋生波动和暴雨又常常在湖南或附近地区同时形成,系统移动慢,暴雨强度和持续时间都很突出。

南支槽同暖切变线结合形成的波动 这种过程与上述不同之处是短波槽位置更为偏南,是在高原南侧西南气流中形成,并且是经长江横槽南侧进入横槽内的。当这种南支槽东移到昆明一带时,因受副高影响转向东北移动而进入川、黔一带,地面图上可以看到加压和云雨区形成,并逐渐形成浅层冷锋,当南支槽与暖切变线结合后形成弱低涡,随即横槽北侧偏东气流偏强,地面锋生而出现波动。这种过程一般较少,波动形成后大都在向东北方向移动中迅速减弱。

3.6.3 各类波动的主要区别

气旋波是气旋发展的初期形式,水平尺度较小,空间结构也还不十分明显。两湖波动更是介于中尺度和天气尺度之间的地面天气系统,有时在测站稠密的地面天气图上,可以清楚地看到它是由中尺度低压发展演变而成,因此,常规天气资料一般很难反映它们的空间结构特征。从预报实践中发现,两湖波动因形成过程的不同,在冷暖空气活动、各层等压面形势和高、低层系统的配置等方面,各具有不同的特点,这些特点有时还是判断能否形成波动的重要依据。

1. 冷暖空气活动

(1)冷锋波动和锋生波动形成前,江南已经在强烈的暖湿空气控制下,并有向北扩展的趋势,甚至在波动形成前 2～3 d,湖南上游地区即有暖湿气流增强、扩展的迹象,而在静止波动中暖湿气流不如上述活跃,影响位置也相对偏南。

(2)冷锋波动中有明显的冷空气取西路和北路侵入长江流域;静止锋波动和锋生波动形成时,中纬度地区一般没有或仅有较弱的冷锋南下,而江淮地区低层则有偏东回流,如同时有冷空气南下,也取西路或北路侵入长江流域。

(3)静止锋波动是控制华南的暖空气同长江流域处于减弱变性的冷空气之间形成的波动,冷暖平流相对较弱;锋生波动主要是江南暖平流锋生时同上游地区浅层冷平流(有时是降水发展形成的弱冷平流)之间形成的波动,多数情况下暖平流强而冷平流弱;冷锋波动则是控制江南的暖空气同中纬度地区南下的冷空气,以及我国东部沿海的变性冷空气之间形成的波动,一般来说冷暖平流都比较明显或强烈。

2. 近地面形势

(1)冷锋波动或锋生波动发生之前,有明显的西南倒槽向长江中、下游发展,长江流域为南高北低或东高西低形势;静止锋波动发生前一般为北高南低形势,当静止锋位于 28°～31°N 时江南方为南高北低形势,而且西南倒槽的发展一般都比较弱。

(2)冷锋波动或锋生波动发生前,高原和川黔一带都有大范围负变压区持续发展和东移,并低于 −4 hPa 的三小时负变压中心进入长江上游;静止锋波动发生前上述特点一般都比较弱。

(3)冷锋波动是冷锋侵入江南在锋面上形成,或接近锋面的暖区内诱发形成,其形成与冷锋的侵入有很大关系;锋生波动是在伸向两湖地区的西南倒槽内先有锋生后形成波动,或者在锋生同时形成的,而静止锋波动则是在 25°～31°N 之间的静止锋上形成的。

(4)在冷锋波动中长江下游风向常逆转成东南风,在锋生波动和静止锋波动中,长江中下游大都一直维持偏东气流。

(5)冷锋波动形成后，湖南北部甚至全省会出现一次冷锋过程，而锋生波动和静止锋波动形成后，如无另外的冷锋侵入。波动锋面大都南移缓慢，转成冷锋明显南推的较少。

3. 中低层形势

(1)两湖波动发生前700 hPa上的特点是高原东侧为宽广的低压区，长江上游连续有负变高出现和东移，其中心负变高常低于40 gpm。但在冷锋波动发生前东南沿海先有副高北移或有西南倒槽向东北方伸展，锋生波动发生前江南则有暖式切变线北抬和我国东部沿海形成南北向高压坝的形势，而在静止锋波动发生前闽江流域则维持切变线形势。

(2)冷锋波动是在700 hPa西风带低槽从河套南下影响江淮流域时形成，我国东部沿海正转为低槽区；锋生波动主要是短波槽移入倒槽内，或者同暖式切变线构成的“人”字形槽区影响而成；静止锋波动主要在700 hPa切变线南侧形成。后两种波动形成时我国东部沿海一般尚处于高压脊影响下。

(3)850 hPa上的一个最主要特点是青藏高系东部或川、黔一带有西南低涡形成，在6月份，西南低涡有时可反映到700 hPa等压面上，两湖波动基本上由850 hPa西南低涡影响而成。但在多数情况下，冷锋波动是西南低涡沿低槽东移影响时形成的，锋生波动和静止锋波动是低涡沿长江切变线东移影响而成的。另有一些情况是这三种波动都是由西风带低糟同江南切变线交替对低涡影响而成，还有少数锋生波动和静止锋波动几乎与长江切变线上的低涡同时形成。

(4)850 hPa上另有一重要特点是有低空西南急流(12 m/s以上)活动，一般出现在西南低涡的东南侧，是两湖波动中暖湿气流活动的重要表征。低空急流大都先在黔、桂地区形成，然后急东北进入湘、赣地区，呈西南—东北向，尺度较小，风速切变则较大。有时冷锋波动中的低空急流是从川黔一带东移的，也有从江北南移的，南移的低空急流尺度一般较大。在静止锋波动中的低空急流往往呈东西向，出现的时间有时与波动形成的时间相差无几。

(5)在冷锋波动中，700，850 hPa上副高大多数较强或位置偏北，锋生波动中则孟加拉湾低槽较强，华东暖高压脊较明显，东移较慢。另外，在冷锋波动中30°～40°N之间的系统有一定的南移趋势，而在锋生波动和静止锋波动中这一带的系统主要东移甚至有向东偏北方向移动的趋势。

4.500 hPa形势

(1)两湖波动发生前500 hPa除孟加拉湾为低槽控制、高原上有负变高东移外，江南大多有增温反应，其中尤以冷锋波动和锋生波动形成前最明显，甚至可在我国东部形成一暖脊，静止锋波动形成前则无明显反映。

(2)冷锋波动发生时40°N以南经向气流一度加强，并有明显锋区南下，锋生波动发生时40°N以南我国大陆常为两脊一槽或东高西低形势，静止锋波动大都发生在40°N以南为纬向气流形势下。

(3)冷锋波动主要是西风带低槽加深，或者北支槽同高原小槽(或南支槽)结合影响下形成，低槽尺度比较大，并常发展成东亚大槽，其他两类波动大多是明显的高原小槽、南支槽或者这两种短波槽同位相叠加影响时形成，低槽尺度相对较小.

(4)两湖波动形成时500 hPa副高一般没有明显南移，但在冷锋波动中或当其他波动形成过程中有明显的冷空气南下补充时，副高方有南移。

5. 高低空系统的配置方面

两湖波动的形成除了对流层中低层要有干冷、暖湿两种不同属性的气流汇合形成锋区，以及冷平流下游要有明显的暖平流等条件外，还需要存在有利于地面气压不断下降、气旋性风场形成，最终在锋面上出现波动的条件，这些条件主要有：①高层要有强烈辐散、相对辐散要明显，以利气流上升外流。②正涡度层要厚、特别是对流层中层要有明显的正涡度平流。③风的垂直切变强烈，湿层深厚宽广，以便有大量潜热释放和反馈作用加强。因此，在垂直方向上需形成适宜的风场结构，也就是高低空系统之间要有适宜于波动形成的配置关系。

由于形成两湖波动及 500 hPa 低槽除西风大槽尺度较大外，其余均为短波系统，都有尺度小、移速快、不容易发展加深，以及过高原后大都东移减弱的特点，因此，常常不利于形成两湖波动，而低槽南下或越过高原后保持较强，或与短波槽同位相叠加加深，方有利于波动形成，这时，两湖地区附近高低层系统的配置一般有下列特点：

(1)当 500 hPa 为南北向的西风大槽东移影响时，850 hPa 低涡应位于槽前 4～6 个纬距内。这种情况主要在冷锋波动形成时出现。

(2)当 500 hPa 为东北—西南向的低槽南移影响时，850 hPa 低涡应位于槽前 3～5 个纬距内。如 500 hPa 低槽远离低层低槽或切变线，则在大槽前应有南北向的短波槽东移影响。850 hPa 低涡应位于短渡槽前 4～7 个纬距内。这主要出现在冷锋波动中，有时也会在静止锋波动形成时出现。

(3)当 500 hPa 高原小槽过高原后强度明显或趋于加深，850 hPa 低涡处位于槽前 4～7 个纬距内。这在各类波动中都可能出现，波动位置大都比较偏北；

(4)当 500 hPa 高原小槽过高原后与南支槽同位相叠加加深时，槽前偏南气流加强，850 hPa 低涡应位于 500 hPa 两槽交接处下游 3～6 个纬距内。这种情况以静止锋波动和锋生波动过程中较多。

(5)当 500 hPa 南支槽东移加深时，850 hPa 上的低涡应位于下游 3～6 个纬距内。这主要出现在静止锋波动和锋生波动中。

(6)当 850 hPa 没有低涡而只有切变线时，500 hPa 上则应有南支槽沿切变线东移加深，或者偏西风水平切变很大，同时又出现低空急流。这种情况主要出现在 25°～27°N 间静止锋波动中。

另外，在上述高低层系统配置的影响下，500 hPa 槽前和 850 hPa 低涡东南方是大范围的深厚湿层，$T-T_d$ 常在 5℃或以内。

3.6.4 两湖波动的形成条件

两湖波动形成与各种天气形势的配合密切相关，尤其要着重分析冷暖空气的活动和各层等压面上天气形势的特点，特别是低值系统、低空急流、变高、变压、天气实况演变特点等，根据有利于两湖波动形成的条件和指标进行综合判断。

1. 有利两湖波动的天气形势

(1)孟加拉湾低槽加深，副高增强，脊线在 15°～20°N 范围内北移，使江南或江北地区受 500 hPa 西南气流和暖平流影响，长江中、下游先后受暖脊控制。

(2)700 hPa 以下有高压东移入海，长江流域形成东高西低或南高北低形势。

(3)850 hPa 要有西南低涡形成，并在江南(主要在黔、桂一带)出现低空西南急流。

(4)地面图上要有西南倒槽形成，江南大都转为偏南风，气压持续下降，气温和湿度升高，并且自地面至高空的温度露点差逐日减小到5℃以内，而在江淮地区地面风向有转偏东风趋势。

(5)青藏高原东侧和长江上游持续出现三小时负变高、负变压，最终要有负变压4 hPa以上的中心进入四川盆地或川、黔一带，高原则应逐渐转为弱的正变高和正变压影响。

(6)高山站金佛山转为偏东风，衡山出现5m/s以上的偏南风，庐山出现偏南或偏东风。

(7)川、黔一带有系统性云系发展转成阴天，或者有对流性云系或天气发展，卫星云图上要有涡旋状云系形成。

2. 不利于两湖波动的形势

(1)500 hPa副高持续增强北上，脊线稳定在25°N以北地区，地面西南倒槽北抬扩展，两湖地区在副高稳定控制下。

(2)500 hPa孟加拉湾低槽明显减弱或转为高压控制而副高明显南退，或者南海高压西进而东南沿海有低槽加深，地面西南倒槽有减弱趋势。

(3)500 hPa上有东亚大槽建立，南下冷高压很强，冷锋移速很快甚至是下滑锋，或者东西向冷锋南压时锋后气压梯度很大，有使西南倒槽很快减弱、填塞的趋势。

(4)南下冷锋从东路侵入长江流域，西南倒槽有向西萎缩的趋势。

(5)未来影响两湖地区的500 hPa低槽快速东移，有超前于低涡或有减弱、消失的趋势。

因此，在出现有利于两湖波动形成的前期条件后，还需继续注意天气形势的演变。

3. 可以预报有两湖波动的形势

(1)长江中上游出现适宜的冷平流和锋区，长江中下游和江南仍维持明显的暖平流。

(2)两湖地区的锋面维持，或者有锋面移入或形成。

(3)锋面附近出现深厚、宽广的湿层($T-T_d<5$℃)，风的垂直切变很强。

(4)低层有辐合、高层有强烈的辐散，相对散度很大。

(5)出现深厚的正涡度层，对流层中层有明显的正涡度平流。

(6)锋前南风逐渐减小，锋后有对流性云系或天气发展，其上游气压开始上升而下游气压继续下降，同时涡旋型云系范围扩大并进入两湖地区。

出现上述条件时，在上下游和高、低层系统配合影响下，地面风场将发生相应的适应性变化，最终形成两湖波动。

3.6.5 两湖波动的预报

在分析两湖波动形成的有利和不利条件的基础上，根据预报指标，开展不同类型两湖波动的预报。

1. 冷锋波动过程的预报

出现有利的前期条件后，如具有下列条件和指标，当天或次日将有冷锋波动形成。

(1)500 hPa有南北向低槽经新疆、高原北侧向东南方移动，槽底影响到川南，或者有东西向低槽越过黄河流域时，槽前有短波槽东移加深并影响两湖地区。

(2)700 hPa上有河西低槽南下，如长江流域原有切变线，则应形成切变线更替形势和低涡，或者低槽南下时云贵一带有小槽加深东移。

(3)850 hPa西南低涡沿低槽或切变线东移，低空急流进入湘、黔南部，同时伴有明显的负变高。

(4)有西路或北路冷锋进入西南倒槽内，两湖地区负变压进一步加强并出现等压线的气旋性弯曲。

上述低槽或短波槽进入30°～40°N、90°～110°E地区时，在该区内的槽线需南北长达5纬距或以上，否则应有南支槽入川、黔一带同位相加深，这时孟加拉湾低槽和副高应无明显变化。

2. 静止锋波动过程的预报

出现有利的前期条件后，如具有下列条件和指标，当天或次日将有静止锋波动形成。

(1)500 hPa层40°N附近仍维持平直西风，有短波槽或者南支和北支短波槽结合，沿江南静止锋上空东移加深(此时河西也可另有低槽向长江流域移动)，副高脊线位于15°～20°N之间。

(2)700 hPa切变线西段有南移表现，或者长江流域有切变线更替形势发生，并有负变高中心进入两湖地区。

(3)850 hPa低涡沿长江切变线东移，南侧低空急流形成随低涡移动。

(4)地面图上有明显的负变压中心沿静止锋东移，西段静止锋上有强烈的对流性天气发展、东扩，北侧加压明显，锋面有南移趋势。

在部分静止锋波动中并无明显的前期特征反映，大多发生在长江流域，为北高南低形势和静止锋位置比较偏南(大多在25°～27°N之间)的情况下，如出现下列几点，当天或次日将有波动形成。①500 hPa有明显的南支槽沿静止锋东移加深，或者有冷平流侵入四川、而东南沿海为一暖脊控制；②700，850 hPa切变线北侧的变性高压向东偏北方向移动中呈分裂趋势，并在靠近切变线的东西向等值线上，出现倒槽形式的气旋性弯曲，其东侧转东南风，风速增大，并出现负变压；③850 hPa切变线南面即在东南沿海出现低空西南急流；④地面静止锋东段(主要在赣南、闽南一带)逐渐北移，在湘赣之间有倒槽形成，附近气温显著升高，而西段锋后出现增压和强降水区。

3. 锋生波动过程的预报

出现有利的前期条件后如具有下列条件或指标，当天或次天将有锋生波动形成。

(1)500 hPa上140°E附近和我国东部沿海仍分别为大槽和暖脊控制，而在长江上游有明显的低槽或有南、北支短波槽结合加深并影响两湖地区。

(2)700 hPa上30°～40°N，110°～125°E范围内有高压中心，华东蚌埠、南京、上海三站中至少有一站的$\Delta P \geqslant$ 2hPa和$\Delta T \geqslant 2$℃，暖切变线与115°E的交点位于25°～32°N之间，同时河西低槽与暖切变线构成的“人”字槽区和低涡南压，或者有西南低涡随低槽和川、黔小槽东移影响两湖地区。

(3)850 hPa低空急流进入湘黔北部，西南低涡沿切变线或随低槽南压而东移。

(4)江南地面偏南风与江淮地区偏东风之间的辐合加强，同时四川一带有系统性云系东扩并有对流性天气发展，或有弱冷空气影响川、黔一带，导致锋生和两湖波动的形成。

3.7 西南低涡过程

3.7.1 西南低涡过程的气候概况

春末夏初是西南低涡影响怀化最频繁的季节。西南低涡东移发展往往能造成长江中、下游地区强烈的对流性降水，因此西南低涡是怀化主要的暴雨天气系统之一。

西南低涡定义：凡产生在 700 hPa 或 850 hPa 高度上，25°～35°N，95°～108°E 范围内的小涡旋，称为西南低涡。具体规定：在 700 hPa 或 850 hPa 图上的上述范围内，有一条闭合等高线或有明显的气旋性环流的低压，并能维持 12 h 或以上的，不论其为冷性或暖性，均称为西南低涡(图 3.21)。在 25°N 以南的海洋面上发生的热带低压或台风北转登陆减弱而进入西南地区的低压，都不作西南低涡处理。

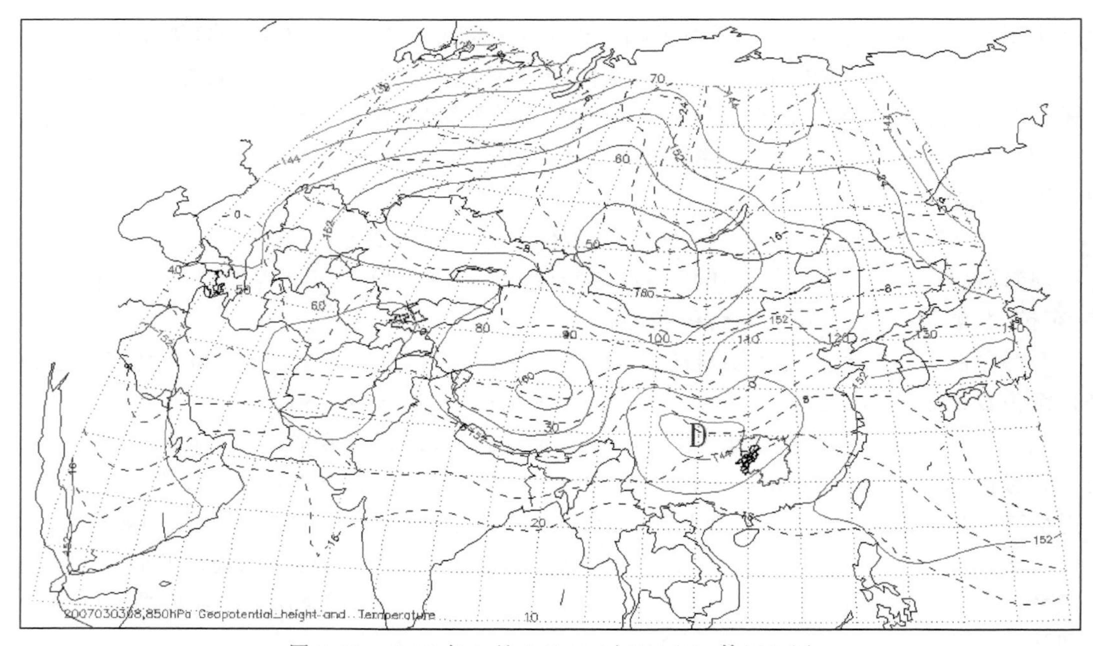

图 3.21　2007 年 3 月 3 日 08 时 850 hPa 等压面图

3.7.2　西南低涡的主要特征

(1)西风大槽类。这类过程发生时 500 hPa 上，亚洲上空以经向环流为主，西风大槽自中亚地区有规律地东移加深，经过青藏高原断裂为南槽和北槽，高原东部和四川盆地均受槽前暖湿气流控制，水汽充沛。当大槽东移至高原东部时，在其南端的气旋性切变的下层生成低涡。这类过程常伴有一次冷空气活动，容易在 4,5,6 三个月发生，7,8 月西风带北撤，副高脊线跳到 25°N 以北，极少形成这类过程。

(2)南支低槽类。这类低涡生成于强西风环流和西太平洋副高位置偏南的形势下，青藏高原南支低槽活动频繁，移速约 10～12 个经距/日。当低槽东移经过高原东南部时，在槽前辐散区的下层生成低涡。这类低涡主要发生在春末夏初，夏季也有少量发生。

3.7.3　西南低涡的形成条件

西南低涡形成前 24 h 左右，700 hPa 基本流场特征是在高原南侧盛行气旋性气流，可分为三种流型。

(1)印度为一反气旋，高原南侧为气旋性流场。

(2)印度及中印半岛分别为一气旋。西太平洋副高脊线在 25°N 以北，我国大陆东南部到四川盆地东部均受副高控制，连晴高温。

(3)西南低值系统受西太平洋副高阻挡，停滞在盆地西部减弱，川西经常保持气旋性涡度，当有高空低槽东移或在一定热力条件作用下，可在盆地诱生出低涡。

3.7.4 西南低涡过程的预报

西南低涡形成之后，是发展还是消亡，主要决定于它所处的环流条件及其结构。西南低涡的发展，首先要求低涡的高层辐散量大于低层的辐合量。当低涡位于500～300 hPa高空槽前时，这个条件常常可以满足，尤其当高空槽前正涡度平流很大时，低涡上空的辐散量更强。当高空槽后的冷平流从低涡后部侵入时，也可使低涡发展。高空槽加深，低涡也发展加深。若低涡位于高空槽后，或位于高压脊下面，就没有上述的有利条件，这时低涡常常减弱或消失。

积云对流和潜热释放对西南低涡的发展也有重要作用。发生在低涡降水区上空，500～300 hPa上的增暖现象可能与积云对流和潜热释放密切相关。增暖可使高层空气产生大量的辐散流出，形成有利于低涡发展的条件。

暖湿空气对低涡发展的作用也不能忽视，当低涡东南方偏南风（如西南风）逐渐加大，形成低空急流，或在高原东侧经常存在切变线或辐合线时，也有利于低涡的发展，甚至形成气旋性环流更强的闭合低涡，地面的降水也随之增大。

总之，西南低涡形成之初，是一种暖性的浅薄系统，而后在高空槽前的涡度平流和北方冷空气抬升作用以及南方低空急流的水汽输送等有利因素影响下不断发展加深。如果在低涡形成后处于高空槽后的西北气流区内，则此低涡的强度将逐渐减弱并填塞。

经验表明，发展的低涡就是东移的低涡。

西南低涡东移应具有下列形势条件：

（1）500 hPa低槽较明显，其槽线将移过700 hPa低涡上空。

（2）槽后有明显的西北气流。

（3）槽后有明显的冷温度槽配合。

（4）地面西南倒槽发展，低涡附近有负变压中心和云雨区向东扩展，低涡将发展东移。

（5）当冷空气从低涡的西部或西北部侵入时，低涡发展东移；若冷空气从低涡的东部或东北部侵入，低涡将在原地填塞。

3.8 雨季结束

怀化雨季结束之后即将进入盛夏少雨季节，夏后多高温干旱，必须抓好雨季结束前最后一两次大一暴雨的蓄水工作，以保证工农业生产和人民生活对水、电的需要。但如雨季末期水库已达警戒水位，过量蓄水将带来很大危险而必须泄洪，同时又要避免出现雨季已经结束而水库蓄水未满的被动局面。因此，做好雨季结束的预报，对水、电、能源的供应有很重要的意义。

雨季结束的气候特点 雨季结束属大范围的天气气候转变进程。主要是大气环流季节转变的结果，同时也受地理、地形等多方面的影响。

雨季结束平均日期的分布 雨季结束的气候标准是指一次大雨以上降水过程以后15 d内总雨量不超过20.0 mm，则无雨日的第一天为雨季结束日。

雨季结束的天气形势一般采用大范围的天气标准。对湖南来说，雨季结束的天气标准是伸向大陆的西太平洋副高脊线北跳至24°～27°N，并稳定控制5 d以上。雨季期间，中纬度东亚大陆沿岸附近是个槽区，西太平洋副高位置偏南偏东，主体在太平洋中部。雨季结束后，东亚沿海等压面可上升50 gpm，西太平洋副高脊线西伸北进，脊线达到23°～25°N。根据上述研究可知，副高脊线位置和东亚大陆沿岸的等压面高度变化是雨季结束的一个重要标志。这也说明这一地区 500 hPa 等压面高度是判定雨季结束的一个关键因素。

3.8.1 怀化雨季始终期及持续期

4—6 月为华南前汛期，这一时期的降水主要发生在副热带高压北侧的西风带中。因此西风带降水系统的维持时间也就构成了怀化的雨季，4 月初降水量开始缓慢增大，5 月中旬雨量迅速增大进入汛期盛期。5 月中旬前大雨带位于华南北部，主要是北方冷空气侵入形成的锋面降水，5 月中旬后受东亚季风影响，大雨带移至华南沿海，降水量增大，雨量主要降落于冷锋前部的暖区中。

3.8.2 怀化雨季结束的环流特征与演变过程

由于雨季结束的气候标准受地形条件，中小尺度系统和局地对流不稳定天气的影响较大，因此天气分析中主要采用大范围雨季结束的天气标准。根据湖南雨季结束的天气标准是伸向大陆的西太平洋副高脊线北跳至 24°～27°N，并稳定控制 5 d 以上。

雨季结束的环流特征：雨季结束前和结束后，西风带长波槽脊的位置与强度都有明显的改变，雨季结束前中高纬度为两槽两脊形势，40°E、95°E 附近为脊区，75°E、150°E 附近则为槽区；雨季结束后，西风带环流转为两脊一槽型，高压脊在 60°E 和 130°E 附近，其间为宽广低槽区。雨季期间，中纬度东亚大陆沿岸附近是个槽区，西太平洋副高位置偏南偏东，主体在太平洋中部。雨季结束后，东亚沿海等压面高度可上升 5 dagpm，西太平洋副高脊西伸北进，脊线移到 23°～25°N。因此，上游长波脊位置的改变及下游东亚沿海低槽填塞而代之以副热带高压，是雨季结束前后环流变化最明显的特征。雨季结束后湖南先后进入伏旱期，伏旱期的环流与雨季中和雨季结束后副高尚未稳定控制江南的环流有显著差异，后者在上游的长波槽、脊都比较明显，副高不易北跳或副高北进后不稳定；前者单峰型较多，仅长波脊明显，而长波槽不明显，冷暖空气交换弱，高压脊多数在 100°～120°E，低槽在 150°E 以东地区。

怀化雨季结束的形势最后均表现为副高的第一次季节性北跳。副高北跳有以下三种类型：①西风带高压脊南跨合并型。在 100°E 以东、40°N 以北有一南北向的西风带高压坝，50°～70°E 为长波脊。脊前有小于或等于零下 16℃的冷中心沿鄂北河南下，与之相伴随的低槽加深，促使下游西风带高压脊东移，同时，东亚沿海增温增高。当西风带高压脊经新疆一带南跨与东南沿海的副高叠加时，促使副高北跳，控制长江南岸。②青藏高压东出合并型。在伊朗至青藏高原为高压带，高原有 588 dagpm 闭合高压中心沿 30°N 以北东移，并伴有暖中心向长江下游方向扩展，副高与青藏高压之间有切变低槽，两高靠近时槽前降水加大。之后，切变低槽减弱北缩，两高合并，或者湖南先受青藏高压控制后两高合并，导致副高脊北跳到 24°～27°N。③副高西进型。此类常伴有西行台风或热带辐合带北上。西行台风导致副高脊西进有三种情况：①南海或菲律宾以东先生成台风，西太平洋副高脊在其东侧，然后台风在前向偏西方移动，副高伸入大陆，控制长江南岸；②台风在副高南侧生成，势力弱，沿 15°N 附近西行，副高也随之逐渐西伸北进；③台风较强穿越副高北上时，把副高分裂成两环，一在华南，并向西南方向移动，而副高主体在西太平洋上，当台风在我国沿海转向或减弱消失后，西太平洋副高随即西伸北跳。如果是热带辐合带北上，引起副高北跳，24 h 副高脊线可北跳 3～5 个纬距，脊线稳定在 23°～25°N 附近。

3.8.3 雨季结束的预报

湖南雨季结束的预报可归结到副高脊北跳与脊线稳定在 23°～25°N 的预报。根据环流形势、天气系统与气象要素的变化，分析副高北跳条件是目前预报雨季结束的主要方法。

另一个方法是从天气系统的季节性变化进行判断，某些天气系统具有季节性变化的特点，其强度和位置等的变化与雨季结束有着密切的联系，这些系统有副高、南亚高压，印度季风低压和北非高压等；

3.8.4 雨季结束的预报经验

副高的第一次季节性北跳，使得怀化受到副热带高压的控制，往往会出现一段时间的高温天，因此在怀化常采用与高温天气预报同步的方法，配合中长期雨季结束的平均日期等要素，对雨季的结束日期进行预估。

3.9 秋季连阴雨过程的特点和预报

根据湖南农业生产特点，规定晚秋时段(即 9 月 21 日至 11 月 20 日)一次降水过程连续雨日达 3 d 或以上，过程总雨日达 5 d 或以上。定为一次秋季连阴雨过程(简称秋雨过程)。秋雨连续 10 d 或以上定为长秋雨过程。

上述雨天标准是日降水量在 1.0 mm 或以上时定为一个雨日，如果日雨量在 0.1～0.9 mm，日照不足 1 h 也作为一个雨日。当无降水或日降水量为 0.0 mm，且日照小于 1 h 则为阴天。

怀化秋季常有连阴雨过程发生，造成持续低温，甚至洪涝灾害，做好连阴雨分析与预报对农业生产和防灾减灾意义较大。

秋季长期低温阴雨寡照天气，对温光敏感的早、中熟杂交稻危害甚大，造成结实率下降。

3.9.1 寒露风天气过程

入秋以后，寒露节气前后，常有较强冷空气侵入影响，使得日平均气温下降至 20°以下，形成寒露风天气。

寒露风天气过程标准为：日平均气温 22.0℃连续 3 d 或以上，中、重寒露风标准为：日平均气温 22.0 ℃连续 5 d 或以上。寒露风的日期统计区间为：每年从 9 月 1 日到 10 月 9 日。

寒露风对晚稻造成的危害，大致可以分为两种天气类型。

(1)湿冷型：北方南下的冷空气和逐渐减弱南退的暖湿气流相遇，通常出现低温阴雨天气，其特征是低温、阴雨、少日照。

(2)干冷型：较强冷空气南下，吹偏北风，风力 3～5 级，空气干燥，天气晴朗，有明显的降温，其特征是低温、干燥、大风、昼夜温差大。

3.9.2 秋季连阴雨过程的环流特征

造成怀化秋季连阴雨天气过程的基本天气形势有三种：分裂型、阻高型和高后型。

分裂型 该型的大尺度环流特点主要表现为欧洲大槽不断生成、分裂、东移。由于青藏高原大地形作用，分裂欧洲大槽槽前的气流分为两支，北支气流绕高原北部往长江流域输送弱的冷空气，南支气流则在孟加拉湾形成一稳定低槽。西太平洋副热带高压(副高)稳定少动，脊线在 22°N 附近。东亚大槽不断生成并缓慢东移，在东移过程中分裂，北段东移出海，南段由于副高的阻挡逐渐转成横向，形成一切变线，稳定在湘西至华南上空，两大槽之间气流基本平直，由于欧洲大槽分裂东移带来的冷空气与切变线南侧的暖湿气流在本区交汇，形成秋季连阴雨过程。

阻高型 此型的环流特点是乌拉尔山地区有一阻塞高压，其中心多活动在52°～59°N，呈准静止状态，其东面为大槽所在位置，欧亚高纬度地区维持经向环流，而东亚中纬度地区环流平直，多小波动东传，引导小股冷空气南侵，副高脊线温度在20°N附近，西伸点达110°E，青藏高原东北有小槽生成东移，在副高的阻挡下，先快后慢，移至四川东部上空加深受阻，最后被迫停留在湘西南上空，而此时湘西南有正处于副高西北侧的西南暖湿气流，加之孟加拉湾南支槽活动频繁，使该地区一直处于两支西南气流和小股冷空气的叠加区，这就为秋季连阴雨过程开辟了一个稳定而持久的能量和水汽通道。

高后型 主要表现为500 hPa中纬度地区为两槽一脊型，高原东部多小波动活动，副高脊线稳定维持在20°N附近，西伸点一般在南海上空。

700 hPa常有小槽在川西生成、东移，海上维持一强大高压，高压的偏南急流轴在南宁至长沙一线，在850 hPa上，青藏高压东部至东北部维持一高压，中心在银川、郑州、太原及西安一带，湘西南处于高压后部，地面图上，本区始终处于高压后部，并伴有冷锋在华南一带，此冷锋移至南岭后停滞，维持影响本区。

由于湘西南处于海上稳定高压后部，这就决定了向该区源源不断输送水汽的通道。加之小槽不断引导冷空气南下，与高压后的偏南暖湿气流构成切变，使秋雨过程得以维持。

3.9.3 秋季连阴雨过程的形成及其预报

欧亚大槽、东亚大槽、高压高脊及副高位置范围的变化对怀化秋季连阴雨过程的开始和结束有着直接的影响。500 hPa图上，圣彼得堡—华沙以西出现一强烈发展的低槽，并伴有较强的暖平流和明显的暖舌，高原东部小槽活动频繁，孟加拉湾南支槽活跃，预示着未来2～4 d内本区将出现一次连阴雨过程。孟加拉湾低槽前及副高西北侧的两支西南气流是秋季连阴雨过程的水汽通道。

分裂型 常生成于赫尔辛基至贝尔格莱德一线的欧洲大槽及位于伯力至重庆一线的东亚大槽稳定少动，两槽之间为一高脊(乌拉尔山、贝加尔湖、青藏高原均为高脊控制区)，在降水开始前2 d，天气形势进入调整时期，欧洲大槽东移速度加快，在移动过程中分裂，东亚大槽也同样分裂，高压脊控制区逐渐变成平直西风区副高稍有北抬，尔后便稳定在22°N附近，孟加拉湾低槽活动渐趋活跃，槽前暖湿气流输送通道开始建立并稳定。

阻高型 从高空500 hPa等压面图上看，在圣彼得堡至华沙以西有一低槽，该低槽少动并强烈发展，槽前出现较强的暖平流和明显的暖舌，并伴有较强的冷空气向南爆发。暖平流不断输入前面的高压脊，使高压脊迅速发展，高压脊西侧有槽向东南伸展，成为西北一东南走向的槽；高压脊东侧的大槽则向西南伸展，呈东北一西南走向，这种形势的建立对本区天气的稳定起决定性作用。

在700,850 hPa等压面图上，本区上空有小槽或切变线活动，且在青藏高原东部不断地生成小槽并东移，或在四川盆地有新生低涡移出，地面图上，本区一直处于高压后部。不同高度层的这种形势配合，为秋季连阴雨过程源源不断地提供水汽，并预示这连阴雨过程的开始。

3.9.4 秋季连阴雨结束及其预报

秋季连阴雨结束的天气系统有两种主要类型。

分裂型 欧洲大槽东亚大槽逐渐稳定少动 东欧和西亚中高纬地区出现较强的暖平流或明显的暖舌，促使高压地区的高压脊继续形成并扩展，南支槽活动减弱，副高南撤东退，本区反映为温度露点差值增大，预示着秋季连阴雨过程在未来 1～2 d 结束。

阻高型 形势建立后，东亚的环流形势一般可稳定数天以上，但这种形势的崩溃也有明显的特征，且连阴雨过程的结束是可预测的。圣彼得堡至华沙以西的低层开始东移，槽前出现明显的冷平流并不断侵入阻高区域，其他来自西南方或西方的低层，携带槽前的冷平流连续向阻高区域输送，迫使阻高东移减弱，其中心很快消失，变成一弱脊向东移去，环流由经向型转为纬向型。其下游槽或切变线也随之东移，整个欧亚中高纬形势被破坏，秋季连阴雨观测即将结束。

第 4 章

怀化的暴雨

4.1 暴雨的气候特征

怀化属于亚热带，处于东亚季风气候区的西侧，加之地形特点和离海洋较近，导致怀化气候为具有大陆性特点的亚热带季风湿润气候，既有大陆性气候的光温丰富特点，又有海洋性气候的雨水充沛、空气湿润特征。境内大部分地区为山地和丘陵，地形起伏，致使降水量充沛，暴雨是怀化的主要灾害性天气，暴雨日数多，主汛期时间长是怀化雨季的主要特点。

4.1.1 暴雨的时间分布特征

从 1970 年 1 月 1 日到 2009 年 12 月 31 日，40 年间，怀化一共出现暴雨 1458 站次，由图 4.1 可知，怀化暴雨主要出现在 4—8 月，共出现 1267 站次，占全年暴雨总站次的 87%，尤其是 5—7 月这三个月，共出现 973 站点，占总次数的 65.5%，其中 6 月份出现暴雨次数最多，40 年间共出现 385 次，平均每年出现 9.6 次。而暴雨出现最少的月份为 1 月、2 月和 12 月，40 年间，这三个月一共才出现 8 站次暴雨。怀化大暴雨全部出现在 4—9 月，40 年间共出现 195 站次，其中 6 月最多，共出现 80 站次。

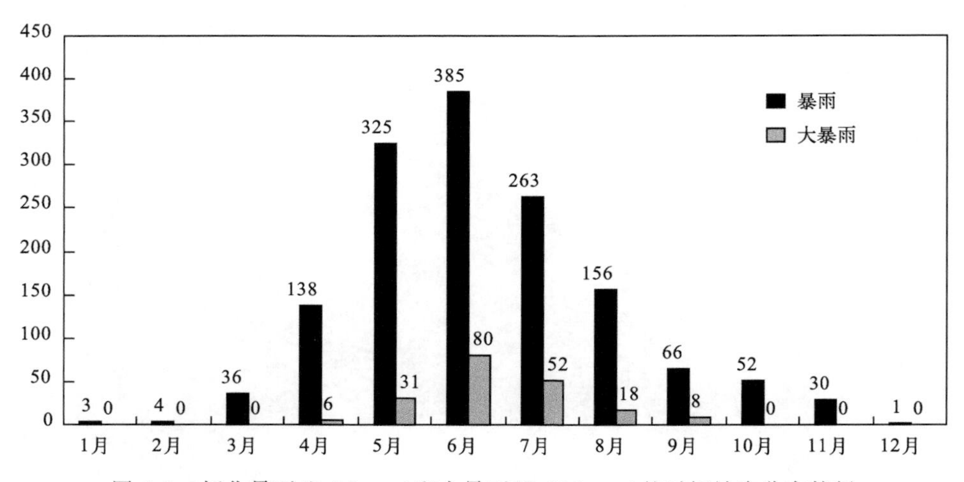

图 4.1　怀化暴雨(≥50 mm)和大暴雨(≥100 mm)的时间站次分布特征

从暴雨的年际变化来看(图 4.2),怀化暴雨站次的年际变化大,41 年间,有 6 年暴雨总站次大于 50 次以上,10 年出现 40 次以上,14 年出现 30 次以上,9 年出现 20 次以上,2 年暴雨次数少于 20 次,1999 年怀化共出现 59 站次暴雨,而 1978 年仅有 16 站次,第二少年份 1985 年也只有 17 站次。

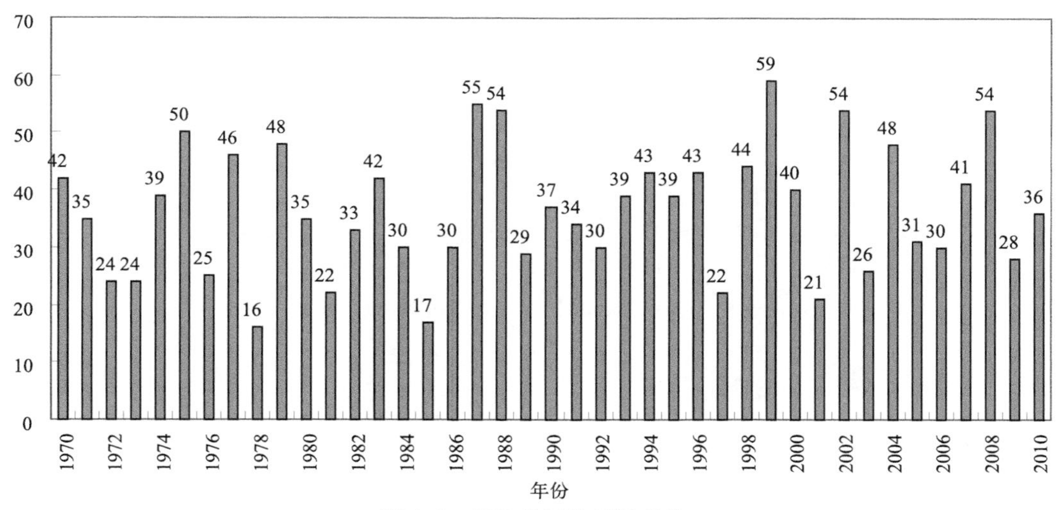

图 4.2 怀化暴雨的年际变化

4.1.2 暴雨的空间分布和中心位置特征

从暴雨的空间分布看(图 4.3),40 年间,沅陵一共出现 164 次暴雨,其次分别为辰溪 149 次,通道 149 次,溆浦 146 次,最少是新晃,40 年间出现 95 次暴雨。怀化暴雨总的分布特征是南北多,中间少,东部多,西部少。大暴雨的出现次数,通道最多,40 年间共出现 27 次,其次分别是鹤城 23 次和沅陵 22 次。新晃最少,40 年间才出现 9 次大暴雨。

怀化各县市最大 24 h 降雨量如图 4.4 所示。

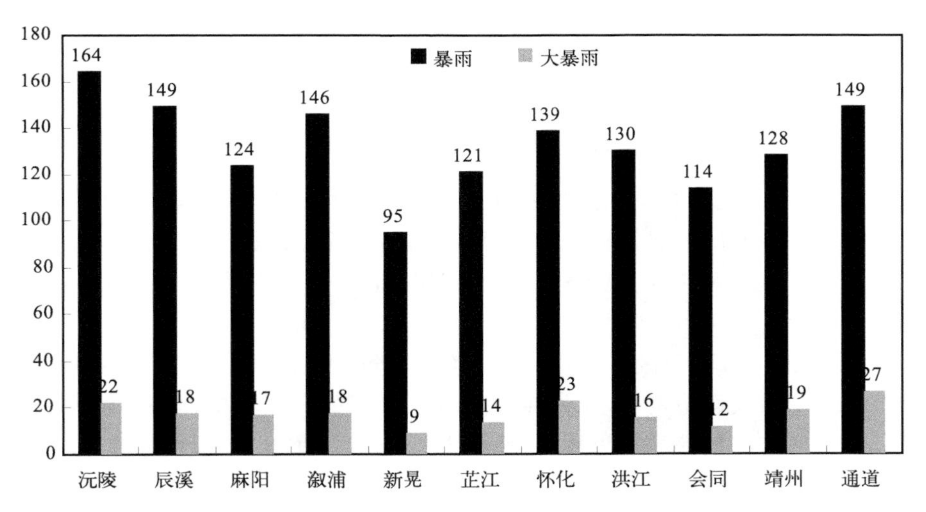

图 4.3 怀化暴雨(≥50 mm)和大暴雨(≥100 mm)次数的空间分布特征

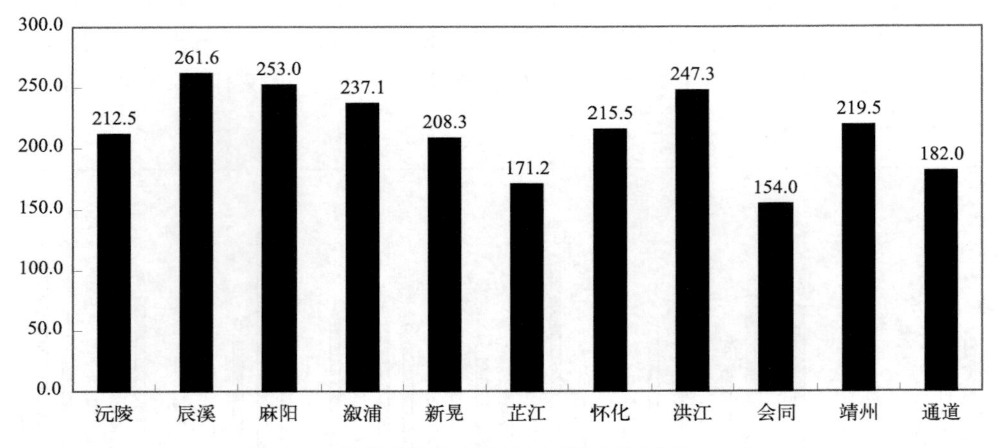

图 4.4　怀化各县市最大 24 h 降雨量(单位:mm)

4.1.3　暴雨的灾害

暴雨洪涝灾害是怀化的主要气象灾害,每年怀化都会因为暴雨灾害而造成巨大的财产损失和人员伤亡,如 1954 年 7 月解放以来的第一场大水灾就发生在怀化,沅陵县 7 月总降雨量多达 738.1 mm,其中 7 月下旬总降雨量就达 565.3 mm,全市 102 个区、256 个乡、53000 余户、20 多万人受灾,大量农田、水利工程和房屋受损,因灾死亡 40 人;1996 年 7 月,怀化发生全市性暴雨天气过程,多数县市过程总雨量达 300 mm 以上,暴雨中心的溆浦统溪河降雨量达 454 mm,加之沅江上游的贵州黔东南州和铜仁以及湘西自治州大面积集中降雨,致使区内主要水系江河暴涨成灾,全市 324 个乡镇、3728 个村、289.6 万人受灾,全市直接经济损失达 73.1 亿元。1998 年,全市遭遇四次暴雨过程,由于强度大、持续时间长、集中连片,导致全市洪涝严重,受灾损失惨重。特别是沅陵县五强溪库区,为了保下游安全,按照省政府要求,长时间停留在高水位上,作出了重大牺牲。全市共有 284 个乡镇受灾,受灾人口 297.25 万,因灾死亡 44 人,直接经济损失达 15.45 亿元。

4.2　暴雨的天气尺度系统

4.2.1　高层槽、副热带急流和南亚高压

200 hPa 高层槽　从天气学理论知道,在高空槽前,对流层上层是辐散的,下层是辐合的;在高空槽后和脊前,对流层上层是辐合的,下层是辐散的,高层辐合、辐散的最大值在对流层顶高度处。200 hPa 的高空槽由于其处于对流层高层,在怀化一些暴雨过程中起着十分重要的作用。

从 1996 年 7 月 14 日亚欧区域 200 hPa 平均高度场和散度场(图 4.5)可以发现,南亚高压处在南亚半岛北部,强大而稳定,怀化处在南亚高压东部的高层槽前西南气流中,槽前为大范围的强辐散区,受槽前强辐散的抽吸作用,怀化发生全市性暴雨天气过程,多数县市过程总雨量达 300 mm 以上,暴雨中心的溆浦统溪河降雨量达 454 mm,造成严重的洪涝灾害和经济损失。

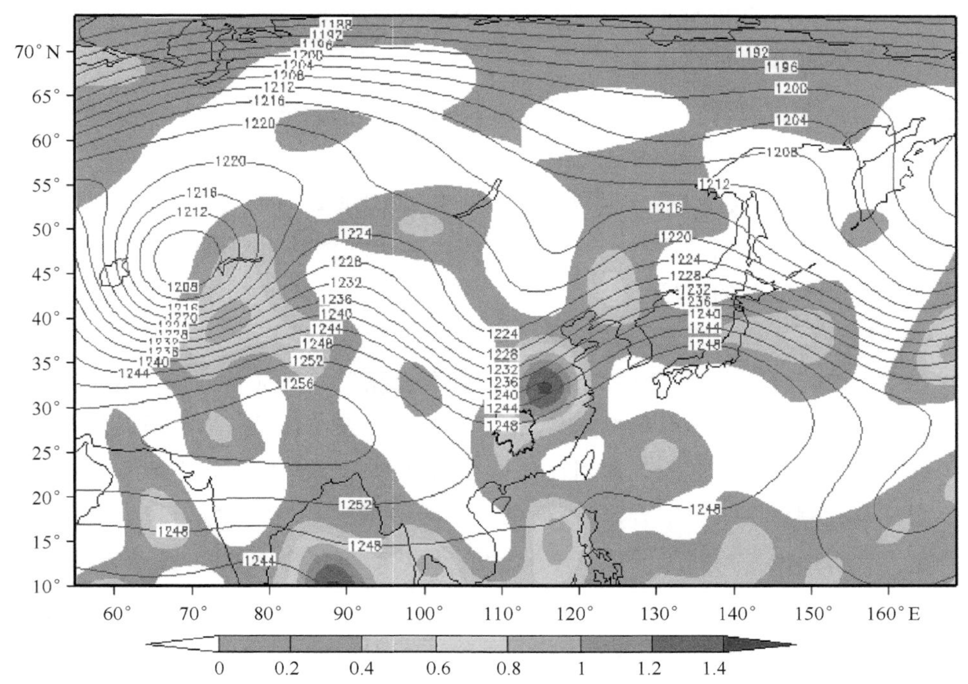

图 4.5 1996 年 7 月 14—18 日 200 hPa 平均高度场(等值线,单位:dagpm)
和平均散度场(色斑,单位:$10^{-5}s^{-1}$)

副热带急流 副热带西风急流是由哈德莱环流的上层支(或称向北支)携带低层大气在东风带中获得的地球角动量来维持的,是在副热带地区对流层上部出现的最强环球西风带,其高度在 200 hPa 附近,平均纬度在 25°～35°N。副热带急流冬季最强,夏季较弱。5—6 月,副热带急流的位置会出现一次北跳,南亚高压中心北上。在副热带急流与高纬度极锋急流相遇时,往往会产生强烈天气。副热带急流在暴雨中所起的作用,一是急流轴右侧的反气旋切变区,在高空槽前脊后,为负涡度;二是急流轴本身风速也是不均匀的,如果沿急流轴方向风速逐渐增大,将出现辐散,反之将出现辐合;三是作为暴雨期大范围对流凝结潜热的疏散机制,急流区上的强风带阻止大气中高层的增温,使对流继续维持。

南亚高压 南亚高压是夏季出现在青藏高原及邻近地区上空的对流层上部的大型高压系统,又称青藏高压或亚洲季风高压,它是北半球夏季 100 hPa 层上最强大、最稳定的控制性环流系统,对夏季我国大范围旱涝分布及亚洲天气都有重大影响。南亚高压主要是由高原加热作用而形成的,500 hPa 以下为热低压,在 500 hPa 以上转为高压,且越往上强度越大。南亚高压中心位置有明显的季节变化:冬季位于菲律宾群岛附近,4 月加强西移到南海,5 月移至中南半岛,6 月移至青藏高原,7—8 月稳定在高原及其邻近地区,9 月起撤离高原并逐步回到冬季位置。

南亚高压中心位置的变化与怀化暴雨有重要关系。若南压高压为西部型过程时,怀化通常处在南亚高压东部的长波槽区,槽前的辐散作用有利于水汽和不稳定能量的向上输送,因而怀化雨日较多,容易出现暴雨。若南亚高压位置偏东,怀化受高空长波槽后西北气流影响,或者南亚高压稳定在我国东部大陆上空，不利于怀化暴雨的形成。

4.2.2 副热带高压活动与怀化暴雨

西太平洋副热带高压（脊）随着季节而发生规律的变化，对我国天气、气候有重要影响，特别是它西部的高压脊。副热带高压呈东西带状时，副热带流型多呈纬向型，造成东西向的暴雨，而副热带高压呈块状时，副热带流型多呈经向型，造成南北向或东北—西南向的暴雨。西太平洋副热带高压脊西北侧的西南气流是向暴雨区输送水汽的重要通道，而其南侧的东风带是热带降水系统非常活跃的地区。

副热带高压对怀化西风带暴雨和东风带暴雨均有重要影响。在主汛期，如果副热带高压的位置和强度适中，其西北侧的西南气流可以向怀化暴雨区输送大量的水汽和不稳定能量，而且可以阻止或延缓西风带其他系统的东移，使暴雨中尺度系统能较长时间维持在暴雨区，对怀化暴雨的维持和增强有重要影响。而当怀化处在副热带高压的西北部边缘时，由于在副热带高压北部尤其西北侧低层多为辐合区，而高层北部为辐散区，形成不稳定层结，极易出现局地短时强对流天气和局地暴雨。到了盛夏季节，由于副热带高压脊线北移，副热带高压南侧的低纬地区多东风波、台风等热带天气系统活动，副热带高压对这些低纬系统的移动有重要影响，尤其是如果副热带高压比较强，与大陆高压形成一个明显的高压坝时，登陆台风受高压坝的影响而以偏西移动路径为主，会给怀化带来明显的台风暴雨。

4.2.3 长波槽的活动与怀化暴雨

长波槽是西风带中波长较长、振幅较大、移动较慢的波动，波长在 50～120 个经距之间。东亚大槽和东北低涡就是常见的影响怀化的长波槽，东亚大槽是北半球中高纬度对流层西风带形成的低压槽，因常位于大陆东岸及其附近的海上而得名。冬季东亚大槽位于大陆东岸，槽线一般稳定在 120°～130°E；夏季，槽线离开大陆移到海上。就年平均而言，东亚大槽是一个稳定且强度较强的西风大槽，属于行星尺度天气系统。由于东亚大槽的气压槽和温度槽相对应，温度槽往往落后于高度槽。所以，东亚大槽的东面即槽前盛行暖平流，有利于水汽的不稳定能量的输送，槽后即槽的西面盛行干冷的西北下沉平流。槽线位置能暗示大范围冷暖气团的交界及其交汇地区，反映到地面即是锋面的存在。随着槽的发展加深，冷暖空气交汇强烈，导致一连串气旋族活动。东北冷涡是指我国东北附近地区具有一定强度（闭合等高线多于两根）、能维持 3～4 d，且有深厚冷空气（厚度达 300～400 m）高空的气旋性涡旋，一年四季都可能出现，但以 5，6 月份最多，而以 8 月和 3，4 月为最少。

长波槽的作用是在槽前输送正涡度和暖空气，槽后带来冷空气，有利于槽前的辐合上升运动或加强气柱的不稳定度。图 4.6 为 2011 年 6 月 10 日 08 时 500 hPa 高空图，就是一次东亚大槽和东北低涡造成怀化大范围暴雨到大暴雨的形势。对怀化暴雨直接贡献较大的东亚大槽通常是振幅较大、槽底较南、同时东北低涡位置较偏南的槽。与东亚大槽直接联系的东北低涡的作用是补充冷空气，同时，如果低涡发展较强时往往移动缓慢，有利于形势的稳定和冷空气的南下。

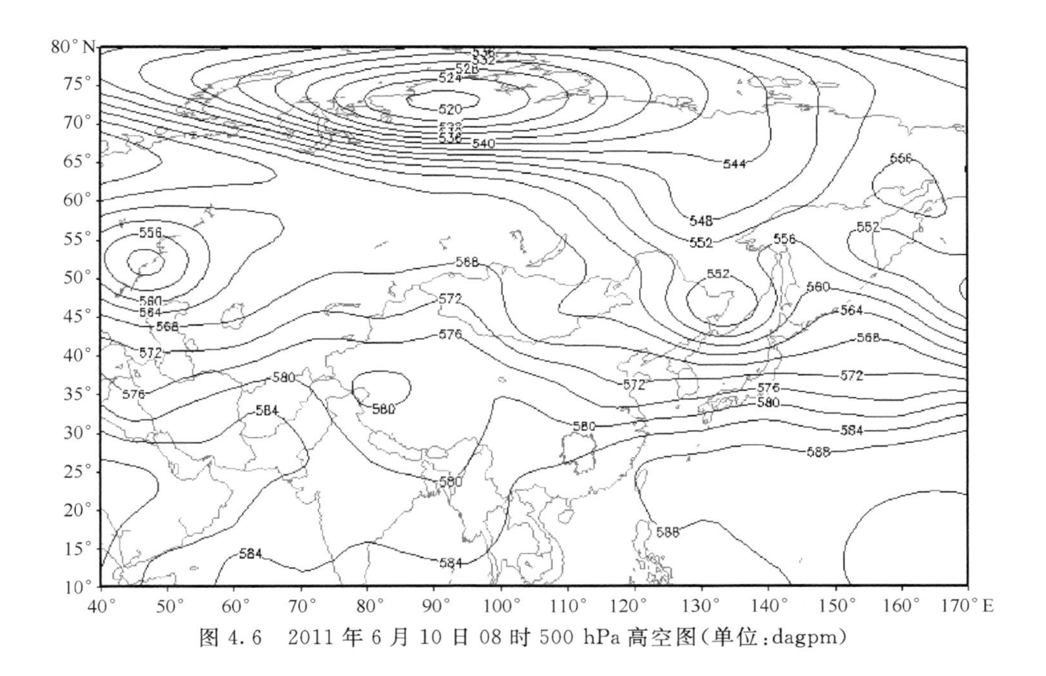

图 4.6 2011 年 6 月 10 日 08 时 500 hPa 高空图(单位:dagpm)

4.2.4 中纬短波槽和南支槽

短波是西风带中的中型扰动,波长一般在 20～30 个经距,但日常也发现一些波长短得多的小扰动。短波移动速度较快,每天 10～15 个经度。中纬的短波槽活动也是不同纬度间冷暖空气的交换过程,但没有长波槽中那样强烈。造成怀化暴雨的中纬度短波槽主要是从青藏高原东移或从我国西北地区下滑的短波槽。这些短波槽经常从长波系统(如横槽、切断低压)中分裂东移,如果青藏高原上存在着横切变、低涡一类值系统,就更容易产生短波槽东移影响怀化。由于这些短波槽带来的冷空气强度较弱,冷暖空气保持势均力敌。槽前暖平流和正涡度平流的作用,还可使地面倒槽发展,西南急流加强,增强槽前的湿度、上升运动和不稳定度。南支槽是南支西风上的扰动。由于其所处纬度较低,而且移动较慢,可持续输送水汽和热量,促进地面低压槽的发展和西南急流的加强。南支波动一般都比较弱,不易追踪,特别是在前汛期的中后期,南支西风减弱,孟加拉湾地区受季风低压控制时,往往要等到小槽在云南、贵州一带出现时才发现其行踪。南支槽的活动造成怀化暴雨的情况并不少见,特别是那些振幅较大的南支槽,往往伴有副热带急流,更易造成暴雨。表 4.1 为 1996 年 7 月 14 日 08 时—18 日 08 时怀化各县市总降雨量。

表 4.1 1996 年 7 月 14 日 08 时—18 日 08 时怀化各县市总降雨量(单位:mm)

沅陵	辰溪	麻阳	新晃	芷江	怀化	溆浦	洪江	靖州	会同	通道
194.2	260.3	330.6	159.6	264.4	317.2	351.8	186.5	331.9	239.8	276.6

1996 年 7 月 14—18 日 500 hPa 平均高度场上(图 4.7),中纬度短波槽和南支槽同位相叠加,在湖南西北部形成一深厚的高空低槽,为水汽和不稳定能量向暴雨区的输送提供有利的大尺度环境条件,造成怀化历史罕见的强降雨,从表 4.1 中可以看出,全市有 4 个站过程总降雨量超过300 mm,4 个站过程总降雨量超过 200 mm,这次过程造成的灾害相当严重。

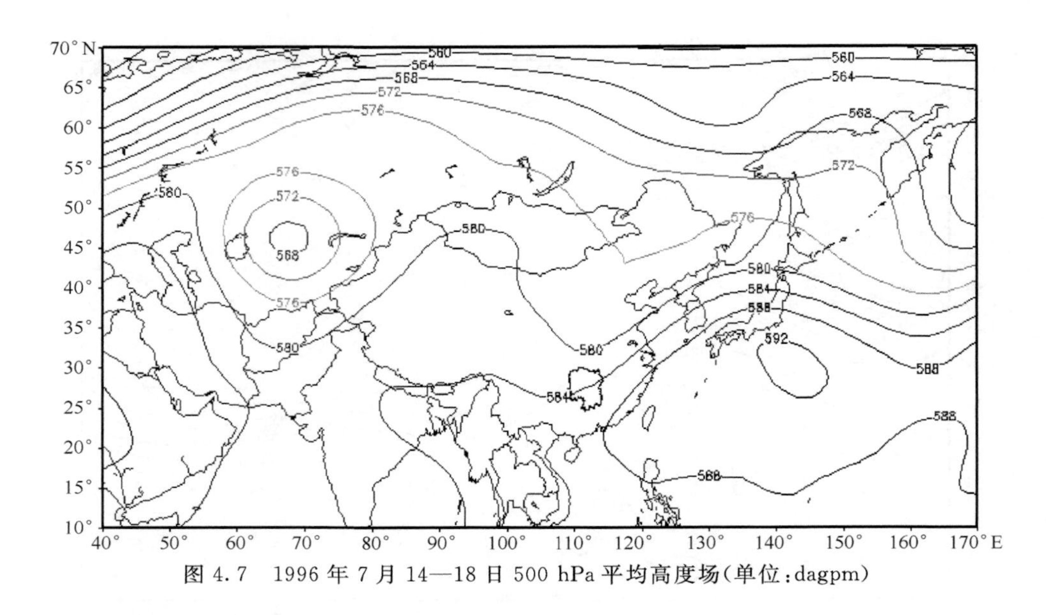

图 4.7　1996 年 7 月 14—18 日 500 hPa 平均高度场(单位:dagpm)

4.2.5　高低空急流、切变、西南涡和边界层辐合线

急流　是指一股强而窄的气流带,这里所说的低空急流是指对流层下部 600 hPa 以下的强风带,一般为西南风低空急流,其两侧有较强的风速水平切变,中心风速一般>12 m/s ,最大可达 30 m/s 。

低空急流的流程长短不一,长的可达数千千米,短的仅有数百千米,北半球的低空急流一般为偏南或西南气流,出现在副热带高压的西侧或北侧边缘。当有台风在副热带高压西南侧发生和发展时,也可出现东南向的低空急流。低空急流的风速,有明显的超地转特征,即实际风速大于地转风速,一般超过 20%,在强风速中心附近往往超过一倍。低空急流区域水平温度分布比较均匀。低空急流的左侧为主要上升运动区,右侧为下沉运动区,在急流附近构成一铅直环流。

低空急流与怀化暴雨有密切的关系,表现在以下几个方面:

(1)低空急流的出现有利于暴雨的形成:①输送水汽,水平水汽通量辐合;②输送暖湿气流,导致大气产生不稳定层结,是暴雨区低空对流不稳定层结的建立者和维持者;③产生上升运动,是暴雨区低空天气尺度上升气流的建立者和对流不稳定能量释放的触发者。

(2)暴雨产生于低空急流的左前方(200 km,低空急流所在层次的水汽在那里强烈辐合上升)。

(3)低空急流与暴雨相互作用就是经向垂直环流与暴雨的相互作用。当高空急流入口区右侧产生经向垂直反环流后,低层西南涡东移,在西南涡与副热带高压之间产生弱的低空急流。垂直反环流低层的偏南气流将低空急流南侧的潮湿不稳定空气主要从急流之下的边界层内向北输送,在低空急流北侧生成暴雨。暴雨的生成又加强了垂直反环流及低空急流,如此循环二者皆得到加强。

高空急流是指围绕地球的强而窄的气流。它集中在对流层上部或平流层中,其中心轴向是准水平的,具有强的水平风切变和垂直气流切变,有一个或多个风速极大值,叫急流带(核)。通常急流长几千千米,宽几百千米,厚几千米,风速垂直切变为 5～10 m/s,水平切变为每百千米 5 m/s。急流轴上风速的下限为 30 m/s。根据急流性质和结构的不同,通常可将急流划分成下面几类:极锋急流,又称温带急流或北支急流;副热带西风急流,又称南支急流;热带东风急流等。急流的位置和强度的变化与高空锋区，也与地面气旋和反气旋的活动有密切的关系，因此，急流活动也是天气分析和预报中的一个重要内容。热成风原理可以用来说明某些急流的形成，但各种急流的物理机制有明显的差别。

高低空急流耦合产生的次级环流有利于暴雨区上空高层辐散，低层气旋性辐合动力机制的维持，暴雨通常出现在高空急流入口区的右侧和低空急流的左前方。

由图4.8可见，怀化北部暴雨区有一个明显的垂直上升运动区，上升运动区位于高空急流的南侧和低空急流的北侧，这是两层急流激发的次级环流的上升支，由于高空急流入口区的强辐散引起的次级环流上升区和低空急流左前侧的辐合上升区上下重合，从而加强上升运动，在怀化北部暴雨区形成深厚的上升运动区，有利于低层急流携带的水汽和不稳定能量向上输送，对暴雨的增幅作用明显。

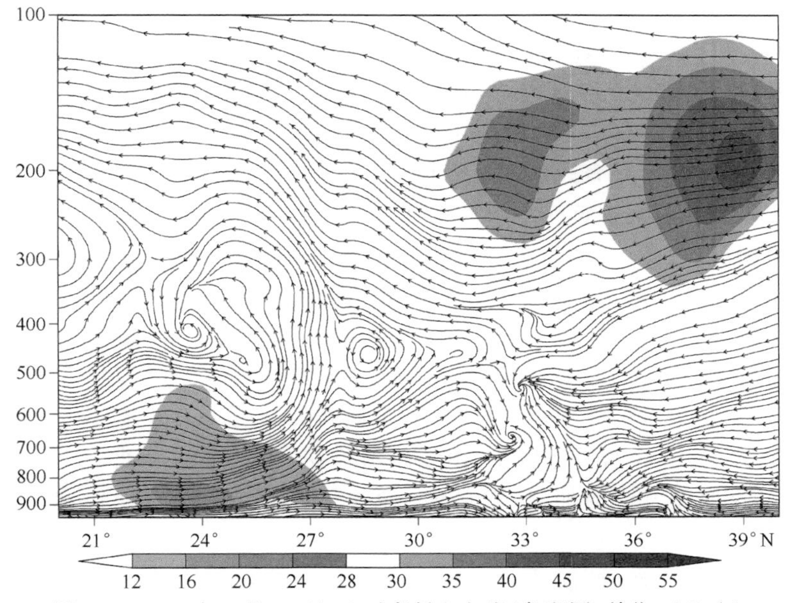

图4.8 2010年6月19日08时高低空急流（色斑图，单位：hPa/s）和$V-\omega$合成的流场（流线，V单位：m/s，ω单位：$25\times$Pa/s）的叠加图

切变线 切变线是指风向或风速的不连续线，实际上也是两种相互对立气流间的交界线。或者说，切变线是风向或风速发生急剧改变的狭长区域。切变线与锋不同，在切变线两侧温度差异不明显，但风的水平气旋式切变很大。切变线在地面和高空都可出现，这里所指为出现在700 hPa或850 hPa高空的切变线。

主要有四种类型：①冷锋式切变线：不连续线的北侧为西北风，南侧为西南风或西风；②暖锋式切变线：不连续线的北侧为东南风或东风，南侧为西南风或南风；③准静止锋切变线：不连续线北侧为东风，南侧为西风；④南北向切变线：不连续线的东侧为偏南风，西侧为偏北风。影响怀化暴雨的切变线主要是前三种。由于切变线一般位于地面锋的北方并与锋保持一定距离，所以怀化出现暴雨时，切变线往往在湖南西北部和西南地区东部。如果切变线南移到湖南南部地区，则怀化的暴雨基本结束。

2011年6月9—15日怀化的两次大暴雨天气过程中，850 hPa均有切变线影响，区别是第一次过程为冷式切变线（图4.9a），第二次过程则为暖式切变线（图4.9b）。

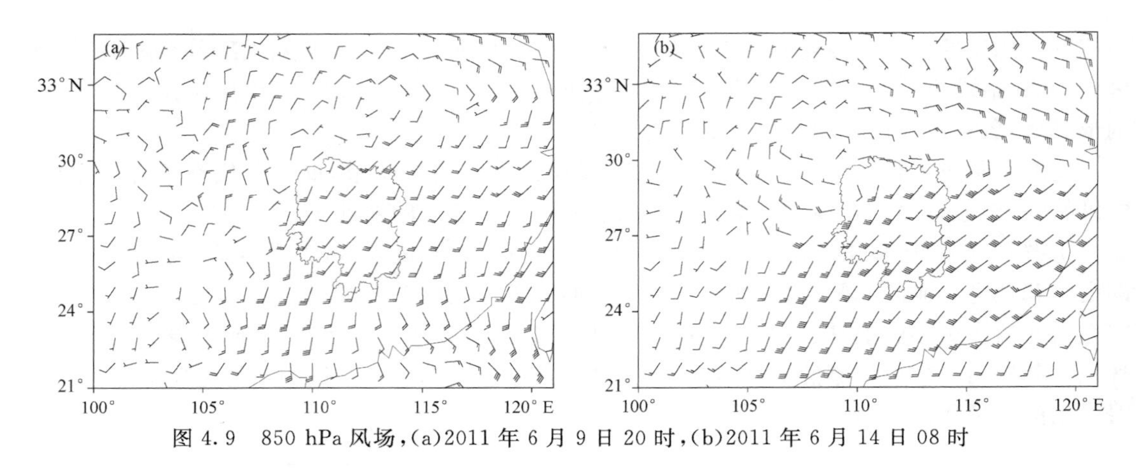

图 4.9　850 hPa 风场,(a)2011 年 6 月 9 日 20 时,(b)2011 年 6 月 14 日 08 时

西南涡　亦称西南低涡。在西藏高原及西南地区特殊地形和一定环流共同作用下,产生于我国西南地区低空的一种浅薄气旋式涡旋。“低涡”是产生和存在于大约 1500～3000 m 上空的空气旋涡。它是一种范围不大的低气压,直径约三四百千米。其内气流围绕低压中心作顺时针方向旋转,具有强烈的上升运动,是造成怀化强降雨的重要天气系统之一。

西南低涡的形成与源地的特殊地形有密切关系。①青藏高原东南缘为横断山脉,山脉的走向为北西北—南东南。春季南支西风由高原向东沿横断山脉的谷地向北流去,地形作用使气流不断产生气旋性涡旋;5 月以后,西风带北移,高原南部盛行西南季风,其西南气流沿高原南缘通过横断山脉河谷时,也同样会产生气旋性涡旋。②当低层的西南气流进入横断山脉时,左侧为青藏高原的主体部位,地势高,且地势自西北向东南倾斜,加上边界层内的摩擦作用,使得右边的风速比左边大,呈现气旋性切变,有利于低涡的形成。③当高原南缘为西或西南气流时,位于高原东侧的四川盆地风速较小,由于绕流作用,遂产生气旋性切变,有利于低涡的形成。此外,随着西南暖湿气流的加强,形成低空急流,还来大量的水汽。一般低涡的东南方,水汽比较充沛。

西南涡通常伴有切变线,低涡切变线暴雨是怀化汛期最主要的暴雨系统之一(图 4.10)。

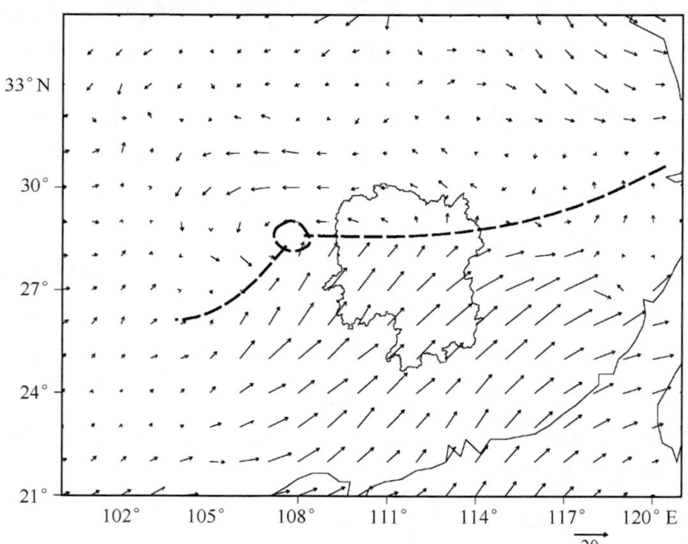

图 4.10　2010 年 6 月 19 日 08 时 850 hPa 形势,粗虚线为 850 hPa 低涡和切变线,矢量为 850 hPa 风场

边界层辐合线　边界层辐合渐近线，通常是指925 hPa或850 hPa上的南北向的西南风和东南风的辐合线，这是由较冷的变性高压脊后部的东南风和暖湿的西南风的辐合，当达到一定程度时，就可能触发暴雨发生。

4.2.6　地面系统

锋面系统　锋面是怀化暴雨最重要的地面系统。造成怀化暴雨的锋面最主要的是静止锋和冷锋。影响怀化的锋面，由于冷空气在南移过程中变性和受地形影响，移速常发生变化，其中浅薄冷空气的锋面势力较弱，也有一些静止锋是在变性高压脊的后部倒槽发展，在江南的倒槽中出现锋生而形成的。这种锋生现象一般与短波小槽有关。小槽前的暖平流和正涡度使倒槽发展，槽后带来弱的冷平流。有些移速减缓，甚至静止下来形成静止锋。这种静止锋或移速缓慢的冷锋容易造成冷暖气流在怀化境内较长时间对峙，降水持续时间长，对产生暴雨有利。如果冷空气势力较强，冷锋长驱直下，较快移过怀化，虽然可能雨强较大，甚至产生强对流天气，但降水时间短，仅可能在怀化局部地区出现暴雨，出现大范围暴雨的机会较小。

2007年7月25日(图4.11)，受冷静止梅雨锋的影响，怀化出现区域性暴雨天气，新晃站24 h降雨达208.3 mm，创该站建站以来的记录。从大尺度环流背景看，亚欧大陆大气环流形势具有以下几个特点：①500 hPa天气图上，亚区大陆中高纬度呈现两槽一脊形势，即乌拉尔山和鄂霍次克海是低槽(或低涡)区，贝加尔湖地区是一个弱脊，河套地区维持一个截断低压，深厚的高空低槽维持在暴雨区的西北侧，来自西西伯利亚的冷空气沿槽后西北气流不断注入长江中下游。西太平洋副热带高压稳定维持，其西脊点在115°E附近，脊线位于25°N以北；②850 hPa上，一条明显的西南风低空急流带经过贵州东南部和湖南直达朝鲜半岛南部，怀化站西南风达18 m/s，西南急流与其北侧偏北气流之间维持一切变线；③梅雨锋的西端经过湖南西北部和贵州中部。大尺度环流背景分析得知，高空槽后西北气流与西南暖湿气流之间构成一范围宽广的冷暖气流汇合区，再加上副热带高压的阻挡作用，非常有利于中低层切变线与梅雨锋的建立和维持，是这次梅雨锋暴雨形成的主要原因。

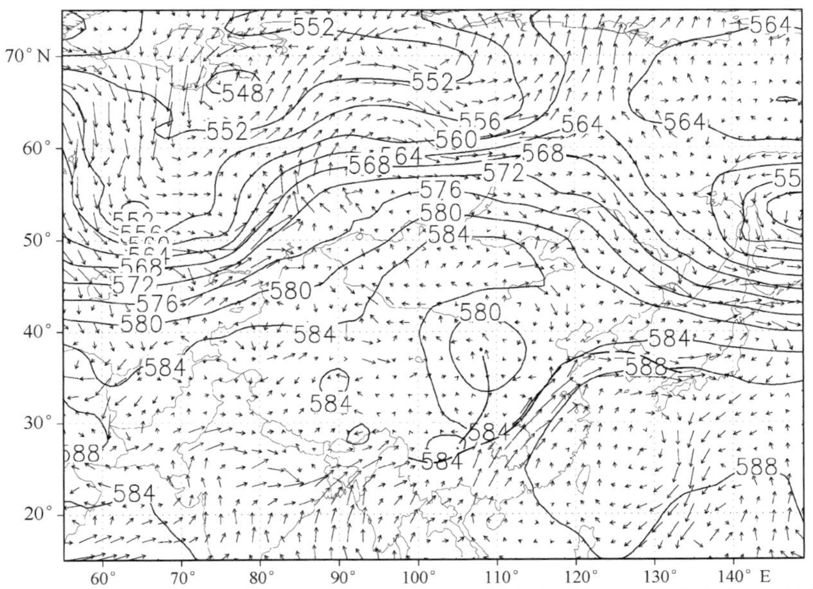

图4.11　2007年7月25日08时大尺度环流形势图，黑色等值线为500 hPa位势高度(单位：dagpm)；矢量为850 hPa流场；粗实线指示500 hPa高空低槽；粗虚线指示梅雨锋

地面倒槽 春末和初夏，在两次冷空气影响湖南的间隙，特别是新的冷空气南下到长江流域时，我国西南地区常有热低压或地面倒槽形成。西南倒槽一般向西或西南开口，槽底向东或东北方向伸展。一般变性高压脊东移入海以后，华西地区气压明显下降并产生倒槽。若北方有冷空气南下，就可推动倒槽向东南移动并向东发展，冷锋也逐渐进入倒槽，形成锋面低槽。一般来说，热低压和地面倒槽发展的范围越广，强度越强，对形成暴雨越有利。因为热低压和倒槽的发展多数与位于我国西南部或印缅一带的高空槽的强度及其前部的暖平流、正涡度平流和水汽输送有关，特别是中支西风槽与南支槽叠加时地面倒槽更容易发展。如果热低压不存在或很弱，说明高空槽不明显，暖平流及辐合上升较弱，或者伸向湖南的高压脊太强，自然对暴雨不利。此外，还要注意变性脊后部西南低压槽的快速发展。

2010 年 6 月 19 日 08 时(图 4.12)，地面倒槽位于怀化北部经湖南东北部、湖北东部到安徽北部一线，在重庆南部和贵州东部有一个明显的负变压中心，北方有冷空气侵入地面倒槽中，触发强对流的发展，在怀化中北部强降雨天气。

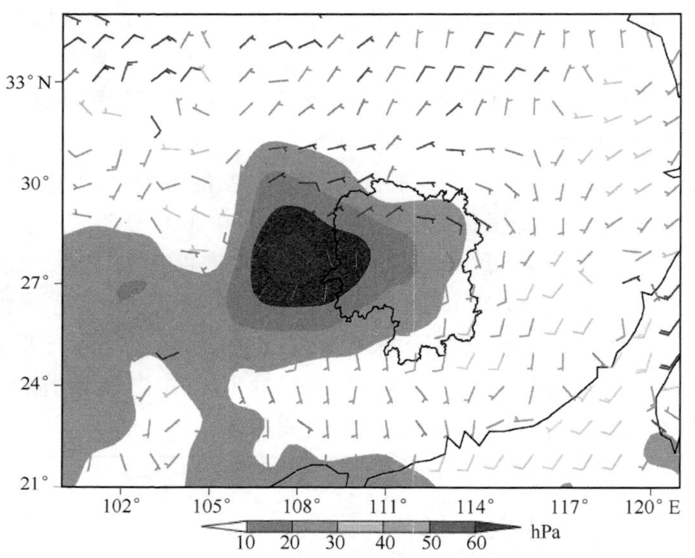

图 4.12 2010 年 6 月 19 日 08 时地面风场和 24 h 变压场

地面辐合线 地面中尺度辐合线是中低层到地面产生辐合对流效应的关键触发机制所在，对中尺度对流系统(MCS)的发展起到重要作用。2011 年 5 月 10 日 19 时逐时地面风场和降雨叠加图(图 4.13)可以看出，在怀化北部有一条发展比较成熟的偏南风和偏北风之间的辐合线，辐合线两侧的南风和北风均较强，在怀化北部移动较慢，造成怀化北部和吉首东部北的强降雨，强降雨带的走向与辐合线的走向一致，降水中心较辐合线略偏北。11 日 01 时，这条辐合线移到怀化的中部，呈东西向，强降雨区位于辐合线的南侧。11 日 04 时，辐合线继续南移，在怀化南部形成一个中尺度涡旋，强降雨区位于涡旋的中心区域。11 日 06 时，辐合线继续南移，形成东南风和西北风之间的辐合。11 日 08 时，受东北—西南走向的雪峰山的影响，辐合线已转为东北—西南向，两侧的风已转为西南风、西北风和东南风之间的辐合，强降雨带也转为东北—西南向，这种形势一直持续到 09 时。可见，地面辐合线与中尺度雨团有较好的对应关系。

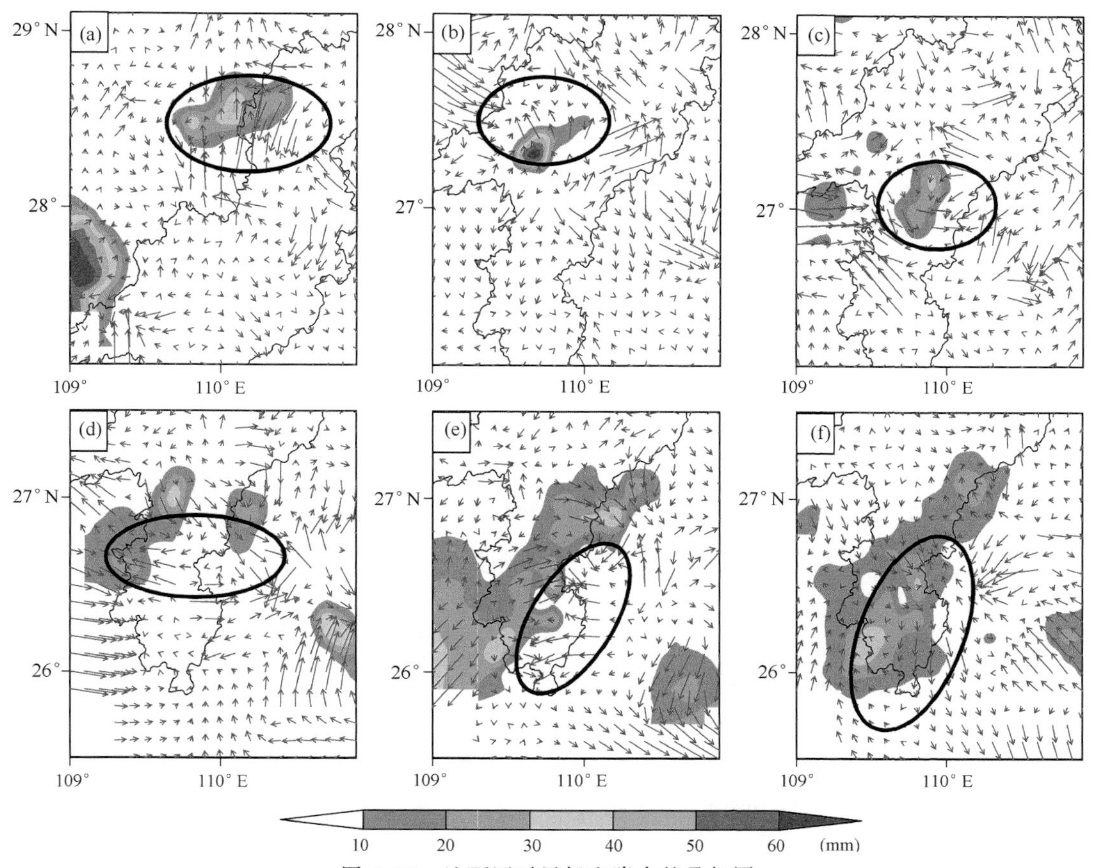

图 4.13 地面逐时风场和降水的叠加图
(a)2011 年 5 月 10 日 19 时;(b)11 日 01 时;(c)11 日 04 时;
(d)11 日 06 时;(e)11 日 18 时;(f)11 日 09 时

4.2.7 台风

台风也是一种强降水天气系统,它造成的降雨强度和降雨范围都很大。通常一次台风过境,可带来 150～330 mm 的降水,有时在其他有利条件配合下,可形成 1000 mm 以上的强烈降雨过程。台风带来的暴雨,常常造成山洪突发,江河横溢,淹没农田村庄,冲毁道路桥梁,而且还会引发泥石流、滑坡等多种次生灾害,给人民生命财产造成重大损失。据《中国灾情报告》中提供的数据:台风在 5—12 月均有登陆记录,但登陆时间主要集中在 7,8,9 月,这 3 个月平均每年登陆 5.21 个,约占全年登陆总数的 75%,其余各月占全年总数的 25%。台风登陆地点几乎遍及我国沿海地区,但主要集中在东南沿海一带,广东、台湾、海南、福建四省是台风最易登陆的地区。但由于怀化地处内陆,台风直接影响的几率小,主要是台风登陆后减弱成热低压与西风带低槽结合,同样造成怀化大范围强降水天气,例如 2007 年的“圣帕”台风登陆后深入湖南境内,造成怀化出现 5 站次暴雨,其中会同连续两天出现暴雨。

4.3 暴雨的中尺度系统

4.3.1 怀化暴雨的中尺度特征

根据观测资料发现，一个较大范围的雨区之中往往有不止一个暴雨中心。有的出现在冷锋附近，有的是中尺度对流复合体(MCC)造成的。分析每小时一次的雨量，同样也可以发现降水的中尺度性质，在一条大尺度的雨带之中，经常存在一个或几个中尺度雨团。雨团一般有如下特点：

(1)雨团的水平尺度一般为30～40 km，几个雨团合起来可以形成长达100 km以上的大雨团。

(2)雨团的生命史一般为5 h左右，短的不到1 h，长的可达10 h以上。

(3)雨团大多产生于河谷、湖泊和喇叭口地形区。

(4)按其移动情况，雨团可分为移动性和停滞性两类；移动性的雨团受500 hPa或700 hPa气流引导而移动，或者随冷锋移动；停滞性雨团多受地形影响，在迎风坡或河谷停滞。

(5)雨团强度有日变化，强雨团一般出现在夜间到早晨，下午减弱。

4.3.2 中尺度切变线

中尺度切变线(或辐合线)是较为常见的暴雨中尺度系统。中尺度切变线多出现在地面或行星边界层，其水平尺度一般为几十千米至200千米，属中－β尺度，少数达300 km，生命史几小时至十几小时，中尺度切变线一般为东西走向，是北风或东风与偏南风之间的切变。中尺度切变线有利于水汽和热量在低层集中和积累，是触发暴雨的主要系统。特别是那些维持时间长、位置少动、辐合量大的切变线常常在大暴雨和特大暴雨中扮演重要角色。

中尺度切变线大致可以分为如下几类：

(1)在高空槽前的正涡度平流和强盛的暖湿气流下，大尺度的地面低槽内或锋前暖区内较易出现由偏南风自身扰动产生的暖性中尺度切变线。

(2)变性脊后部的暖湿气流中也常常出现回流切变线。

(3)小股干冷空气渗透南下与偏南气流相遇形成冷性中尺度切变线。

4.3.3 中尺度低压(涡旋)

中尺度低压(或涡旋)常常与中尺度切变线伴生，即在一条中尺度切变线上有一个甚至多个四周风向呈气旋性转变的中尺度涡旋和辐合点。主要特点是有明显的辐合中心，水平尺度较小，约几十千米至100千米，生命史一般只有几小时，罕有维持超过10 h，移动速度慢，经常停滞少动。

中尺度低压一般辐合上升运动较强，容易触发暴雨，特别是那些与中尺度切变线伴生的中尺度低压往往造成强烈暴雨。除了在中尺度切变上生成外，中尺度低压也会在静止锋上或雷暴高压后部出现。

4.3.4 中尺度系统发生发展的大尺度条件

中尺度系统是在有利的大尺度背景条件下发展起来的。暴雨中尺度系统发生发展有利的条件主要有正涡度平流、大气层结不稳定、大范围的水汽通量辐合、低空出现气流辐合和气旋性涡度区及一定的风速垂直切变。上述条件经常伴随着大尺度天气系统出现。在汛期，怀化经常受高空槽、南支槽影响，槽前的暖平流和正涡度平流作用使地面气压下降，低压槽发展，从而加强低层的辐合上升运动，也使低空急流加强，为怀化上空输送水汽和热量，使位势不稳定建立。2010年6月19日08时(图4.13)，500 hPa贵州中部低槽加深发展东移，怀化为槽前西南气流，副热带高压北抬到华南，比较稳定，对系统的南压起到阻挡作用。850 hPa切变线压至湘中以北，川、贵、渝三省(市)交界处有一低涡强烈发展，在黔东南、桂北、湘西南处西南急流建立(怀化为16 m/s的西南风)，而高空急流位于长江以北，怀化自在高空急流入口区右侧的辐散区；700 hPa低层低涡延伸至该层，且形成一“人”字形切变，一条是湘中以北的东西向切变，一条是纵贯渝西黔中南北向切变。有利的大尺度条件与中尺度系统相互配合，造成怀化一次大暴雨天气，区域气象站观测资料显示，全市共有41个站点出现暴雨，大暴雨20站，3个雨量站降雨量超过200 mm，沅陵乌宿最大1 h降雨量达88.3 mm，最大3 h降雨达168.1 mm。

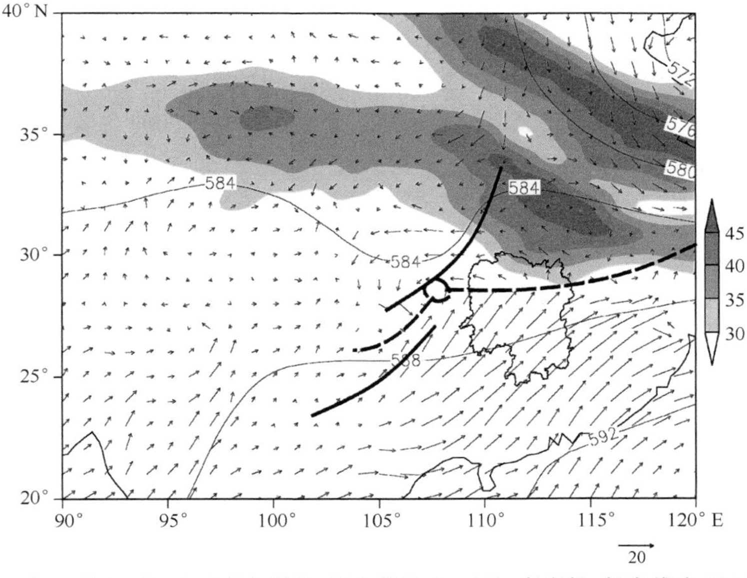

图4.14　2010年6月19日08时高空形势，细实线为500 hPa高度场，粗实线为500 hPa高空槽，粗虚线为850 hPa低涡和切变线，矢量为850 hPa风场，阴影为200 hPa高空急流

4.4　暴雨的诊断分析

4.4.1　水汽条件的诊断分析

水汽是形成暴雨的基本原料，缺少水汽，再强的抬升运动也是“巧妇难为无米之炊”。水汽主要来自热带海洋。热带海洋上的海水蒸发进入空气，水汽通过来自孟加拉湾的西南气流和南海的偏南气流输送到怀化上空。

(1)水汽的含量

大气中水汽的含量及其分布状况是暴雨诊断预报中的基本参数之一。大气中的水汽主要来自低空，90%以上的水汽集中在对流层中低层，且其分布随高度增加而迅速递减，因此低层大气中的水汽对暴雨起着决定性作用。研究发现，暴雨发生之前，特别是暴雨发生之前几小时到暴雨发生时，大气中水汽的含量增加较快，所以，对于暴雨而言，中、低空的水汽含量的多寡及中层水汽增量的变化对降水的大小影响较大。高空图上用温度露点差 $T-T_d$ 来表示，而在制作剖面图或进行某些计算时，通常用比湿 q 来表示。二者都可反映某一瞬时该地某等压面高度上的湿度状况，而其变化可反映出水汽的变化趋势。水汽增减的变化，在温度较高的情况下更加重要。因为温度越高，饱和水汽压随温度的升高增大越剧烈。反过来说，在温度较高的情况下，饱和空气下降 1℃所凝结出的水汽要比温度较低时下降 1℃凝结出的水汽多。诊断空气中水汽的多寡及其变化最简单的方法就是分析地面、925～700 hPa 各层实测湿度的大小，并分析 700～500 hPa 层的湿度变化，以了解湿度变化的特征。至于更高层次，其湿度变化对暴雨的贡献已经很小。

分析 2011 年 5 月 8—12 日怀化南部暴雨区比湿的时间一高度剖面图（图 4.15）可以发现：①比湿的分布主要位于对流层低层，尤其是 700 hPa 以下的对流层低层，比湿均在 10 g/kg 以上，在边界层达到 20 g/kg 以上，而 500 hPa 以上的对流层高层，比湿非常小，说明水汽主要分布在对流层低层，对降雨（暴雨）起决定性作用。②在暴雨过程的前期和暴雨过程中，对流层低层的比湿均很大，空气中的水汽含量多，接近或达到饱和的湿空气保证了水汽凝结所需的水汽条件。而 11 日 12 时以后随着低层比湿的迅速减小，空气中水汽的含量不足以保证暴雨所需的水汽条件，怀化南部的暴雨也趋于结束。

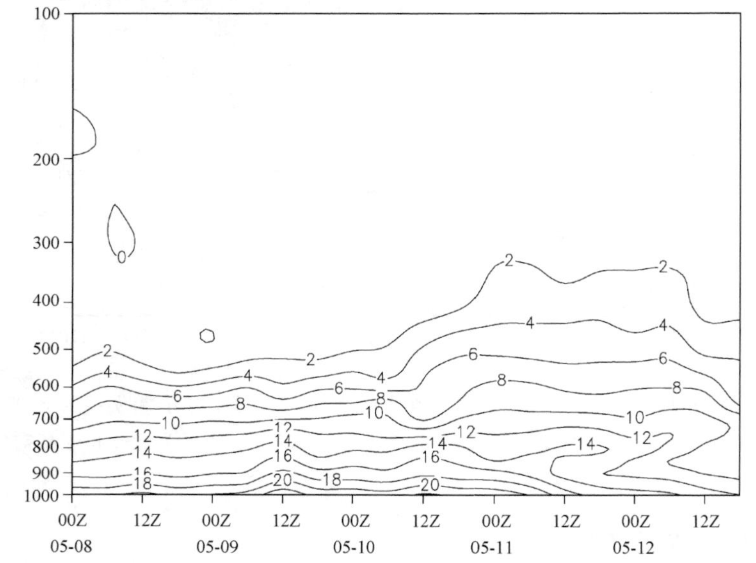

图 4.15　2011 年 5 月 8—12 日（世界时）过怀化南部暴雨区点（110°E，26°N）比湿的时间一高度剖面图（单位：g/kg）

(2) 水汽的输送和辐合

如果没有水汽补充，某一局地上空的水汽总是有限的，一般不足以产生暴雨。所以暴雨区内降水量的来源，主要靠外界的补给，也就是必须有持续不断的水汽水平输送，使降水得以维持，降水量增大。因此计算水汽的水平输送强度，对于诊断暴雨降水量具有重要意义。表示水汽水平输送强度的物理量是水汽通量（F），水汽通量有时也称为“湿度平流”，定义为单位时间通过与水平风向垂直的单位截面积的水汽质量，即 $qv\rho$。在气压坐标里，即是通过 1 cm、厚 1 cm 的面积的水汽质量，用该量研究水汽的源地以及造成降水的主要水汽通道是很有用的。

$F=qv/g$ 式中 v 是水平风速，F 为水汽通量（单位：$g \cdot cm^{-1} \cdot hPa^{-1} \cdot s^{-1}$），表示每秒对

于垂直于风向的 1 cm×1 hPa 的截面所流过的水汽克数。这是一个向量，方向与风向相同。

水汽的垂直输送用 $\omega q/g$ 来表示，它决定于上升运动的大小和水汽的垂直梯度。水汽的铅直输送可以把集中于低层的水汽向较高层输送，使高层水汽增多、湿层增厚。所以在降水开始前，水汽的铅直输送比较重要。如果某地光有充沛的水汽通量，而没有水汽在那里辐合，这些水汽就是“匆匆过客”，对降水帮助不大。所以要判断某地上空的水汽收支情况，就要计算水汽通量散度。

水汽通量散度的单位是 $g \cdot cm^{-2} \cdot hPa^{-1} \cdot s^{-1}$，表示单位时间(s)、单位面积(1 cm × 1 hPa)内辐合进来或辐散出去的水汽克数。夏季东亚季风区水汽分布很不均匀，南北梯度很大，因此在东亚季风区水汽的辐合辐散主要是由于湿度平流所造成，东亚季风区夏季水汽输送的特征是水汽经向输送分量很大。所以，在实际工作中不能光从气流的辐散辐合去判断水汽的辐散辐合，应尽量使用数值模式的分析产品，或自己进行计算。

2010 年 7 月 8—13 日，怀化北部连续出现暴雨和大暴雨天气，从这次过程水汽通量和水汽通量散度的叠加图(图 4.16)可以看出：10 日 20 时(图 4.16a)，从云南南部经广西、贵州边境、湘西南到湘东北有一条东北—西南向的带状水汽输送通道，怀化南部处在水汽输送的大值区，中心值超过 30 $g \cdot cm^{-1}\ hPa^{-1} \cdot s^{-1}$。而水汽的辐合区也呈东北—西南向的带状分布在水汽输送通道的北侧，其中有两个水汽辐合中心，一个位于贵州南部，另一个就位于湘西北到怀化的北部。11 日 08 时(图 4.16b)，怀化暴雨区的水汽输送和水汽辐合进一步增强。水汽输送的中心北抬到怀化中部，中心值增强到 35 $g \cdot cm^{-1} \cdot hPa^{-1} \cdot s^{-1}$。湘西北的水汽辐合也增强到 $-10\times10^{-7} g \cdot cm^{-2} \cdot hPa^{-1} \cdot s^{-1}$以上，这一时段也是怀化北部暴雨的最强阶段，充足的水汽输送和辐合为暴雨的维持和发展提供了水汽和不稳定能量。11 日 20 时(图 4.16c)，随着副热带高压的西伸北抬，湖南的水汽输送带有所北抬，水汽输送中心位于湖北南部，怀化北部的水汽输送和水汽辐合均明显减小，这一时段也是怀化暴雨间歇期。12 日 02 时，怀化北部的水汽输送和辐合又开始增强，水汽输送带上怀化南部的水汽输送中心达 27 $g \cdot cm^{-1} \cdot hPa^{-1} \cdot s^{-1}$以上，水汽的辐合仍然表现为东北—西南向的带状并不断加强发展，怀化北部的强降水又开始发展。12 日 08 时(图 4.16d)怀化中南部的水汽输送加强到 33 $g \cdot cm^{-1} \cdot hPa^{-1} \cdot s^{-1}$以上，怀化北部暴雨区虽然没有处在水汽辐合的中心，但水汽辐合仍然比较明显。12 日 20 时以后，随着副热带高压的北抬，水汽的输送和辐合带也随之北抬，怀化北部雨势明显减弱。

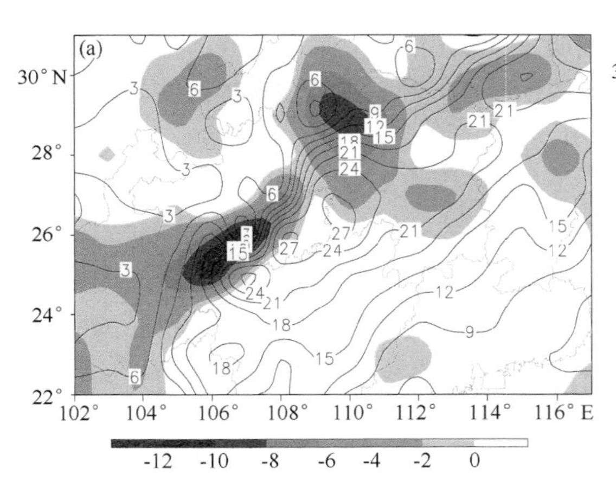

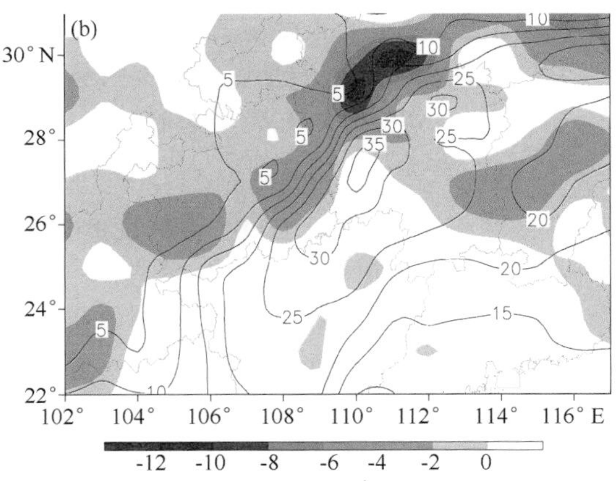

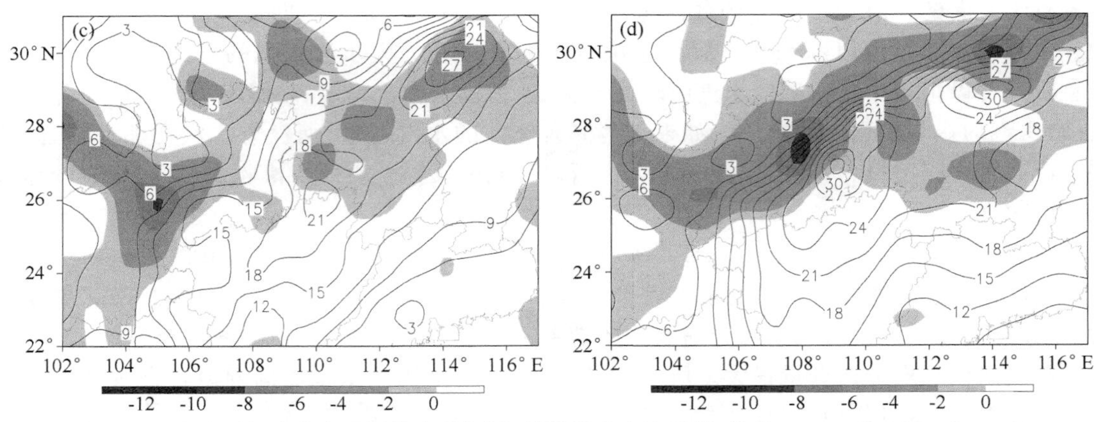

图 4.16 水汽通量和水汽通量散度叠加图，等值线为水汽通量，单位：g・cm⁻¹・hPa⁻¹・s⁻¹，阴影区为水汽能量散度，单位：10^{-7}g・cm⁻²・hPa⁻¹・s⁻¹

(a)2010 年 7 月 10 日 20 时；(b)11 日 08 时；(c)11 日 20 时；(d)12 日 08 时

4.4.2 散度、涡度和垂直速度的诊断分析

散度、涡度和垂直速度都是大气的三维流场分析的结果，其物理意义都是大家耳熟能详的，这里主要讨论其在怀化暴雨预报中的应用。

(1)散度

在实际业务中，一般只考虑水平散度。计算的方法一般采用正方形网格法、经纬线网格法和三点通量法。散度的诊断在暴雨预报中有重要的作用，一方面由于低空辐合高空辐散是构成强上升运动的充分和必要条件；另一方面，水汽的汇集也主要靠低空流场的辐合。据实验总结，每次暴雨过程 850 hPa 以下都有明显辐合，中心数值一般在$(-3\sim-6)\times10^{-5}\,s^{-1}$；500～300 hPa 以上多数是辐散，高层辐散中心数值在 $(3\sim12)\times10^{-5}\,s^{-1}$。无辐散层多数在 700～500 hPa，但因受当时的资料和技术所限，这些数值只可作定性参考。

分析 2010 年 7 月 9—14 日怀化暴雨区(109°～111°E，25°～27°N)平均散度的时间—高度剖面图(图 4.17)可以发现，10 日 20 时以前，对流层中没有明显的正负散度中心，20 时以后，低层负散度增强，高层正散度也同步增强，形成明显的低层辐合，高层辐散的形势。11 日 14 时开始低层有正散度的发展，此时段是怀化暴雨的一个间歇期，12 日 02 时开始低层负散度又开始发展增强，高层的正散度就同时发展，又形成明显的低层辐合，高层辐散的形势。暴雨中心存在的这种明显的低层负散度和高层正散度的耦合形势有利于在该地区形成强烈的垂直上升运动，对大暴雨的维持和发展起到了重要的作用。

(2)涡度

在日常业务中，一般也只关心涡度的垂直分量，用 ζ 表示，单位为 s^{-1}，天气尺度的量级为 10^{-5}。可以使用数值预报模式分析产品，也可以自己计算，计算的方法与散度的计算方法类似，一般采用正方形网格法、经纬线网格法或三点环流法，这里不作介绍。流场作气旋式旋转的天气系统(如低涡、低槽、切变、热带气旋等)往往与暴雨密切联系，而副热带高压等反气旋系统也间接地对暴雨产生影响。进行涡度场诊断，可以用定量的数值来表征这些天气系统的涡旋度的强度，这对于分析其连续变化，判断它们是增强还是减弱很有帮助。如梅雨期的江淮切

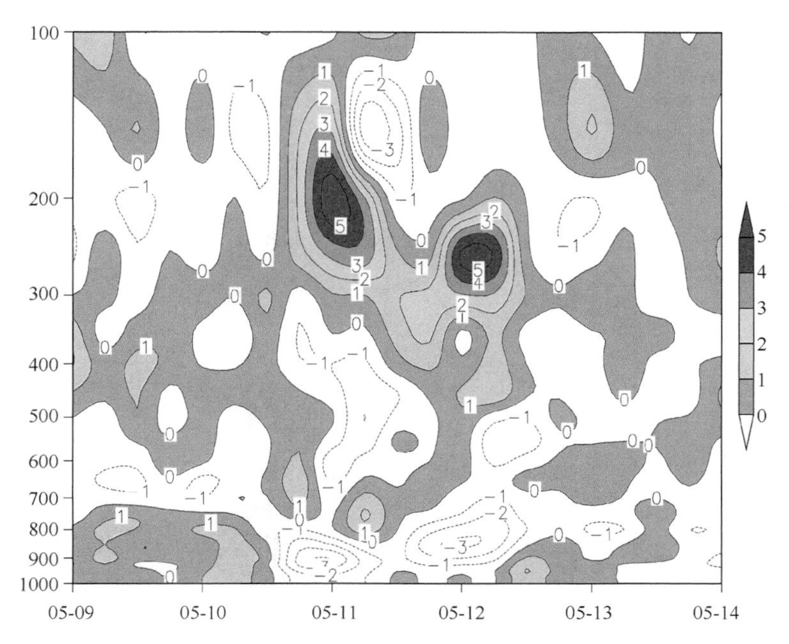

图 4.17　2010 年 5 月 9—14 日(世界时)怀化暴雨区(109°～111°E,25°～27°N)
平均散度的时间—高度剖面图(单位:$10^{-5}s^{-1}$)

变就与我国西部的正涡度平流东移有密切关系,而且涡度平流对暴雨低值系统的发展有很好的先兆。四川、贵州如果有明显的南支槽东移,或者高原上有高空槽东移,槽前的正涡度平流总是导致西南低压槽发展,甚至引起江南倒槽锋生,江南地区切变线加强。

分析 2010 年 7 月 9—14 日怀化南部暴雨区(109°～111°E,25°～27°N)的平均涡度和散度的时间—高度剖面图(图 4.18)可以发现,10 日 20 时以前,虽然暴雨区对流层 800～550 hPa 维持正涡度,但 850 hPa 层为弱的负涡度区,20 时以后,正涡度区同时向上和向下发展,最高伸展到 400 hPa 高度,而高层的负涡度也明显增强发展,形成中下层正涡度、高层负涡度的空间配置形势,有利于暴雨的形成和发展。11 日 14 时到 12 日 02 时,对流层 850～500 hPa 有负涡度的增强发展,这一时段也是怀化强降雨的一个间隙时段。12 日 02 时开始,对流层中低层的正涡度又开始迅速发展增强,而高层仍然维持较强的负涡度,怀化南部的暴雨又有明显的发展增强。12 日 20 时以后,对流层高层的负涡度向低层发展,而低层正涡度明显减弱,怀化南部的强降雨也随之减弱停止。

(3)垂直速度

在暴雨预报中,历来十分重视垂直速度的诊断。根据国内一些诊断结果,并不是上升运动强就出现暴雨。如果水汽补给不够,强大的上升运动往往导致强对流,降水量不会很大。有时不太强的上升运动只要配合可持续供应水汽的环境条件,也能出现较大的降水。

对应怀化南部的两次暴雨过程,垂直速度的时间—高度剖面图(图 4.19)同样可以发现两个明显的垂直上升运动的加强时段,与低层正涡度(负散度)和高层负涡度(正散度)的出现时间段相同(图 4.17、图 4.18)。暴雨中心存在的这种明显的低层正涡度(负散度)和高层负涡度(正散度)的耦合形势有利于在该地区形成强烈的垂直上升运动,对大暴雨的维持和发展起到了重要的作用。

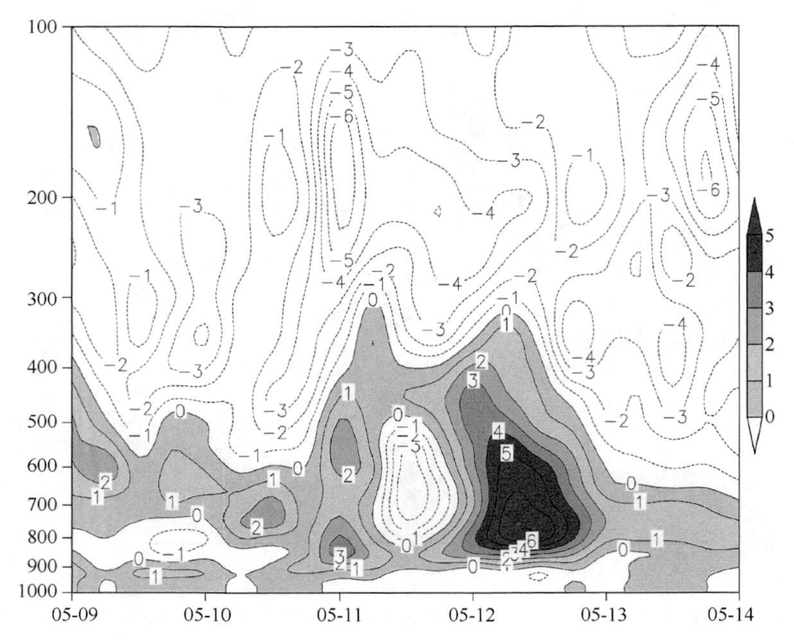

图 4.18　2010 年 5 月 9—14 日(世界时)怀化暴雨区(109°～111°E,25°～27°N)平均涡度的时间—高度剖面图(单位:$10^{-5}\ s^{-1}$)

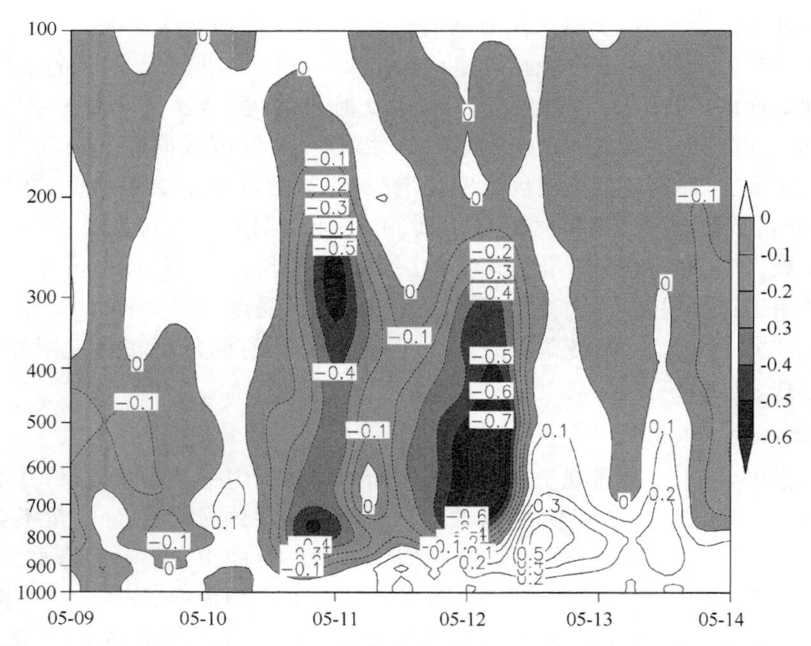

图 4.19　2010 年 5 月 9—14 日(世界时)怀化暴雨区(109°～111°E,25°～27°N)平均垂直速度的时间—高度剖面图(单位:Pa/s)

4.4.3 大气层结稳定度的诊断分析

除了一部分连续性的暴雨，大部分暴雨中的对流活动一般都相当强烈，暴雨区一般发生在对流不稳定区的下风方向。因此在暴雨预报中，大气层结稳定度的诊断分析相当重要。大气层结稳定度的诊断分析主要有两方面：一方面是关于不稳定能量积累、引发和再生的条件，另一方面是不稳定程度的测算。

在一些暴雨(特别是连续性暴雨)天气过程中，一些地区始终维持着较高的不稳定能量，这是因为存在着不稳定能量的再生过程。原因之一是：通过平流作用使不稳定能量再组合而再生；另一原因是：形势比较稳定，暴雨中系统形成的环境条件基本维持不变，不稳定能量释放有再生的过程不断重复。本节重点介绍几个与大气不稳定层结有关的物理量在暴雨预报中的应用。

(1)*K* 指数

K 指数的定义为：$K=T_{850}-T_{500}+T_{d850}-(T-T_d)_{700}$

它既考虑了温度垂直递减率，又考虑了大气中、低层的湿度条件与饱和程度。*K* 愈大表示大气愈不稳定和愈潮湿。

由于 *K* 指数计算比较方便，在暴雨预报中对 *K* 指数的使用比较普遍。一般出现暴雨前 *K* 值都会增大到 35℃以上，且多数出现 $K>38$℃的情况。当 *K* 指数开始明显减小，降水也明显减弱。但是，有时 *K* 值增大的时间提前量不大。

(2)沙氏指数

沙氏指数 *SI* 的定义是：500 hPa 环境温度与由 850 hPa 上升达到 500 hPa 的气块温度之差，即：$SI=(T-T')_{500}$。

式中 T 与 T' 分别表示 500 hPa 的环境温度与从 850 hPa 上升上来的气块温度。*SI* 正值表示稳定，负值表示不稳定。*SI* 指数的数值计算比较复杂，但目前 MICAPS 系统中已有计算结果可供使用，这里不作介绍。

暴雨预报中参考 *SI* 指数的情况比较多。多数人一般只参考实时 *SI* 指数的数值大小来判断大气不稳定程度。由于怀化处于中低纬，夏季大气经常处于热力不稳定的状态，出现 $SI<0$ 的机会比较多，但出现暴雨的机会较少，用 *SI* 指数作暴雨预报多使用本地和周边探空站的资料，且要看其随时间的演变。当 *SI* 指数由大变小，出现陡降到 0 或以下的情况，就应注意是否有暴雨。

由表 4.2 可见，2011 年 6 月 9—10 日怀化出现的大暴雨天气过程中，怀化站的 *K* 指数值均比较大，而 *SI* 指数为负值。而随着暴雨的结束，*K* 指数减小，*SI* 指数转为正值。

表 4.2 2011 年 6 月 9—10 日怀化暴雨过程 *K* 指数和 *AI* 指数值

时间	9 日 08 时	9 日 20 时	10 日 08 时	10 日 20 时
K 指数	41	39	38	34
SI 指数	−1.54	−2.36	−0.71	2.92

(3)高低层 θ_{se} 之差

假相当位温 θ_{se} 随高度减小，即 $\Delta\theta_{se}/\Delta p>0$，则层结为对流性不稳定，反之，为对流性稳定。一般使用 850 hPa 与 500 hPa 两层的 θ_{se}之差，即 $\Delta\theta_{se}=\theta_{se850}-\theta_{se500}$作为暴雨预报稳定度的判据。

分析 2011 年 6 月 14 日 08 时假相当位温 θ_{se}和垂直速度沿 110°E 的剖面图（图 4.20）可以清楚地显示锋面活动和不稳定层结的情况。在 28°N 以北 θ_{se}等值线相当密集，能量锋区较强，而在能量锋区以南，暴雨区对流层中层基本以中性层结为主，低层形成对流不稳定层结。θ_{se}线从高层向下凹，呈漏斗状分布，低层 θ_{se}线向上凸起，形成鞍形场的结构，θ_{se}的这种分布是典型的有利于对流性天气产生的模型。同时刻的垂直速度剖面图显示鞍形场区存在强的垂直运动。14 日 20 时，鞍形场结构仍然维持，而且在 28°N 附近 θ_{se}等值线十分陡立，陡立区存在很强的垂直运动，是涡旋发展的重要区域，极易诱发中尺度气旋的发生。θ_{se}的这种鞍形场和陡立区结构逐步往南推，一直维持到 15 日 20 时后。

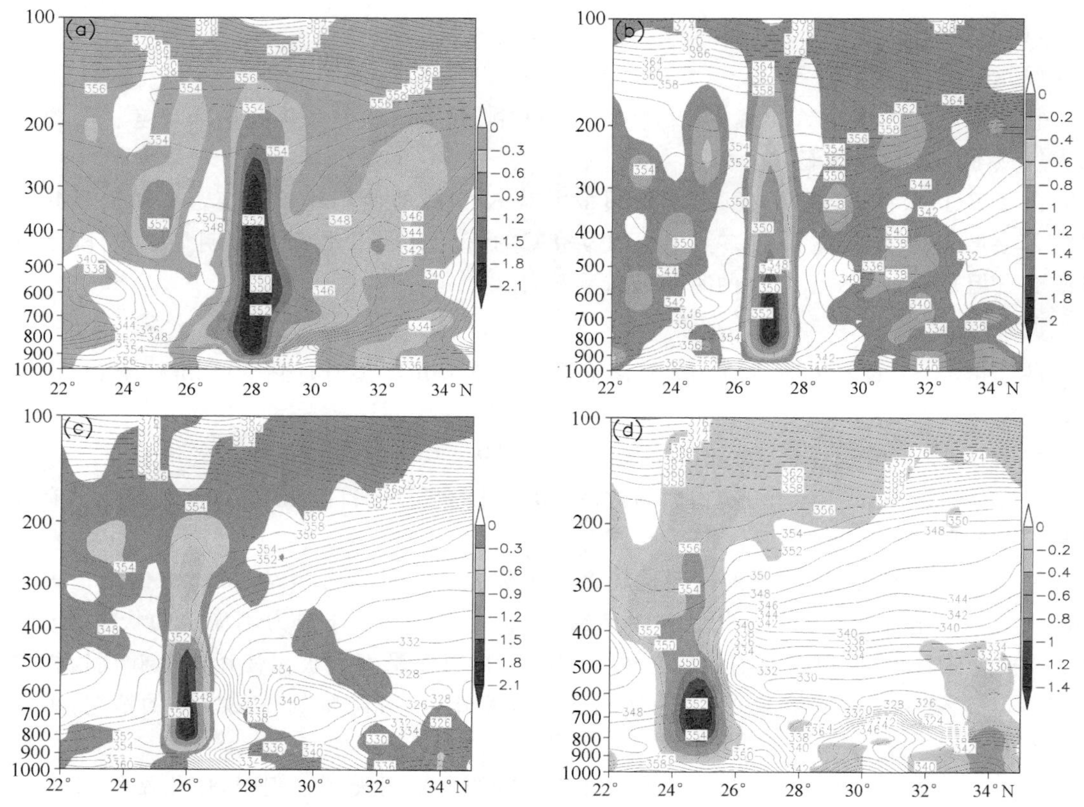

图 4.20　假相当位温（等值线，单位：K）和垂直速度（阴影，单位：Pa/s）的叠加图
(a)2011 年 6 月 14 日 08 时，(b)20 时，(c)15 日 08 时，(d)20 时

4.5　地形对暴雨的作用

4.5.1　边界层对暴雨的作用

一般来说，边界层对暴雨的作用主要有三个方面：一是供应暴雨所需的大部分水汽；二是建立大气位势不稳定层结；三是触发不稳定能量释放，产生暴雨。

(1)供应水汽

边界层是暴雨生成和维持的主要水汽来源。在暴雨发生前后，大气中的水汽含量变化比起降水量来是微不足道的，因此，暴雨要求有天气尺度系统的持续不断的水汽输送，以补充暴雨区上空气柱内的水汽损耗。通常，在持续性暴雨发生时，有一支天气尺度的低空急流将暴雨区外围的水汽迅速向暴雨区集中。水汽辐合量主要集中于低层，往往以900 hPa附近最大，向上向下减小，600 hPa以上已转为辐散。850 hPa以下的边界层内的水平水汽辐合量占整个水平水汽辐合量的一半以上。在整个水汽辐合当中，沿低空急流方向的纵向辐合约占总辐合量的约20%，而垂直于低空急流的横向辐合占整个辐合量的80%，而且横向辐合也以900 hPa左右的边界层为最大。

(2)暖湿气流与位势不稳定层结的建立

暴雨为对流性天气，这就要求在暴雨发生前，上空或上游地区有强烈的位势不稳定层结。不稳定层结的建立，主要是通过边界层内暖湿气流的输送造成的。边界层内的强偏南气流是暖湿气流的输送带，其输送的水汽和热量使得暴雨发生前上空及其上游地区在对流层中下部形成强烈的位势不稳定。暴雨发生后，层结趋于中性，对流就不能进一步发展。如果要使暴雨继续维持，就要求在暴雨区位势不稳定层结不断重建，这种重建过程也是通过边界层中的暖湿气流的不断补充来完成的。

(3)边界层对暴雨的触发作用

当大尺度的水汽条件和位势不稳定条件具备后，还必须有一定的上升运动才能触发不稳定能量释放而产生暴雨。与暴雨有关的上升运动是多种因素所引起的，有不同天气尺度的系统的因素，也有地形的因素。一般而言，大尺度天气系统造成的大尺度上升运动是暴雨发生发展的重要先决条件，它为中小尺度系统的发展提供了背景条件。但是，与暴雨直接有关的是中小尺度系统和地形引起的上升运动。而且，边界层对中尺度天气系统的形成有重要作用。山脉、河谷及海陆的分布引起的抬升、气流折向、热力作用等均可形成中尺度扰动。研究还证明，尽管暴雨时上升运动的层次很厚，但边界层内的辐合上升运动与暴雨的对应关系最好。

4.5.2 地形对暴雨的增幅作用

暴雨是在充沛的水汽条件和有利的天气形势下产生的，但是，地形对暴雨的强度和落区的影响同样不容忽视，在同样的天气形势下，地形抬升和地表摩擦作用对降水的发生、雨区的分布及降水的强度都会产生很大的影响。在一定的条件下，地形对降水有两个作用：一是动力作用，二是云物理作用。动力作用中主要是地形的强迫抬升作用。当山的坡度愈大，地面风速愈大，且风向与山的走向愈垂直时，地面垂直运动愈强。地形的动力作用还表现在地形使系统性的风向发生改变，从而在某些地方产生地形辐合或辐散，因而影响垂直运动和降水。地形的云物理作用表现为可以改变降水形成的云雾物理过程，使得已经凝结的水分，高效率地下降为雨，从而增加降水量。

在怀化，地形对降水的影响主要是沅陵北部的武陵山脉，溆浦东部的雪峰山脉。沅陵地处怀化市的北部，沅江中游，境内山势雄起，沟壑纵横，溪流遍布，地形较为复杂。沅陵的东面是东北—西南走向的雪峰山，平均海拔在1000 m，西边是武陵山脉，平均海拔在1200 m，也呈东北—西南走向，南端和西南端是东西走向的南岭和云贵高原东缘，东北角通过沅江峡谷与洞庭湖平原相通。沅江从贵州境内西南—东北向流到怀化境内后由南往北流，到达沅陵后受武陵山脉的阻挡折向东北流入洞庭湖。影响沅陵的冷空气由东北方向自洞庭湖平原沿低矮的沅江河谷进入，遇西边的武陵山脉阻挡堆积爬升；盛夏西南气流自南向北吹向武陵山脉时，一方面为沅陵带来充沛的水汽，另一方面西南气流受地形阻挡，气流抬升，造成大量水汽凝结，使地处武陵山脉南麓的沅陵西北部对流活动发展旺盛，容易造成大的降水。在2008年7月27日沅陵北部的突发性特大暴雨过程中，27日00—05时最强6 h降雨就出现在武陵山脉南麓的迎风坡，而在远离迎风坡的地区降雨明显偏小，地形强迫抬升作用在这次特大暴雨过程中起了增幅作用(图4.21)。

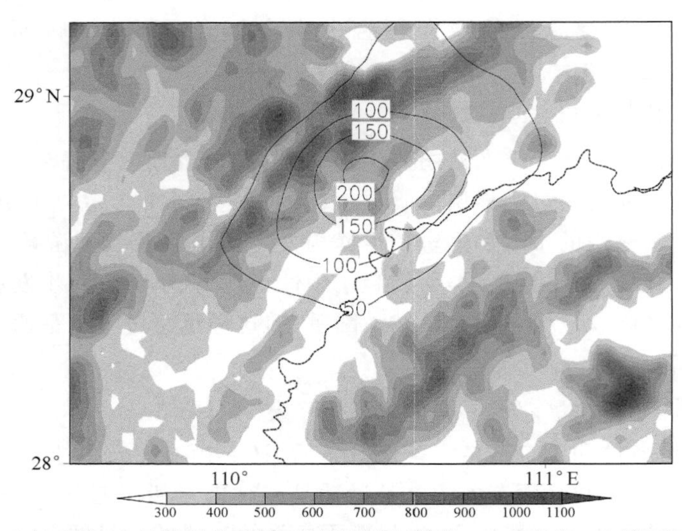

图4.21　2008年7月27日沅陵北部暴雨区地形图(单位:m)和最强6 h降雨量(单位:mm)
(实线是6 h降雨量，虚线是沅江，阴影区是海拔高度)

4.6　常用的暴雨预报方法

4.6.1　数值天气预报释用技术

数值预报释用方法主要有统计、动力、天气学三方面，在很多情况下，三个方面不能截然分开。现有的数值预报产品很多，常用的有ECMWF(欧洲中心)、JMH(日本)、GME(德国)、T639(北京)、NCEP、AREM等。如何在业务天气预报中，综合分析、解释应用数值预报产品，提高天气预报水平，是下面讨论的重点。

(1)天气预报的业务技术路线

天气预报的业务技术路线为以数值天气预报为基础，以人机交互工作站为主要工作平台，以提高灾害性、关键性、转折性天气预报准确性为重点，综合利用各种气象信息和先进的技术方法，结合预报人员丰富的天气分析经验，综合分析制作预报。

数值天气预报在天气预报业务中的基础和支撑作用已经确立，但是，数值预报产品的精细度还远不能满足业务预报服务的需求，预报员的经验和综合分析的作用将是长期的。

(2)认真调阅和解读各种数值预报产品

多种数值预报产品及包含的大量信息，为解释应用工作提供了丰富的内容。对数值预报提供的高空和地面形势场的预报及各项要素和具体天气的预报都需要进行认真的解读。在调阅和解读过程中，一是要尽可能全面地调阅，以免遗漏一些关键的预报信息；二是要分析理解高空形势系统和地面气压场以及具体天气要素的配置关系，了解各家数值预报的差异和各自的预报理由，以便分析和处理矛盾点。通过实际应用，熟悉不同数值预报产品的性能，并找出差异或不足之处；这样才能正确地解释使用其预报产品。

(3)数值预报产品在业务应用中的检验与订正

对于预报员来说，检验的目的是为了了解数值预报产品的性能，针对不同天气，最大限度地订正数值预报产品的系统误差，做出最准确的预报。同时也在于不断总结和发现自己工作中的问题，提高自己的预报水平。(比如有的人作降水预报喜欢参考日本的数值预报产品，他的预报就可能存在日本数值预报产品的通病。)

在业务应用中的检验内容主要是对有重大影响的天气系统进行细致的分析和检验，主要天气系统的位置、强度、形状及其变化是关注的重点。对于副高来说有西伸脊点、面积、北界、南界、脊线、强度等；对于东北冷涡，有强度、中心位置、槽的位置等；对于切变来说，有切变线的位置、长度、曲率，切变两侧风的大小、风向等。

数值预报产品在业务应用中的订正：

①天气形势的预报基本不需要订正，但时段上需要人工细化，以确定过程开始、结束和加强、减弱的时间。

②高空风场和温湿场一般不需订正，在关键天气时，可结合分析误差(初始场的客观分析误差)对短期预报场进行订正。

③定量降水预报有较大的订正空间，预报员经验在定量降水预报中可提高3%～4%。

④天气现象和一些具体要素的预报，目前基本上靠预报员的经验和综合分析做出。

⑤认真分析天气实况资料(包括卫星、雷达、加密地面观测提供的最新气象信息)，并通过对其形成原因的分析，判断形势、系统和要素场的变化，订正数值预报产品。

⑥根据天气学原理和大气科学新的研究进展(特别是中小尺度和强天气的研究)，对数值预报提供的全方位的资料进行三度空间和结合本地地形、气候特点的综合分析，订正其要素预报。

(4)与卫星、雷达、加密资料等非常规资料结合使用

由于在数值预报资料同化系统中十分缺乏应用卫星、雷达、飞机、自动站、风廓线仪、闪电定位仪等新型气象观测资料的先进技术，制约了数值预报产品对于暴雨等强天气的预报能力，将数值预报产品释用与卫星、雷达、加密资料等非常规资料以及天气图等实况资料相结合，提高灾害性、关键性、转折性天气预报能力，提高中小尺度强对流天气预报水平。其主要步骤是：

①调阅数值预报产品的形势预报场，分析高空槽、脊、低涡、高压中心等主要影响系统的水平分布和上下配置；掌握天气形势背景特征。

②调阅数值预报产品的风、温、湿、地面气压等资料，分析切变线、急流、温湿度、地面冷空气路径和强度等，初步形成对短期天气变化的认识和需要关注的重点。

③调阅数值预报产品的物理量资料，从形成强降水的基本条件出发，分析涡度、散度、垂直速度、水汽辐合、层结稳定度要素、能量锋区等物理量场及配置。

④与其他常规、非常规资料结合，对最新的地面、高空天气图和卫星、雷达资料及加密资料等仔细解读，并对天气形势、天气系统和云系、回波及天气区的配置进行综合分析。

⑤订正数值预报产品的降水强度、落区预报，预报员面对数值预报结果，必须作出判断：今天预报的雨区可信度有多高，可以在多大程度上参考预报结果，雨区的强度和落点是否准确。

在进行了以上认真细致的综合分析步骤后，订正数值预报的降水中心和强降水带，最后作出尽可能准确的降水预报结论。

4.6.2 客观释用方法——配料法

Doswell最初提出“配料法”是为了强调一种主观的预报方法，即通过分析输出的各种物理量特征，通过划定危险区，从而人为做出暴雨落区预报。当前预报的精细化要求我们使用客观、定量的方法，因此可以选择采用配料综合指数的方法，将多个单一的配料因子结合成一个配料综合指数，设定该指数大于某一个阈值时，对应着暴雨的出现。事实证明，综合指数的预报效果比单一因子的预报效果要好。由于暴雨成因复杂多变，配料因子的选择难免片面，因此建立一个固定的暴雨落区预报模式势必存在一定的局限性，但能初步提供不同暴雨类型对应的典型配料以及与暴雨落区对应的阈值，从而为预报员做出暴雨落区预报提供参考。“配料法”暴雨预报流程如图4.22所示。

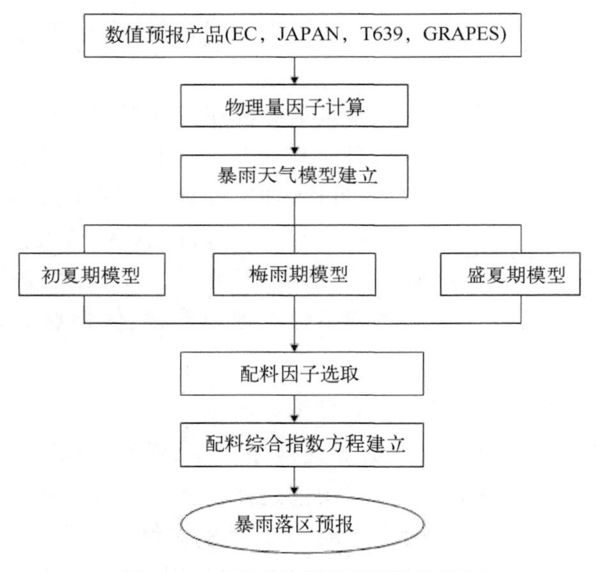

图4.22 “配料法”暴雨预报流程图

4.6.3 综合统计法

PP法(完全预报方法)和模式输出统计(model output statistics，简称MOS)等统计方法在气象界得到广泛的使用，根据两种方法的特点，对其进行有机的结合，应用于暴雨预报中。充分考虑主客观因素在预报中的作用，通过大量地查阅天气图，分析、总结后，组合成经验因子，同时采用客观数值产品作因子参与建方程。

4.7 怀化的暴雨预报

4.7.1 西风带暴雨预报

1. 西风带暴雨 500 hPa 环流特征

(1)西太平洋副热带高压西伸低槽东移型

这类暴雨环流特征是:副热带高压强盛,其脊线的平均位置为 25°N,副高明显西进,同时西风槽东移,暴雨发生在低槽与副热带高压之间的梅雨锋强锋区附近。

2007 年 7 月 25 日 08 时(图 4.23),副高偏强,其脊线位于 25°N 附近,高空低槽位于华北西部到西南地区东部一线,副高西北侧和低槽东部 850 hPa 为东北—西南向的带状正涡度带。怀化市处在正涡度带内,怀化出现区域性大暴雨天气,其中洪江出现创建站纪录的最大 24 h 降雨量 222.2 mm。

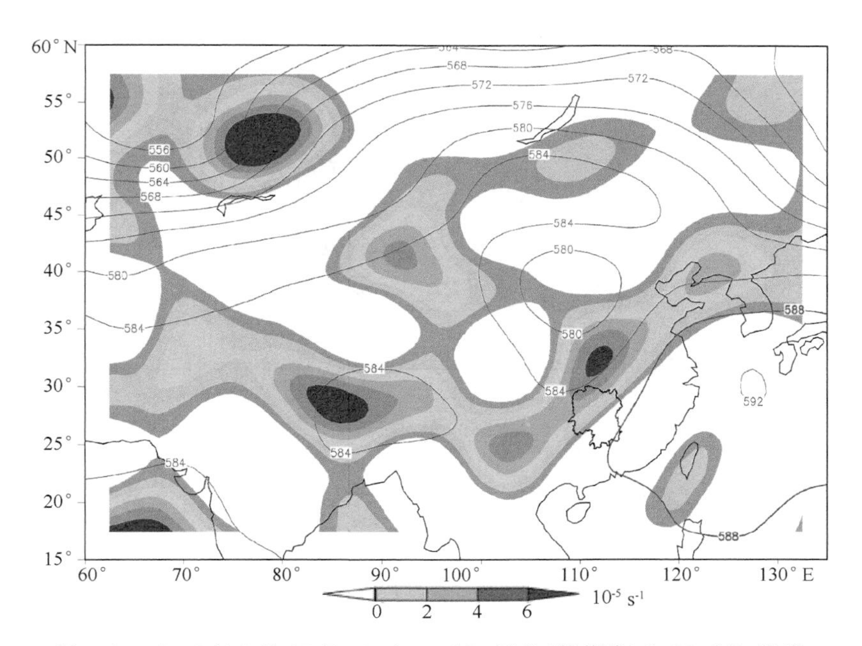

图 4.23 2007 年 7 月 25 日 08 时 500 hPa 形势(等值线)和 850 hPa 涡度

表 4.3 2007 年 7 月 25—26 日怀化各县市暴雨站次(单位:mm)

站名	沅陵	辰溪	芷江	鹤城	麻阳	新晃	洪江
日期	25	26	25	25	25	26	26
降雨量	80.6	60.1	111.4	66.1	86.0	85.2	222.2

(2)副高稳定且切变线上有西南涡活动型

这类暴雨的主要环流特征是:副高位置相对偏南,其脊线平均位置为 20°N,副高强度较强,但位置稳定少动。由于副高与河套地区的小高压或东亚阻塞高压之间的江淮地区容易出现东北—西南向的切变线，切变线西部的四川盆地或九龙地区容易出现西南涡，并且西南涡沿切变线发展东移或稳定少动，对暴雨的强度和持续时间起着重要作用。暴雨多发生在西南涡的东北方或东南方，暴雨中心及暴雨区在切变线周围，且随切变线的移动而移动。

2010 年 7 月 10 日 08 时(图 4.24)，副高偏强，位置偏南，其脊线位于 20°N 附近，怀化处在副高西北侧，有利于水汽的输送，850 hPa 在江淮西部和云南东北部各有一个低涡，两低涡之间为冷式切变线，湘西北和怀化北部出现大范围暴雨天气。

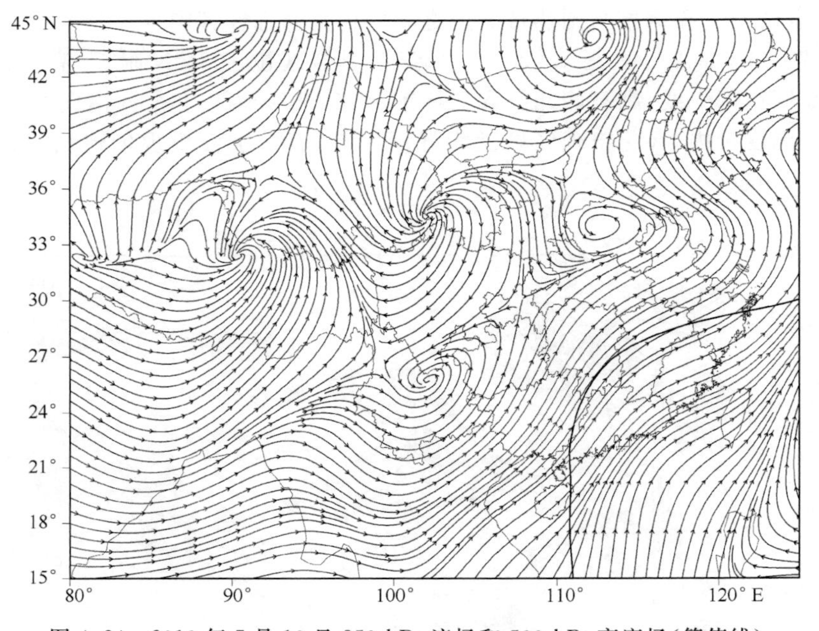

图 4.24 2010 年 7 月 10 日 850 hPa 流场和 500 hPa 高度场(等值线)

4.7.2 东风带暴雨过程及其预报

怀化地处湖南的西南部，深处大陆而远离海洋，受台风直接影响的几率小，经普查历史资料发现，还未有台风直接经过怀化的，因此由台风直接产生的暴雨在怀化还没有出现过。台风对怀化暴雨的影响，主要是台风外围云系的影响，即通常所说的远距离台风(热带低压)暴雨。

远距离台风暴雨的预报，主要考虑两个方面：第一个方面是大尺度流场环境对台风移动路径的影响，尤其是 500 hPa 环流形势对台风移动路径的影响。西太平洋副热带高压对台风的移动影响明显，当西太平洋副热带高压和大陆高压联成东西向的带状强高压坝时，台风受高压坝的阻挡，通常会取西移或西北移路径，怀化受台风外围云系的影响，通常会有较强降雨出现，甚至出现暴雨和大暴雨天气。第二个方面是西风带系统的影响。台风与西风带系统的共同作用也是台风暴雨的三种类型之一。例如，北方冷空气南下遇到台风倒槽会在台风前方形成一个暴雨中心；西风带长波槽东移与台风低压倒槽同位相叠加形成暴雨；对流层低层切变线和台风低压相互作用形成暴雨，均是怀化远距离台风暴雨的主要形势。

4.8 典型个例分析

4.8.1 一次突发性特大暴雨的中尺度分析和诊断

2008 年 5 月 26 日晚上，在湖南省沅陵县西北部出现了一次局地突发性的特大暴雨天气过程。特大暴雨主要出现在 26 日 20 时—27 日 08 时，中小尺度雨量站显示，沅陵有 12 个中小尺度雨量站 12 h 降雨量(26 日 20 时—27 日 08 时)大于 50 mm，7 个站超过 100 mm，3 个站超过 200 mm。最大降雨是军大坪，降雨量达 221.2 mm，其最大 1 h 降雨量达 74.2 mm，强降雨集中在 27 日 00—05 时的 6 h 内(表 4.4)。由于降雨强度大，来势猛，时间短，致使山洪暴发，溪水陡涨，造成全县 12 个乡镇不同程度受灾，多人死亡或失踪，暴雨还造成房屋被冲毁和倒塌，部分道路、通信、电力中断，农作物受损。

表 4.4 ≥150 mm/12 h 的中小尺度雨量站逐时降雨量(mm)

时间(时)	20	21	22	23	00	01	02	03	04	05	06	07	合计
军大坪	1.0	0.7	3.6	0.1	9.3	29.1	48.7	74.2	22.7	29.9	1.8	0.1	221.2
简车坪			2.5	0.7	8.5	45.0	53.1	40.7	18.5	29.4	17.5	0.1	216.0
大合坪		0.2		12.3		15.7	27.7	61.0	54.1	21.6	11.9	1.0	205.5
明溪口		1.0	2.0	0.4	27.2	28.9	56.2	42.3	30.6	5.3		0.5	194.4
朱红溪	0.9	0.7	1.4	0.7	0.3	17.6	23.8	44.9	63.3	34.6	3.5	1.0	192.7
七甲溪		0.1		8.4	0.2	12.6	39.6	61.7	13.4	5.6	27.2	11.8	180.6
高　滩		0.7	2.3		7.4	13.9	12.0	51.0	52.6	27.4	2.3	0.1	169.7

4.8.1.1 大尺度流场特征

在 2008 年 5 月 26 日 08 时 500 hPa 高空图上，亚欧大陆高纬为两脊一槽形势，两脊分别位于乌拉尔山和亚欧大陆东海岸，整个西伯利亚为宽广的低槽区，其间不断有小槽分裂往东南滑下，副热带高压位于东南沿海一带。700 hPa 从陕西西部到四川东南部有一切变线，切变线东南侧从昆明经贵阳到宜昌是西南风急流，贵阳站西南风达到 18 m/s。850 hPa 以重庆为中心有一西南涡存在，低涡切变位于长江以北，低涡东南方的西南急流的急流核位于怀化，出现 16 m/a 的西南风急流，强盛的西南暖湿气流沿副热带高压西北侧向湘西北输送了充足的水汽和不稳定能量。到 5 月 26 日 20 时，500 hPa 在四川东部经贵州到广西西部有一条近似南北向的高空低槽东移，其北端移动较南端快，27 日 08 时已呈东北—西南向经过湘西北，带动槽后冷空气东南下。中低层 850 hPa 切变线 26 日 20 时明显南压至湘北，暴雨区的风向切变也加强，西南风急流依然维持，而原 700 hPa 切变线往东南方移至湖北中部到重庆北部一线，其西南风急流轴也往东南方移动，27 日 08 时 850 hPa 西南急流加强，在重庆东北有一个低涡，暴雨区位于低涡的东南向和 700 hPa、850 hPa 西南急流的左侧。因此这次特大暴雨过程是由于高空低槽东移引导冷空气南下，与中低层低涡切变线东南侧的西南暖湿气流相互作用引起的，在这次过程中 850 hPa 和 700 hPa 的西南急流起了重要作用。

4.8.1.2 卫星 TBB 资料分析

为便于在云图中确认中尺度对流系统，将 MαCS 和 MβCS 定义为红外云图上具有圆形或椭圆形冷云盖的对流系统，其−32℃冷云盖的短轴的长度在1.5～3.0纬距的为MβCS，超过3.0纬距的为MαCS。TBB≤−32℃的冷云盖达到最大面积的时间是MCS的成熟时间，且MCS椭圆率在0.5°以上。为了分析这次特大暴雨的中尺度对流系统，本节应用FY−2C卫星反演的TBB资料，详细分析了此次过程。

暴雨开始前，5月26日20时(图4.25a)，在湖南东北部与湖北南部之间有一个已经发展得很好的中α尺度云团，其冷云盖中心最低气温低于−76℃，维持在原地不动。

27日00时(图4.25b)，在湖南境内有四个近似圆形的对流单体A,B,C,D生成，这四个对流单体≤−32℃冷云盖的直径均小于100 km，属于中−γ系统，原来在贵州西南部的云团已发展到贵州中部，其中心温度低于−76℃。此时在暴雨区开始出现降雨，但强度不大。

01时(图4.25c)，D云团已消失，C云团虽然得到发展，但仍然属于中−γ系统。而A和B云团则强烈发展且合并成一个150 km×50 km的类似“哑铃结构”的中−γ对流云团，呈东北—西南向，在“哑铃结构”的两端均出现≤−52℃的冷云盖。此时强降雨开始出现，≥10 mm/h的雨区范围基本上与≤−32℃冷云盖重合，最大1 h降雨量为45.0 mm。

02时(图4.25d)，哑铃结构的云团进一步发展并通过C云团与原位于湖南东北部与湖北南部的中α尺度云团合并，其≤−32℃冷云盖范围扩大展到200 km×100 km以上，≤−52℃冷云盖的范围也明显扩大，其结构由哑铃形变成近似椭圆形，中心温度低于−64℃，仍然属于中−γ对流系统。此阶段降雨也随着云团的发展得到强烈发展，大于10 mm/h雨区范围也明显扩大，有四个站出现大于50 mm/h的强降雨，最大1 h降雨量达56.2 mm，最强降雨中心位于云团的南部，这里是云团发展前进的方向。

03时(图4.25e)，该云团进一步发展，面积扩大，冷云盖中心温度下降至−68℃以下，−32℃冷云盖的短轴的长度约为150 km，达到MβCS标准，大于10 mm/h雨区范围虽然比上一时次缩小，但降雨更集中，雨势更强，最大1h降雨量达74.2 mm。

04时(图4.25f)，MβCS云团仍然处在发展中，≤−32℃冷云盖范围扩大展到250 km×150 km以上，此时暴雨仍然维持，有多个站点出现50 mm/h的降雨，强降雨区随着MβCS云团的东扩而向东发展。此时位于湖南湖北之间的云团明显东移，与该MβCS云团即将断开。

05时(图4.25g)，MβCS云团向南发展，强降雨区亦向南发展，同时在其西南方的吉首以及贵州东北部有新的对流云团发展。

06时(图4.25h)，MβCS云团进一步向南发展并与原在吉首新发展的云团合并，此时沅陵西北部原来的强降雨区虽然仍在−52℃冷云盖的范围内，但降雨已明显减小，强降雨已移至沅陵的南部。

07时(图4.25i)，贵州东北部的云团已与位于湖南的MβCS云团合并成一条云带，此时沅陵西北部原来的强降雨区已不在−32℃冷云盖的范围内，该地的强降雨也基本停止，强降雨已南压到沅陵南部。

从上面的分析得知：产生沅陵西北部特大暴雨的MβCS云团由两个对流云团合并而成，具有椭圆形结构特征，维持时间在5 h以上，且在暴雨最强阶段的27日01时到05时维持在沅陵西北部稳定少动，造成了该地的特大暴雨。另外，强降水并不是出现在MβCS云团冷云盖温度最低处，而是出现在MβCS云团发展最旺盛的地方，也就是在MβCS云团发展前进方向的前部，这里是MβCS云团的新生处，对流发展旺盛，因而雨势也最强。

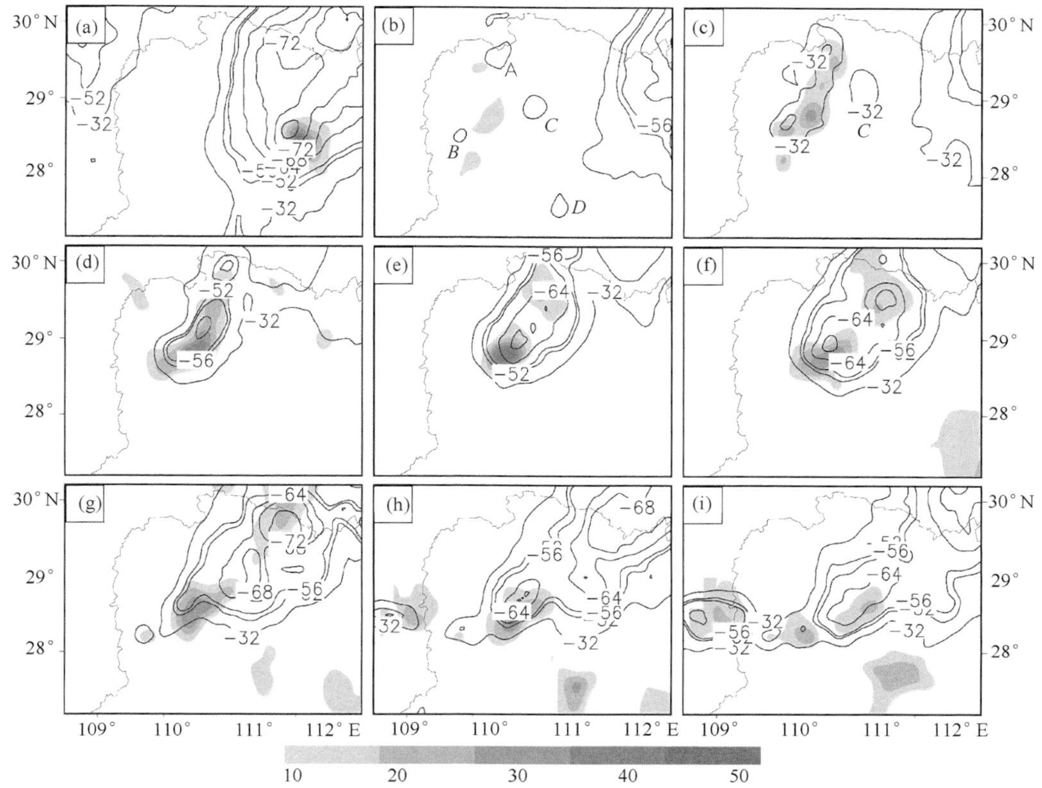

图 4.25 FY－2C TBB 资料(单位:℃)和逐时降雨量(单位:mm)
实线:TBB,阴影:逐时降雨量(a)26 日 20 时,(b)～(i)27 日 00—07 时

4.8.1.3 中尺度滤波分析

由 TBB 资料的分析可知,这次特大暴雨过程具有明显的中尺度特征,为了较完整地诊断这次特大暴雨过程的中尺度系统结构及其演变规律,采用 Barnes 带通滤波方法对这次过程的流场进行尺度分离。

对滤波场分析得知,在特大暴雨发生前的 2008 年 5 月 26 日 20 时,850 hPa 在重庆南部有一个中一β尺度低涡,沿涡旋中心到湘西北有一条明显的东北—西南向辐合线,暴雨区位于辐合线的东南侧,受西南气流控制。700 hPa 中尺度低涡位于重庆西部,暴雨区为弱的辐合区。27 日 02 时,850 hPa 在湘中有一个明显的中尺度涡旋,原位于湘西北的辐合线南压到 28°N 一线,形成一条长约 300～400 km 的中尺度辐合线,暴雨区出现 $1.5\times10^{-5}\ s^{-1}$ 的正涡度。700 hPa 湘中是一个反气旋环流,中一β尺度涡旋位于湖北西南部,从辐合区经湘西北到重庆南部是一条东北—西南向的辐合线,位于暴雨区西北侧。强降雨就出现在850 hPa 和700 hPa 的两条中尺度辐合线之间,在随后的几个小时里暴雨达到最强,沅陵军大坪出现 74.2 mm/h 的强降雨,而在没有进行尺度分离的流场中,850 hPa 和 700 hPa 中尺度涡旋出现在四川东部到重庆北部之间,湖南均为西南气流控制。从中尺度滤波分析可以发现(图 4.26),对流层低层的中尺度辐合线是造成这次特大暴雨的主要中尺度系统,而且只有通过流场的尺度分析才能分析出中尺度系统的活动情况,滤波前的流场中不可能分析出中尺度系统。

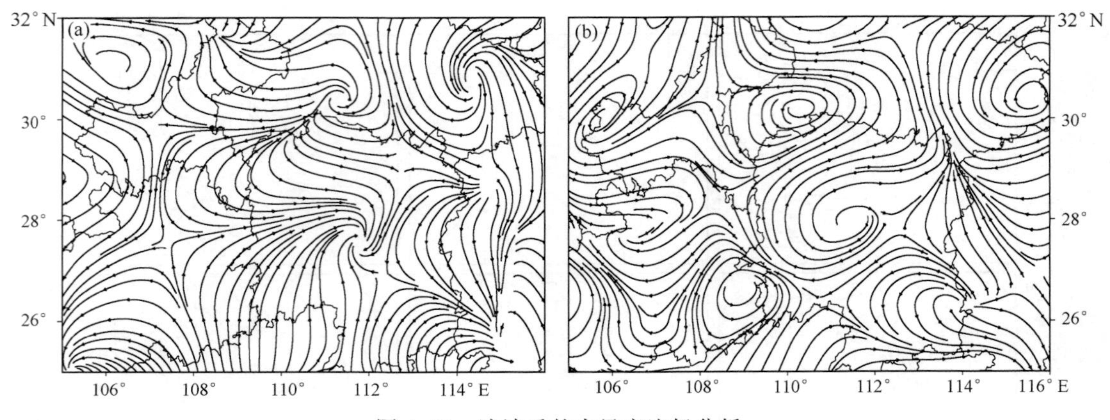

图 4.26 滤波后的中尺度流场分析

(a)850 hPa;(b)700 hPa

4.8.1.4 物理量场分析

1)水汽条件分析

水汽的供应对暴雨的形成和发展维持有着重要的作用。通过对 850 hPa 水汽通量和水汽通量散度的分析发现,低空西南风急流为这次暴雨过程提供了充足的水汽。在暴雨开始前,2008 年 5 月 26 日 20 时(图 4.27),从孟加拉湾经中南半岛、南海北部、桂、黔到湖南已经建立起一条东北—西南向带状水汽输送通道,孟加拉湾是主要的水汽源地。输送通道上湘桂黔三省(区)交界处有一个水汽输送的大值中心,最大水汽输送达 20 $g \cdot cm^{-1} \cdot hPa^{-1} \cdot s^{-1}$以上。湘中以北均为水汽辐合区,最大水汽辐合中心刚好与暴雨区重合,中心值达 $4\times10^{-7} g \cdot cm^{-2} \cdot hPa^{-1} \cdot s^{-1}$。27 日 02 时,来自孟加拉湾的水汽输送进一步增大,湖南的水汽辐合范围也进一步扩大。充沛的水汽输送保证了暴雨所需的水汽条件。

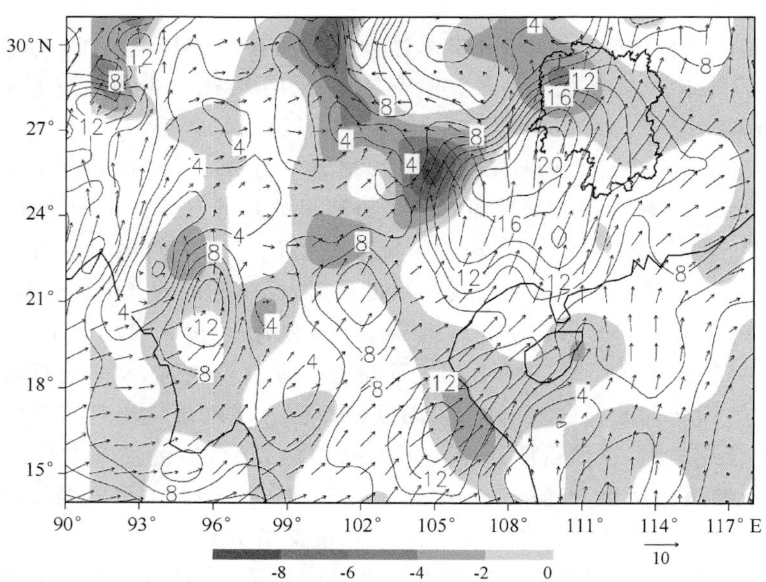

图 4.27 2008 年 5 月 26 日 20 时水汽通量(单位:$g \cdot cm^{-1} \cdot hPa^{-1} \cdot s^{-1}$)、水汽通量散度(单位:$10^{-7} g \cdot cm^{-2} \cdot hPa^{-1} \cdot s^{-1}$)和风矢量,实线:水汽通量,阴影:≤0 的水汽通量散度,箭头为风速度矢

2)动力条件分析

(1)螺旋度分析

螺旋度是一个描述环境风场气流沿运动方向的旋转程度和运动强弱的物理参数，它反映了大气的运动场特征，能够很好地描述大气运动的性质和特点。为了分析此次特大暴雨过程的动力抬升条件，利用NCEP资料计算了暴雨过程的垂直螺旋度。

图4.28是沅陵特大暴雨区(28°～29°N，110°～111°E)垂直螺旋度的时间—高度剖面图。从图上可以看到，2008年5月26日08—14时，对流层中垂直螺旋度均较弱，14时后，对流层低层垂直螺旋度逐渐增大，到20时，暴雨区上空已经形成了低层正螺旋度，高层负螺旋度的配置，低层的正螺旋度中心位于750 hPa，中心值达18×10^{-6} Pa·s^{-2}，此时是暴雨的酝酿阶段。随后，低层正螺旋度中心往中上层发展，27日02时，正螺旋度中心位于350 hPa，中心值为15×10^{-6} Pa·s^{-2}，此时强暴雨开始出现。27日08时，对流层中低层正螺旋度开始减弱，高层负螺旋度往下发展，此时暴雨区的强降水已明显减弱，到27日14时，高层的负螺旋度已发展到400 hPa，中心值达-15×10^{-6} Pa·s^{-2}，而低层也有负螺旋度向上发展到800 hPa以上，只有中层有弱的正螺旋度，暴雨区的降水也已结束。分析垂直涡度和垂直速度的时间—高度剖面图(图略)可以发现，暴雨期间螺旋度的负值区对应负涡度区，正值区对应负涡度区，这表明中低层辐合上升、高层辐散运动非常剧烈，27日08时后，虽然对流层中上层仍然有上升运动(垂直速度小于0)，但由于涡度已转为负值，垂直螺旋度也转为负值区，强降雨也随之明显减弱。从以上分析得知，这次暴雨与暴雨区上空对流层中低层正螺旋度、高层负螺旋度中心的分布和增大减小变化密切相关。

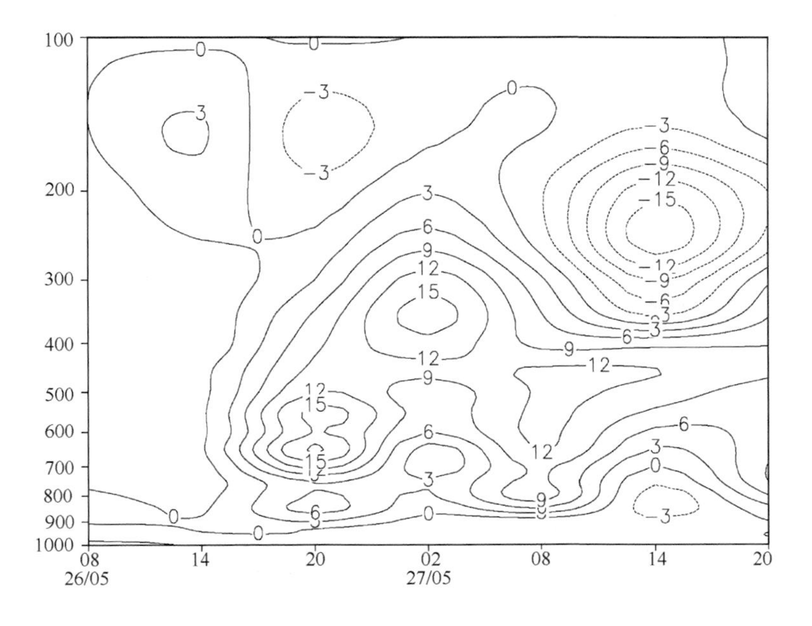

图4.28 2008年5月26日08时—27日20时沅陵特大暴雨区垂直螺旋度的时间—高度剖面图(单位：10^{-6} Pa·s^{-2})

(2)湿 Q 矢量分析

张兴旺从包含非绝热效应的 p 坐标系原始方程组出发，推导出非地转湿 Q 矢量表达式以及用湿 Q 矢量散度作为唯一强迫项的非地转 ω 方程。非地转湿 Q 矢量的方向总是指向气流上升区，而背向气流下沉区。地转湿 Q 矢量考虑了大气非绝热效应，能较好地对应降水落区，其物理机制源于次级环流的发展。次级环流的强迫作用在暴雨发生发展中起了重要作用，其强弱与暴雨强度有直接关系，次级环流增强能激发暴雨增幅。下面用湿 Q 矢量来诊断这次暴雨过程。

图 4.29a 是 2008 年 5 月 27 日 02 时沿 110°E 湿 Q 矢量散度的时间—高度剖面图，暴雨区(28°～29°N)上空 200 hPa 以下对流层基本上湿 Q 矢量散度均小于 0，两个湿 Q 矢量辐合中心分别位于 450 hPa 和 750 hPa，这是湿 Q 矢量所激发的次级环流的上升支，而且湿 Q 矢量散度是随高度向北倾斜的，表明此时暴雨区有深厚地系统性倾斜上升运动。上升区的南北两侧湿 Q 矢量散度均大于 0，这里是由湿 Q 矢量所激发的次级环流的下沉补偿气流，次级环流的存在有利于暴雨的发展。

湿 Q 矢量所激发的次级环流还可以从湿 Q 矢量在 x 和 y 方向分量 Q_x 和 Q_y 来揭示。由于湿 Q 矢量的方向总是指向气流上升区，而背向气流下沉区，因此 Q_x 指向东为正，Q_y 指向北为正。在经过暴雨区的纬向剖面图(图 4.29b)上，Q_x 呈正负相间分布，暴雨区是 Q_x 为正值，指向东，暴雨区以东 Q_x 是负值，Q_x 指向西，在 107°～114°E 形成湿 Q 矢量辐合上升区，其 Q_x 中心极值虽较小，但伸展到 300 hPa 以上，形成深厚的上升运动。在云贵之间还有一个较强的湿 Q 矢量辐合上升区，对应贵州西部的大暴雨区。在经向剖面图(图 4.29c)上，Q_y 也呈正负相间分布，在暴雨区上空同样存在明显的湿 Q 矢量辐合倾斜上升运动，有利于暴雨的产生和维持。从湿 Q 矢量的分析得知，非地转湿 Q 矢量辐合激发的次级环流有利于不稳定能量的释放，促进暴雨的发生发展。

(3)地形的作用

地形与降水的关系很密切，在同样的天气形势下，迎风坡由于动力强迫抬升作用其降水要比其他地区大。这次沅陵西北部的强降雨也与地形有着密切的关系。沅陵地处怀化市的北部，沅江中游，境内山势雄起，沟壑纵横，溪流遍布，地形较为复杂。沅陵的东面是东北—西南走向的雪峰山，平均海拔在 1000 m，西边是武陵山脉，平均海拔在 1200 m，也呈东北—西南走向，南端和西南端是东西走向的南岭和云贵高原东缘，东北角通过沅江峡谷与洞庭湖平原相通。沅江从贵州境内西南—东北向流到怀化境内后由南往北流，抵达沅陵后受武陵山脉的阻挡折向东北流入洞庭湖。影响沅陵的冷空气由东北方向自洞庭湖平原沿低矮的沅江河谷进入，遇西边的武陵山脉阻挡堆积爬升；盛夏西南气流自南向北吹向武陵山脉时，一方面为沅陵带来充沛的水汽，另一方面西南气流受地形阻挡，气流抬升，造成大量水汽凝结，使地处武陵山脉南麓的沅陵西北部对流活动发展旺盛，容易造成大的降水。从图 4.30 可以看出，27 日 00—05 时最强 6 h 降雨就出现在武陵山脉南麓的迎风坡，而在远离迎风坡的地区降雨明显偏小，地形强迫抬升作用在这次特大暴雨过程中起了增幅作用。

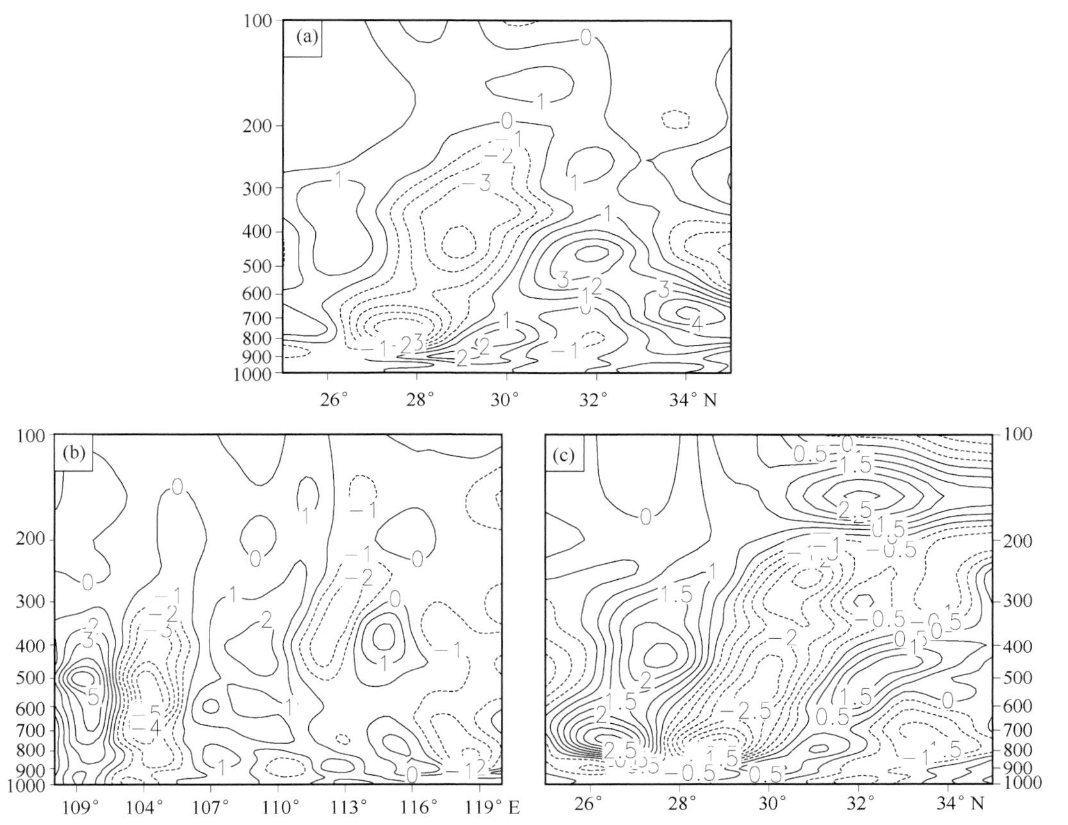

图 4.29　2008 年 5 月 27 日 02 时(a)沿 110°E 湿 Q 矢量散度的时间—高度剖面图(单位：10^{-15} hPa^{-1} · s^{-3})，沿 29°N Q_x(b)和 111°N Q_y(c)的垂直剖面图(单位：10^{-10} m · hPa^{-1} · s^{-3})

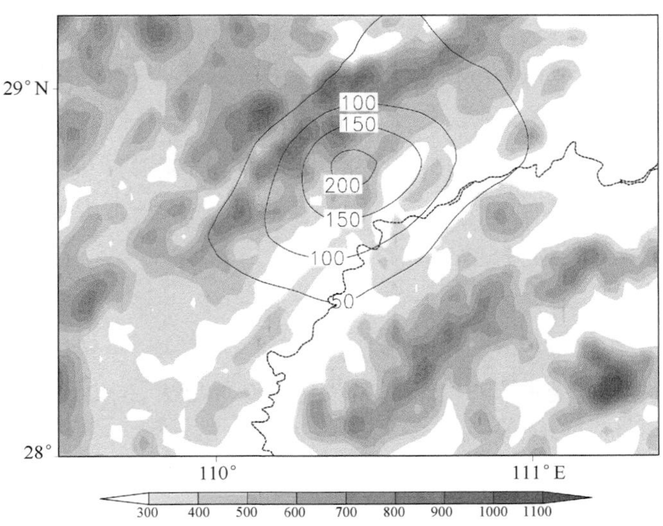

图 4.30　暴雨区地形图(单位：m)和最强 6 h 降雨量(单位：mm)

实线：6 h 降雨量，虚线是沅江，阴影区：海拔高度

综合以上分析，得出如下结论：

①这次特大暴雨是在有利的大尺度环流背景下发生的。由于高空低槽东移，带动槽后冷空气南下，与中低层低涡切变线东南侧的西南急流相互作用，引起了这次特大暴雨。低空西南急流为暴雨区带来了丰富的水汽和不稳定能量。

②暴雨具有明显的中尺度特征。产生暴雨的 MβCS 云团由两个对流云团合并而成，具有椭圆形结构特征，长时间维持在暴雨区稳定少动，造成了暴雨区的强降水，而且强降水出现在 MβCS 云团发展最旺盛的地方，也就是在 MβCS 云团发展前进方向的前部，这里是 MβCS 云团的新生处，对流发展旺盛，因而雨势也最强。

③在尺度分离的流场上，特大暴雨出现在 850 hPa 和 700 hPa 的两条中尺度辐合线之间的低层辐合区内，尺度分离有利于发现大尺度流场不能分析的中尺度系统。

④这次暴雨与暴雨区上空对流层中低层正垂直螺旋度、高层负垂直螺旋度中心的分布和增大减小变化密切相关。非地转湿 Q 矢量分析发现，暴雨发生时在暴雨区激发了明显的次级环流，次级环流的存在有利于不稳定能量的释放，促进暴雨的发生发展。暴雨区特殊的地形引起的地形强迫作用在这次特大暴雨过程中起了增幅作用。

4.8.2　怀化 2011 年 6 月 9—15 日大暴雨天气分析

4.8.2.1　天气实况与灾情

1)降水实况

6 月份以来，怀化市进入了强降雨的相对集中期，接连出现了几次较强的降雨天气过程。继 6 月 3—6 日怀化市出现连续性强降雨之后，6 月 9—15 日，怀化市又发生了新一轮的强降雨，这次过程分两个阶段，第一个阶段强降雨集中在 9 日 20 时—10 日 20 时，中小尺度区域站网监测资料显示，全市 54 个乡镇出现暴雨(50～99.9 mm)，41 个乡镇大暴雨(100～199.9 mm)，2 个乡镇特大暴雨(≥200 mm)，强降雨主要出现在怀化的东部，尤其是沅陵、溆浦、洪江等县市，最大降雨量出现在洪江市幸福路小学，总降雨量达 237.7 mm。第二个阶段强降雨集中在 13 日 20 时—15 日 20 时，中小尺度区域站网监测资料显示，全市 104 个乡镇出现暴雨(50～99.9 mm)，12 个乡镇大暴雨(100～199.9 mm)，全市大部分县市均出现暴雨，最大降雨量达 124.8 mm，出现在通道的江口。

2)灾情及影响

据统计，强降水使怀化市沅陵、辰溪、溆浦、洪江区、洪江市、鹤城区、芷江县、中方县、芷江 9 个县(市、区)150 个乡镇，受灾人口 39 万，紧急转移 0.8 万人，倒塌房屋 0.02 万间，农作物受灾面积 32.967 万亩，因洪涝灾害造成的直接经济损失 1.072 亿元，其中水利工程水毁直接经济损失 0.3 亿元。

4.8.2.2　成因分析

1)大尺度环流形势分析

6 月 3—6 日的强降水之后，随着 6 月 7—8 日副高减弱东退，中低层切变减弱，雨带南压减弱，怀化市天气短暂好转。9 日 08 时，在亚欧大陆 500 hPa 天气图上，乌拉尔山以西有一个冷涡，在我国东北地区还有另一个冷涡，两个冷涡之间亚欧大陆高纬度地区以平直西风气流为主，高原有短波槽东移，同时，低纬孟加拉湾南支槽发展旺盛，副热带高压越过 110°E。中低层在西南地区有西南涡生成并有“人”字形切变线，850 hPa 西南气流明显增强。9 日 20 时，500 hPa 副高略有东撤，低槽快速东移到湘西北，南支槽有加深的趋势，副高西侧和南支槽前西南气流有利于水汽的输送。850 hPa 切变线呈东西向移到长江以北。10 日 08 时，500 hPa 低槽移到湖南东北—西南一线，副高进一步东撤，850 hPa 切变线也转变为东北—西南向，怀化开始出现强降雨。到 10 日 20 时，随着 500 hPa 低槽东移，中低层转为西北气流影响，怀化的降雨减弱。此后副高又开始加强西伸，13 日 08 时，500 hPa 亚欧大陆高纬地区呈两槽一脊形势，乌拉尔山和我国东北地区为槽区，两槽之间为宽广的高压脊，低纬孟加拉湾南支槽发展旺盛，副热带高压位于 110°E 附近。13 日 20 时，500 hPa 高原有低槽东移，850 hPa 暖式切变线经贵州北部、湖南北部、江西北部到浙江中部一线，怀化北部又开始出现强降雨。14 日 08 时，500 hPa 高原东部为阶梯槽，其南支位于重庆到贵州西部一线，而 850 hPa 暖式切变线仍然维持在湘北一线，怀化北部的强降雨维持并向中南部发展。14 日 20 时，850 hPa 在湖南中北部有气旋性环流生成，暖式切变线的西端转变为冷式切变线经过怀化中南部，怀化本站已转为西北气流，北部降雨减弱，但南部的强降雨仍然维持。15 日 08 时，切变线多到怀化南部，20 时移出湖南，怀化南部的强降雨停止。

2)中尺度特征分析

为了较完整地诊断这次暴雨过程的中尺度系统结构及其演变规律，采用 Barnes 带通滤波方法对这次过程的流场进行尺度分离。如图 4.30、图 4.31 所示。

6 月 10 日 08 时，在未滤波前的 850 hPa 流场上，从湘东北经怀化中部到贵州东南部有一条明显的切变线，滤波后，从湘东北经怀化中部到贵州东南部的切变线仍然存在，但在湘西北和湘东南各有一个明显的辐散中心存在。在 200 hPa 流场上，未滤波前湘中有弱的辐散气流，滤波后湘中一线存在明显的辐散气流，湘北和湘南各有一个辐合中心，怀化中部处在明显的低层辐合、高空辐散区，有利于强对流的发展和暴雨的加强。

6 月 14 日 08 时，在未滤波前的 850 hPa 流场上，湘西北和湖北东部各一个中尺度涡旋，两涡旋之间为偏东气流和西南气流之间的切变线，位于湖北南部。滤波后，原在湘西北的中尺度涡旋位置偏南，切变线也比未滤波前的位置偏南，更接近怀化北部暴雨区。200 hPa 流场上，未滤波前湖南西北部有弱的辐散气流，滤波后在湖南中部偏西位置有一个明显的辐散中心，与怀化北部的暴雨中心位置一致。14 日 20 时，在滤波前后的 850 hPa 流场中，湘北的切变线已南移到湖南中部一线，但在未滤波前的 200 hPa 流场中没有明显的辐散气流，而滤波后中怀化中部存在一条明显的辐散带。

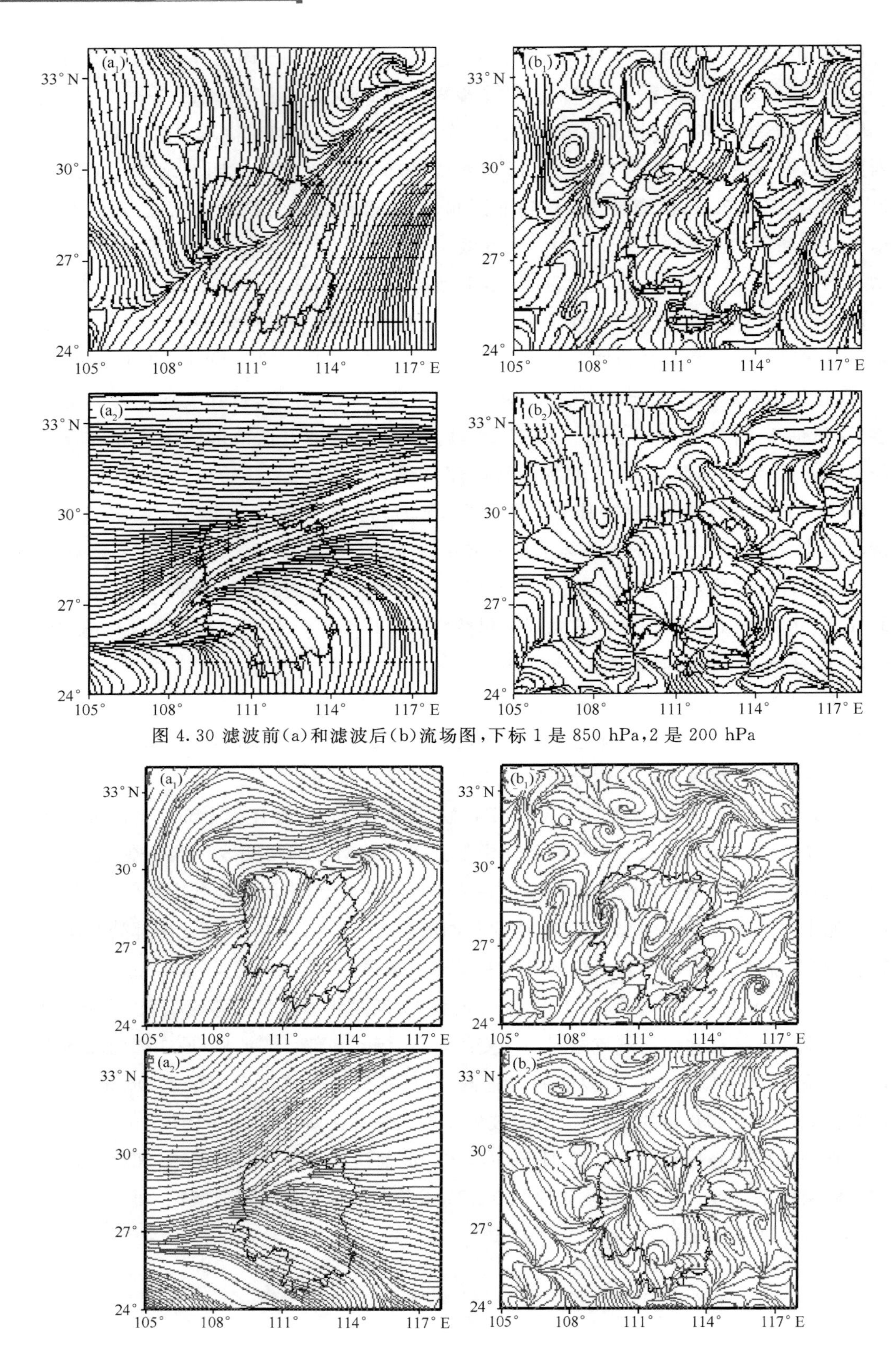

图 4.30 滤波前(a)和滤波后(b)流场图,下标 1 是 850 hPa,2 是 200 hPa

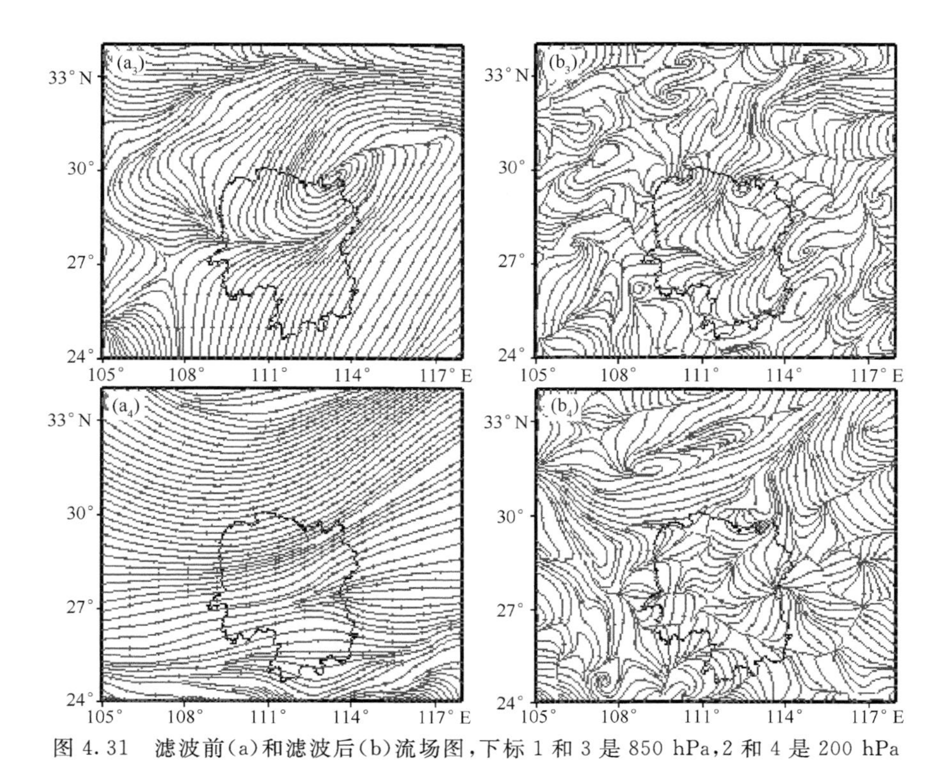

图 4.31 滤波前(a)和滤波后(b)流场图,下标 1 和 3 是 850 hPa,2 和 4 是 200 hPa

从以上分析可知,未滤波前的流场中低层辐合高层辐散的形势不明显,滤波后,高层有明显的辐散中心或辐散带。暴雨中心存在的这种明显的低层辐合高层辐散的耦合形势有利于垂直运动的发展,对大暴雨的发展和维持起到了重要的作用。

3)物理量诊断分析

(1)水汽条件分析

6 月 10 日 02 时,从中南半岛经广西中部到怀化中南部有一条明显的水汽输送通道,水汽来源地是孟加拉湾和南海,水汽输送带上在广西中部和怀化中部有两个水汽通量的大值中心。而同时刻的水汽通量散度显示,在湖南北部有一个较强的水汽通量辐合中心,水汽辐合强度达 $-12\times10^{-5}\cdot g\cdot cm^{-2}\cdot hPa^{-1}\cdot s^{-1}$。10 日 08 时,随着系统的南移,怀化中部的水汽通量中心减弱,但广西中部仍然维持较强的水汽通量,而水汽辐合中心则移到怀化中部,水汽辐合强度仍然很强,在怀化中部的洪江出现强降雨。10 日 20 时以后,随着水汽输送通量减弱,怀化转也为水汽辐散区,强降雨也已结束。如图 4.32 所示。

6 月 13 日 08 时,贵州东南部和广西西北部水汽通量又开始加强,20 时在怀化南部和贵州东南部形成一个 22 $g\cdot cm^{-1}\cdot hPa^{-1}\cdot s^{-1}$的水汽通量大值中心,水汽的辐合区则成带状分布在湖南北部至贵州北部一线,此后怀化北部又出现较强的降水。14 日 08 时,怀化南部和贵州东南部的水汽通量中心进一步加强到 35 $g\cdot cm^{-1}\cdot hPa^{-1}\cdot s^{-1}$以上,怀化北部的水汽辐合中心也明显加强,充沛的水汽输送和较强的水汽辐合保障了怀化北部的强降雨所需的水汽条件。14 日 20 时,强水汽通量中心和水汽辐合中心有一个明显的南移,强降雨区也随之南移。从 14 日 20 时到 15 日 08 时,强水汽通量中心维持在广西中部,而水汽辐合区则维持在怀化中南部,这一时段在怀化中南部出现较强的降水。15 日 20 时后,随着水汽输送中心和辐合中心南移出怀化,怀化市的强降雨也结束。如图 4.33 所示。

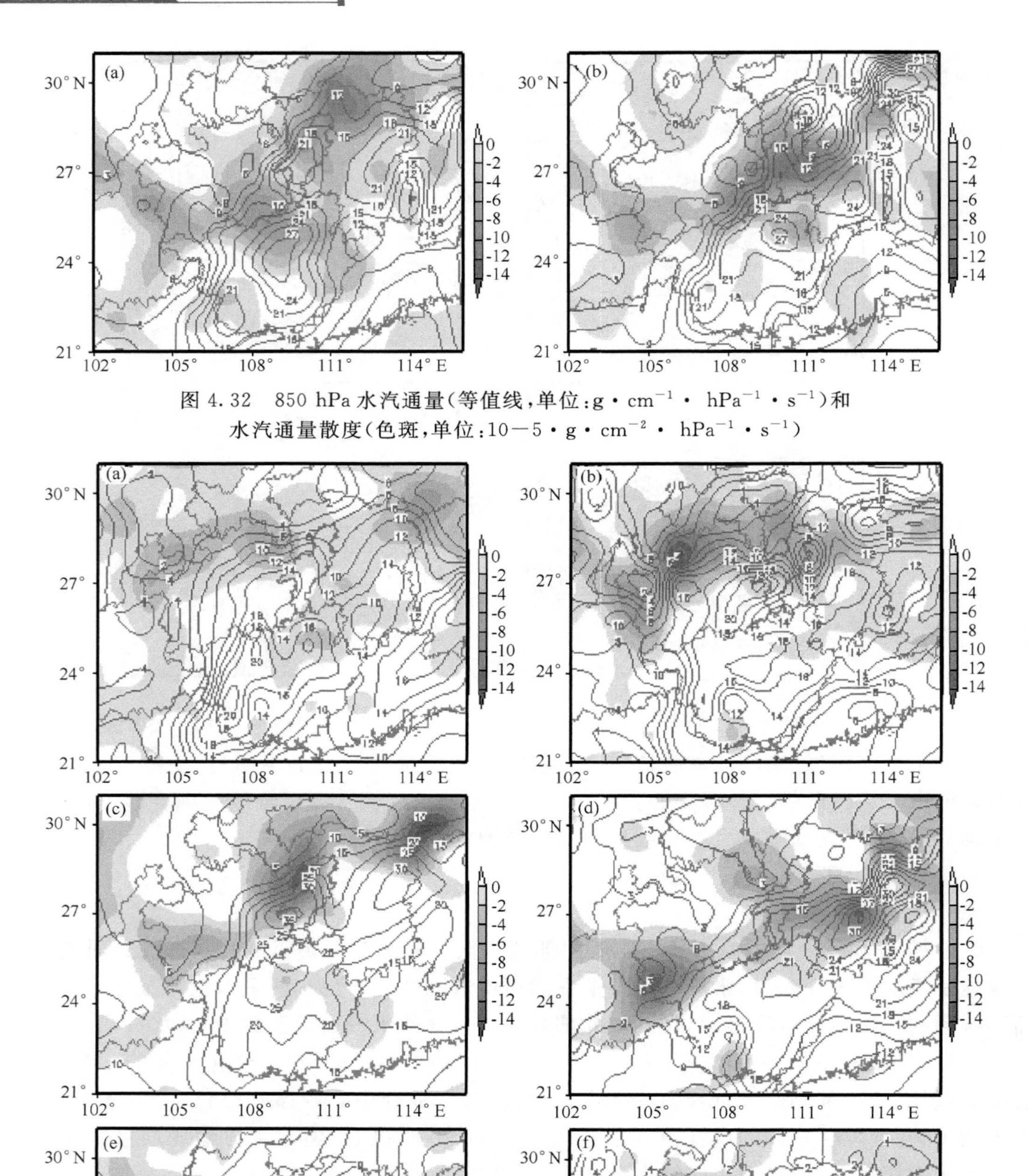

图 4.32　850 hPa 水汽通量(等值线,单位:g・cm^{-1}・ hPa^{-1}・s^{-1})和
水汽通量散度(色斑,单位:10—5・g・cm^{-2}・ hPa^{-1}・s^{-1})

图 4.33　850 hPa 水汽通量(等值线,单位:g・cm^{-1}・ hPa^{-1}・s^{-1})和
水汽通量散度(色斑,单位:10—5・g・cm^{-2}・ hPa^{-1}・s^{-1}),(a)—(f):13 日 08 时起每隔 12 h

从 850 hPa 沿 110°E 的水汽通量及其散度的时间剖面图(图 4.34)可以发现,这两次过程中,水汽通量及其散度的辐合中心有明显的随时间由北向南推进的过程,与暴雨由北向南发展的趋势是一致的。

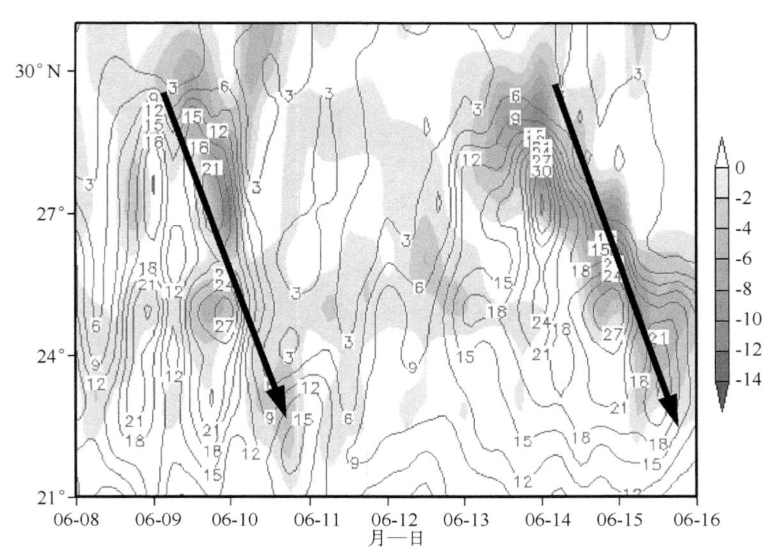

图 4.34 850 hPa 水汽通量(等值线,单位:g·cm^{-1}·hPa^{-1}·s^{-1})和水汽通量散度(色斑,单位:10^{-5}·g·cm^{-2}·hPa^{-1}·s^{-1})沿 110°E 的时间剖面图

(2)动力条件分析

分析过程期间散度沿 110°E 的时间剖面图(图 4.35)可以发现,850 hPa 有两次明显的负散度(辐合区)由北向南发展南移的过程,第一次开始于 9 日 08 时,在 30°N 有辐合形成并往南发展,怀化中北部在晚上开始出现强降雨,在 10 日 08 时辐合发展到最强,在 27°N 出现$-7\times10^{-5}s^{-1}$的辐合中心,随后辐合中心继续南移,11 日 08 时转为辐散区,第一阶段强降雨结束。13 日 08 时,怀化北部又有负散度发展增强,辐合中心随后逐渐往南部发展,强降雨也有一个由北向南发展的过程。分析 200 hPa 散度的剖面图可以发现,与低层相对应,200 hPa 也有两次明显的辐散区由北向南发展的过程,在暴雨区形成低层辐合高层辐散的耦合形势,有利于暴雨的发生发展。

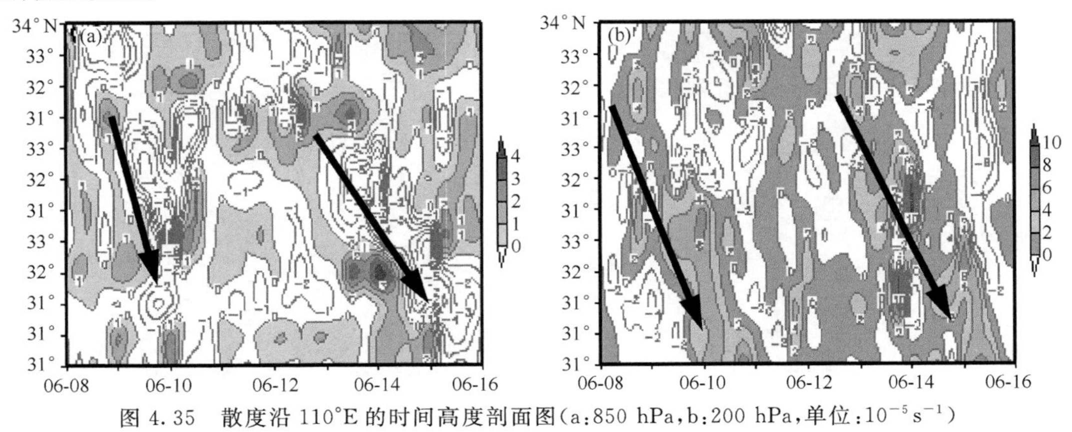

图 4.35 散度沿 110°E 的时间高度剖面图(a:850 hPa,b:200 hPa,单位:$10^{-5}s^{-1}$)

分析怀化暴雨区(109°～111°E,26°～29°N)平均涡度的时间垂直剖面图(图 4.36a)可以发现,对流层中低层有两次明显的正涡度发展增强过程,与两次暴雨的出现时段非常一致,而且两次过程期间对流层高层均为负涡度区。分析平均垂直速度的时间高度剖面图(图 4.36b)可以发现,两次暴雨过程的发生对应有对流层两次明显的垂直上升运动,而且强降雨出现的时段比垂直上升运动滞后约 6 h。

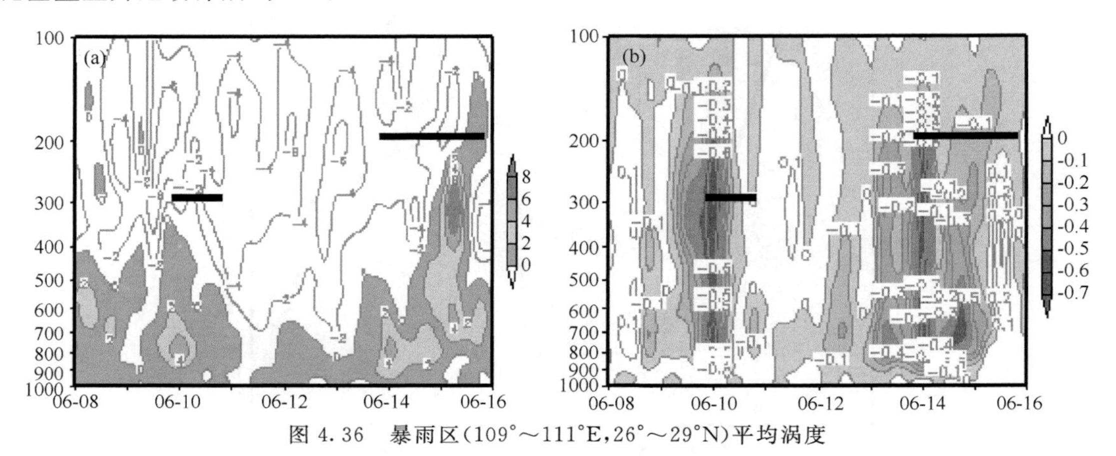

图 4.36　暴雨区(109°～111°E,26°～29°N)平均涡度

(a,单位:$10^{-5}s^{-1}$)和垂直速度(b,单位:Pa/s)的时间高度剖面图

(3)热力条件分析

分析 6 月 14 日 08 时假相当位温 θ_{se}和垂直速度沿 110°E 的剖面图(图 4.37)可以清楚地显示锋面活动和不稳定层结的情况。在 28°N 以北 θ_{se}等值线相当密集,能量锋区较强,而在能量锋区以南,暴雨区对流层中层基本以中性层结为主,低层形成对流不稳定层结。θ_{se}线从高层向下凹,呈漏斗状分布,低层 θ_{se}线向上凸起,形成鞍形场的结构,θ_{se}的这种分布是典型的有利于对流性天气产生的模型。同时刻的垂直速度剖面图显示鞍形场区存在强的垂直运动。14 日 20 时,鞍形场结构仍然维持,而且在 28°N 附近 θ_{se}等值线十分陡立,陡立区存在很强的垂直运动,是涡旋发展的重要区域,极易诱发中尺度气旋的发生。θ_{se}的这种鞍形场和陡立区结构逐步往南推,一直维持到 15 日 20 时后。第一次暴雨过程 θ_{se}也具有相似的结构。因此等熵面的下凹并出现倾斜使得倾斜涡度的发展,有利于对流系统的维持和垂直运动的发展,是形成暴雨的一个重要原因之一。

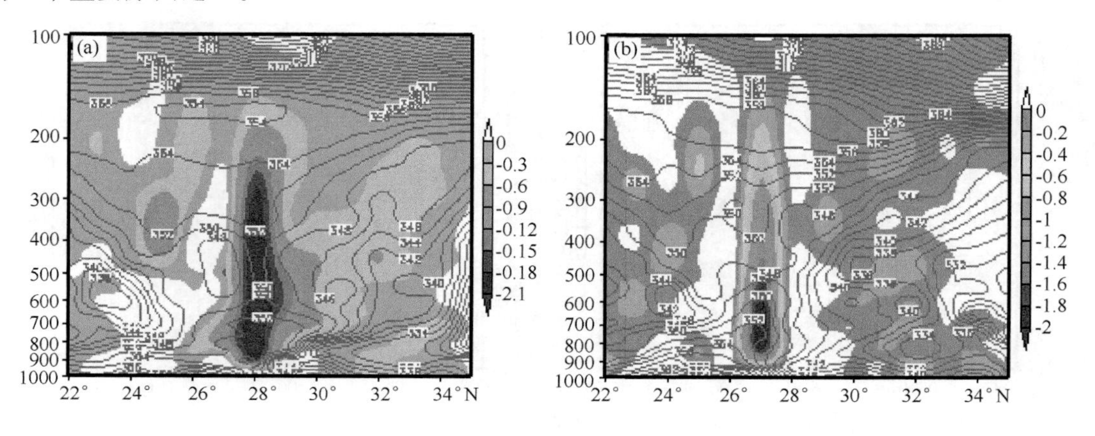

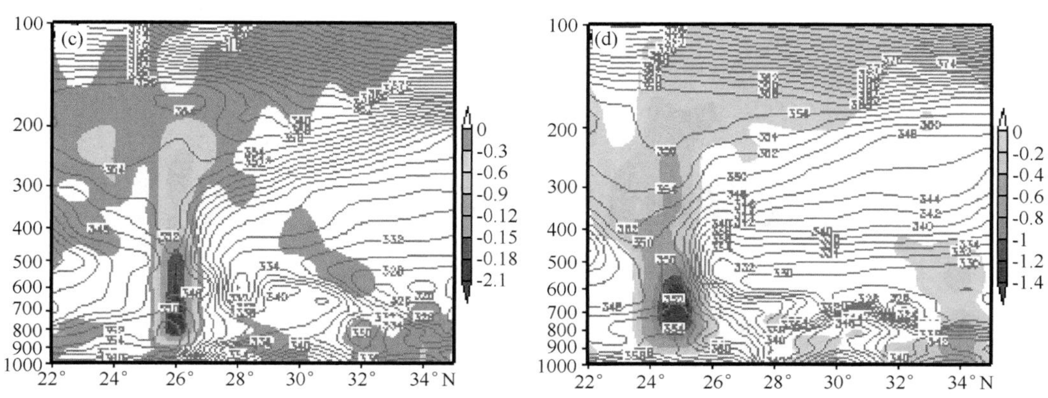

图 4.37 假相当位温(等值线,单位:K)和垂直速度(阴影,单位:Pa/s)的叠加图

第 5 章

怀化降雨型山洪和地质灾害

5.1 山洪和地质灾害概况

山洪和地质灾害是指由于暴雨、冰雪融化或拦洪设施溃决等原因，在山区（包括山地、丘陵、岗地）沿河流及溪沟形成的暴涨暴落的洪水及伴随发生的滑坡、崩塌、泥石流的总称。由山洪暴发而给人类社会系统所带来的危害，包括溪河洪水泛滥、泥石流、山体滑坡等造成的人员伤亡、财产损失、基础设施毁坏，以及环境资源破坏等统称为山洪灾害。山洪地质灾害具有突发性强，破坏性大的特点。由于怀化的地理位置和山丘区特殊的地质、地形、地貌，山洪和地质灾害对当地人民生命财产安全、经济社会发展带来了严重影响。

怀化位于湖南省西南部，属沅水流域中上游，境内主要有雪峰，武陵两大山系，群山耸立，地形复杂。在地质上，以红砂岩和石灰岩为主，山势陡峭，表土被层薄，森林覆盖率低。同时地质作用频繁，降水量大而集中，以及不合理的工程建设，造成山洪地质灾害破坏力强、影响大，成为本地区仅次于干旱和洪涝的第三大自然灾害。其主要地质灾害类型有：滑坡、泥石流、崩塌、地面塌陷、地裂缝、矿山井巷地质灾害等。统计表明，怀化辖区山洪地质灾害，导致坍塌、滑坡、泥石流的直接诱因主要是暴雨或连续性降水。

怀化地质灾害危险地段分布情况如表 5.1 所示。

表 5.1 怀化地质灾害危险地段分布情况

区域	灾害地点	灾害位置	灾种	规模（万 m^3）	潜在危害	因素
沅陵	北溶乡政府驻地		滑坡	100.0	危及乡政府、医院、学校及大量居民	暴雨
	棋坪乡宋家组		滑坡	309.0	危及 33 户 145 人	暴雨
	高彻头乡、落鹤坪乡（落鹤潭舒家组）		滑坡	200.0	危及 67 户数百人	暴雨
	乌宿乡黄沙坪		滑坡	5.0	危及 26 户 150 人及 22 万伏高压输电铁塔	暴雨
辰溪	仙人湾乡千丘田村凤凰大湾	乡政府正北面约 2.5 km	滑坡	100.0	危及 36 户和 1 所小学	暴雨
	孝坪镇当家洲沅江河段右侧	孝坪镇西北面约 4.5 km	滑坡	13.0	危及 15 户 65 人	暴雨
	小龙门乡白岩至杉木洞	小龙门乡南面 2.0 km	地裂、崩塌	长 2 km	危及 2 户及湘黔铁路	暴雨、采矿
	省煤矿和县煤矿采空区	县城东北面 4.5 km	塌陷	2 km^3	危及大量居民及农田	采矿、抽水

续表

区域	灾害地点	灾害位置	灾种	规模(万 m^3)	潜在危害	因素
溆浦	深子湖水库大坝		塌陷	15.0	危及水库大坝、下游居民及农田	暴雨
	大华乡红岩村	大华乡东南方4.5 km	滑坡	10.0	危及16户52人及村小学	暴雨
	戈竹坪镇白坪村	戈竹坪镇东南方2.5 km	滑坡、塌陷	30.0	危及15户64人及大量农田	暴雨
	两丫坪镇王排村	两丫坪镇东北方7.9 km	滑坡	60.0	危及16户及100余亩农田	暴雨
麻阳	拖冲乡黄坳村		滑坡	10.0	危及24户101人	暴雨
	岩门镇团山村二组		滑坡、裂缝	裂缝长80 m、宽10 cm	危及27户132人	暴雨
	黄双乡亲爱村车子脑		滑坡	2.6	危及50多户200多人及一所联校120多名学生	暴雨
新晃	大田电站右侧	黄雷乡北面	滑坡	中型	危及大坝及大量农田	暴雨
芷江	大垅乡中心学校、下寨村小学	大垅乡	滑坡、塌陷	3.0	威胁乡中心学校、下寨村小教学楼及200多名师生	暴雨
	碧涌镇竹溪村朝阳组	碧涌镇正南面8 km	滑坡	10.0	危及大量村民、房屋及农田	暴雨
鹤城	中坡公园管理处门口		滑坡	0.8	危及5东楼房及大量居民	暴雨
	黄岩度假村白马村岩洛湾		滑坡	10.0	危及12户46人及大量农田	暴雨
中方	蒿吉坪乡镇府驻地		滑坡	105.0	危及乡镇府、学校、医院及大量人员	暴雨
	花桥镇利家坡村茶吉冲		滑坡	中型	危及90多户400多人	暴雨
	铁坡镇培风村		滑坡	20.0	危及312省道、22万伏高压输电线及76户300多人	暴雨
洪江	湾溪镇双江口村摩天岭	湾溪镇东面约3 km	滑坡	1.0	危及21户100人	暴雨
	岔头乡汽渡码头	岔头乡西面1.5 km	滑坡	40.0	危及36户156人及码头轮渡、10万伏输电线路、过往车辆行人	暴雨
会同	漠滨金矿尾砂坝	漠滨镇西北面约4 km	滑坡	小型	危及矿区生产、生活区	暴雨
	朗江镇林家坳		滑坡	1.4	危及23栋房屋300多村民	暴雨

续表

区域	灾害地点	灾害位置	灾种	规模(万 m^3)	潜在危害	因素
靖州	平茶金矿		塌陷、滑坡	0.5 km^2	危及矿区房屋及800多人的过往安全	暴雨、采矿
通道	陇城乡石坪村		泥石流、滑坡	3 km长	威胁大量村民及农田	暴雨
	溪口镇政府驻地		滑坡	1.0	危及5栋办公楼、3栋宿舍及大量居民	暴雨
	县城北石油公司		滑坡	2.0	危及209国道、多个单位及大量居民	暴雨

5.1.1 降雨型山洪和地质灾害种类

滑坡 指山坡岩体或土体顺斜坡向下滑动的现象，即在重力、冲刷或其他外力的作用下，山体沿着剪切面位移而整体向斜坡下方移动的作用和现象，俗称“走山”“垮山”“地滑”等。在本地区一般由于降水、河流冲刷、地震、融雪等自然因素引起。近年来，由于斜坡前缘切坡、后缘弃土加载，庄稼灌溉等人为工程引发的滑坡比例明显增加。

泥石流 指由于降水造成的沟谷或山坡上的一种挟带大量泥沙、石块的和巨砾等固体物质的特殊洪流的地质现象。其特征是往往突然暴发，浑浊的流体沿着陡峭的山谷前推后拥、奔腾咆哮而下，地面为之震动，山谷犹如雷鸣，在很短时间内将大量泥沙石块冲出沟外，在宽阔的堆积区横冲直撞、漫流堆积，给人类生命财产造成极大的危害。不合理的开挖、弃土、弃渣、采石、滥砍滥伐、随意开垦是产生泥石流的最主要原因。

崩塌 指陡坡(坡度大于50°)上整体大块岩土体在重力作用下沿裂隙、节理或层面脱离母体，突然快速地从陡坡上崩落的现象，又称崩落、垮塌或塌方。崩塌可分为土崩和岩崩。由降雨天气直接或间接引起的崩塌造成的灾害称为降雨型崩塌灾害，降雨型崩塌灾害发生的时间一般在降雨过程之中或稍微滞后。

5.1.2 降雨型山洪和地质灾害特点

据报告，1992年以来，怀化市每年都有地质灾害发生，造成了重大的人员伤亡和财产损失，最高年份因灾死亡人数逾百人，财产损失过亿元。随着社会经济的高速发展和工程对地表的影响，地质灾害造成的影响和破坏越来越大。以2009年为例，影响较大的地质灾害就发生23起，造成11人死亡，直接经济损失8000多万元。且怀化辖区内山洪地质灾害，导致坍塌、滑坡、泥石流的直接诱因主要是暴雨或连续性降水。其特点如下：

一是突发性强，时间短。由于山势陡峭，强降水出现后汇流时间短，从降雨到灾害发生最短仅需1h左右，最长3～4 d，难以预测预防。

二是破坏性大，由于来势迅猛，毁灭性大，降雨及携带的砂石、泥土来势迅猛，所到之处，荡然无存。

三是局部强度大，区域不固定。局部降雨强度特别大，灾害发生区域不固定，预测预报难度大。

四是损失大，由于强度大，在人口聚居区和生产区尤为突出，往往造成严重的财产损失和人员伤亡。据通报，2009年7月25日怀化市洪江区发生山洪地质灾害，7处重大灾害造成10人死亡，5人重伤，直接经济损失3000多万元。

五是恢复难度大。灾害常造成电力、通信、交通等设施损坏严重，交通通信中断，携带的大量泥沙、石块造成大量的良田水冲砂压，重者砂压厚度4～5 m，轻者1～2 m，清除的弃土又无处堆放，一时难以恢复。

5.1.3 山洪和地质灾害等级标准

根据怀化本地的天气气候特点，特殊的地理位置、地质、地貌、地表植被及人类工程活动情况，人口居住分布、工农业生产、交通、电力、通信等基础设施与地质灾害隐患点的分布来确定本地区的山洪和地质灾害等级。即根据地质条件A、地形地貌B、气象降水C、地质灾害状况D、人类工程活动E，分别将滑坡、崩塌、泥石流进行叠加，即$G=G$滑$\cup G$崩$\cup G$泥。结合国内外研究成果，主要分为地质灾害发生或可能发生(隐患点)的空间分布和活动强度，可能危及的目标，人类活动强度，可能影响的强度，发生的几率，触发因子进行判断按不同因子的权重进行客观评价。如表5.2所示。

表5.2 怀化市山洪和地质灾害等级

地质灾害易发区	代号	名称	G值
高易发区	A_1	滑坡、崩塌高易发区	≥3.5
	A_2	泥石流高易发区	
	A_3	滑坡、崩塌、泥石流高易发区	
	A_4	地面塌陷高易发区	
中易发区	B_1	滑坡、崩塌中易发区	2.5～3.5
	B_2	泥石流中易发区	
	B_3	滑坡、崩塌、泥石流中易发区	
	B_4	地面塌陷中易发区	
低易发区	C_1	滑坡、崩塌低易发区	2.0～2.5
	C_2	泥石流低易发区	
	C_3	滑坡、崩塌、泥石流低易发区	
	C_4	地面塌陷低易发区	
不易发区	D	不易发区	<2.0

5.1.4 山洪和地质灾害等级区域分布

将怀化辖区范围按10×10 km风格，划分为267个单元，每个单元按G滑、G崩、G泥三组取数据后叠加。全市范围内按G值大小可分为地质灾害高易发区、中易发区、低易发区及不易发区。如表5.3所示。

表 5.3　怀化地质灾害易发程度分区

分区编号	亚区名称	主要易发灾种	面积(km²)	G值
高易发区	大合坪—沙金滩—让家溪重点防治区	滑坡、崩塌	3947.76	≥3.5
	木脚—通道县城—马龙高易发区	滑坡、崩塌	494.29	
	铜鼎—洪江—会同高易发区	滑坡、崩塌、泥石流	4995.64	
	方田—谭湾镇—小龙门高易发区	地面塌陷	738.38	
	黄金坳—鹤城区—桐木高易发区	地面塌陷	618.66	
中易发区	明溪口—火场—五强溪中易发区	滑坡、崩塌	1599.78	2.5～3.5
	大堡子镇—平茶—甘溪中易发区	滑坡、崩塌	3358.26	
	吕家坪—大水田—郭公坪中易发区	滑坡、崩塌	1787.20	
	舒溪口—两江—罗子乡中易发区	泥石流	3415.53	
	花桥—泸阳—新建中易发区	地面塌陷	471.74	
低易发区	茷市—楠木坪—茶坪灾害低易发区	滑坡、崩塌	4135.48	2.0～2.5

其中高易发区详细情况如下：

(1)大合坪—沙金滩—让家溪重点防治区

该区位于沅陵县大部、溆浦县北部。包括沅陵县的北溶乡、陈家滩乡，萧家桥乡，太常乡、沅陵镇、马底驿乡、凉水井镇、荔枝湾镇、官庄镇部分村组，溆浦县的让家溪、谭家湾。面积3947.76 km²。呈南北向展开，与区域地质构造方向基本一致。区内发育地质灾害点235处、分布密度0.060个/km²。其中滑坡220处，大型2处，中型37处，小型181处；崩塌9处；泥石流4处，中型3处；地面塌陷和地裂缝各1处。现已造成10人死亡，直接经经济损失42449万元；潜在经济损失13312万元，威胁10685人。其中2处大型滑坡潜在威胁较大，沅陵县北溶乡大溪口村古寨坪大型滑坡，其潜在威胁大，影响172人，房屋164间，危害资产达205万元；沅陵北溶乡大淇口村高山坪大型滑坡影响280人，房屋224间，危害资产达280万元。

(2)木脚—通道县城—马龙高易发区

该区位于通道县东南部，包括木脚镇、马龙乡、面积494.29 km²。呈近南北向展布，与区域地质构造方向接近一致。区内发育地质灾害点8处、分布密度0.016个/km²。其中滑坡5处，中型1处，小型4处；崩塌2处，中型、小型各1处；中型地面塌陷1处。现已造成4人死亡，直接经经济损失1390.04万元；潜在经济损失275万元，威胁581人。其中1处中型滑坡潜在威胁较大，双江镇城北区水电公司至疫防站损坏房屋1000间，危害209国道，危害资产达185万元。

(3)铜鼎—洪江—会同高易发区

该区位于市东南部，包括溆浦县东南部，中方县东北部、洪江市大部、会同县、靖州县东北部，面积4995.64 km²。呈近南北向展布，亦与区域地质构造方向基本一致。区内发育地质灾害点330处，分布密度0.047个/km²。其中滑坡296处，巨型2处，大型5处，中型45处，小型244处；崩塌14处，中型1处，小型13处；泥石流6处，大型1处，中型3处。已造成22人死亡，直接经济损失1390.04万元；潜在经济损失22596.03万元，威胁15003人。其中以5处大型滑坡和1处大型泥石流潜在威胁最大，威胁788人，房屋618间，农田500余亩，危害资产达

1787.5 万元。

(4)方田—谭湾镇—小龙门高易发区

该区位于辰溪县西部。包括孝坪镇、谭家湾镇、辰阳镇、安坪镇、小龙门乡、火马冲镇、寺前镇、修溪乡部分村组，面积 738.38 km^2。呈近南北向展布，与区域地质构造方向基本一致。区内发育地质灾害点 11 处，分布密度 0.014 个/km^2。其中滑坡 5 处；地面塌陷 6 处，大型 2 处，中型 1 处，小型 3 处，已造成直接经济损失 15 万元；潜在经济损失 228.50 万元，威胁人口 2569 人。其中以 2 处大型塌陷潜在威胁最大，辰溪煤矿大坪厂区地表大型塌陷影响 44 人，房屋 7 间，危害资产 10 万元；小龙门乡白岩至杉木洞大型塌陷威胁湘、黔铁路，危害资产 11 万元。

(5)黄金坳—鹤城区—桐木高易发区

该区位于鹤城区、中方县西部。包括黄金坳镇、鹤城区、鸭嘴岩镇、中方县、牌楼镇、桐木乡部分村组，面积 618.66 km^2。区内发育地质灾害点 17 处，分布密度 0.027 个/km^2。其中滑坡 9 处，大型 1 处，中型 1 处，小型 7 处；小型崩塌 2 处；地面塌陷大型 2 处，中型 1 处，小型 3 处，已造成 10 人死亡，直接经济损失 587 万元；潜在经济损失 519.2 万元，威胁 357 人。其中以 2 处大型塌陷威胁较大，威胁 120 人，潜在危害资产 111.8 万元。

5.2 降雨型山洪和地质灾害时空特征

怀化山洪地质灾害类型主要有滑坡、崩塌、泥石流。据统计，怀化有各类地质灾害 872 处，其中滑坡 731 处，崩塌 51 处，泥石流 21 处。

怀化属中低山、丘陵地带，大部分地区地表层覆盖数米或数十米的残坡积碎石土，结构疏松，孔隙度、透水性好，在连续性降水和暴雨发生时，易泥化、液化，导致剪切强度急剧下降，从而形成滑坡、崩塌或泥石流灾害。据调查统计，怀化市的滑坡、崩塌以土质类型和小型为主，从地表质地看土质崩塌、滑坡占 94%，岩质崩塌、滑坡占 6%。从规模看小型 82.5%，中型 14.9%，大型 2.5%，巨型 0.1%。并且滑坡、崩塌地质灾害 90%以上发生在雨季，尤其是暴雨和连续性降水期间突出。

5.2.1 时间分布特征

降雨型地质灾害，即滑坡、崩塌、泥石流的发生除本身地质构造与人为活动处，主要诱因 90%以上是由于连续性降水或暴雨，因此，降雨型地质灾害发生的时间频率与本地区降水集中时段基本一致。一年之内以雨季居多，其他季节偶有发生，多以人为工程活动引发为主，年际之间，与不同年份降水强度、频次直接相关。

据资料与调查统计，本区降雨多集中在每年的 5—8 月份的雨季，1991—1998 年 5 月的降水量占当年降雨量的 33%～71%，其中 1996 年的 5—8 月降雨量占当年降水量的 64%～71%，各级暴雨 1991—1998 年 4—9 月共发生 325 次，其中 50～100 mm 的 265 次，100～200 mm 的49 次，200 mm 以上的均发生在 6、7 月。以会同为例，2001 年会同降雨量 1397.2 mm，6 月份降雨量 407.1 mm，6 月 19 日降雨量多达 150.8 mm，境内出现滑坡、崩塌地质灾害 99 次，可见滑坡、崩塌地质灾害的发生与降水关系十分密切，其发生的时间分布与自然降水规律高度一致。

5.2.2 空间分布特征

地质灾害的形成的内因是地质环境，因此，怀化境内的地质灾害空间分布与其地质环境特点相一致。

(1)主要分布在中低山和低山丘陵的斜坡陡峭地带。其发育程度因高度不同而不一致，沅陵以 100～450 m，会同以 250～450 m，溆浦以 250～450 m 最为活跃。

(2)滑坡、崩塌主要发生地沅水及其支流(酉水、舞水、辰水、溆水)两岸谷坡地带。沅水从省入境至沅陵五强溪，从西南向东北延伸，贯穿全境。沅水及其支流强烈切割流经地区。形成长而陡的谷坡和两岸陡峭的岸坡。加之河水冲刷及沿水修建水利水电工程，致使这些地区发育了较多较大的滑坡、崩塌地质灾害。如沅水的沅陵县城一五强溪、酉水的明溪口一沅陵县段发育滑坡、崩塌地质灾害 20 余处。

5.3 山洪和地质灾害成因分析

5.3.1 滑坡与崩塌

怀化境内滑坡、崩塌成因可分为自然、人为及由两者叠加的综合因素三种，地质灾害的发生一般都不是单因素作用的结果，是多因素综合效应下发生的。

(1)自然因素

①地层因素决定了滑坡、崩塌的形成和类型

全市主要分布的地层为白垩纪红层碎屑岩和震旦纪板溪群浅变质岩，这些地层分布地区的残坡积层遍布在山地、丘陵的斜坡地带，结构疏松、导透水性强，一遇连续性降水或暴雨，则易形成土质类型的滑坡、崩塌。据统计，本区白垩纪红层残坡积层中发育滑坡、崩塌达 231 处，震旦纪地风化残坡积层达 108 处，板溪群地层风化残坡层中 213 处。全市岩质滑坡、崩塌较少，但多发生在的垩纪红层及板溪群浅变质岩地层分布地区。

②岩土体的结构因素

滑坡、崩塌多沿残坡层积与下伏基岩接触面发生，或沿岩层内部的软结构面、破碎、节理、裂隙面发生。

③地形地貌因素

滑坡、崩塌多发生在不稳定的斜坡地段，斜坡所处高度、坡度和形态对斜坡的稳定性具有重要作用。

据沅陵、会同、溆浦三县不完全统计，滑坡、崩塌易发生在 100～450 m 的丘陵斜坡地带，原始斜坡高度 21～150 m 高度内，原始斜坡坡度 20°～50°范围内，以 21°～40°最多。

④降雨量因素

区内发生的滑坡、崩塌绝大多数是在强降水过程或稍后发生的，滑坡、崩塌与降雨存在着明显的因果关系。因此，连续性降水和暴雨是区内滑坡、崩塌的主要诱发因素。如 2001 年 6 月 19 日会同降雨达 150.8 m，发生滑坡、崩塌达 98 处之多，占地质灾害总数的 83%；1996 年 7 月 13—18 日会同县城连续性降雨 262 mm，滑坡、崩塌发生 8 处；沅陵县 2004 年 6 月 23 日降雨量达 238.8 mm，全县共发生滑坡、崩塌 50 多处。

(2)人为因素

滑坡、崩塌的发生人为因素是多种多样的,全市主要的人为因素有边坡开挖、水利水电工程建设、矿产资源开发等。

(3)综合因素

全市滑坡、崩塌地质灾害,因受自然因素与人为因素共同作用的影响最为普遍。当前述诸因素叠加在同一斜坡地带,则滑坡、崩塌地质灾害极易发生。如沅陵县北溶乡大洪口村古寨坪滑坡,其地质环境条件是粉砂岩,易崩解软化,上覆为平均厚约 10 m 厚的碎石,原始斜坡高 150 m,坡度 30°,前沿坡脚为沅水,河水对坡脚冲刷侵蚀强烈,1998 年 6 月后沿出现长100 m,宽 0.4 m 的裂缝,在 2004 年 6 月 23 日暴雨诱发下,滑坡沿碎石与基岩接触面发生达 133 万 m^3 的大型滑坡。

5.3.2 泥石流

泥石流常与滑坡、崩塌伴生,构成一个山地灾害群。泥石流具有暴发突然、历时短暂、来势凶猛、破坏力强大的特点。其暴发时山谷轰鸣,地面震动,浑浊的泥石流体沿着山坡、沟谷前推后涌,冲刷沟底,摧毁前进中的一切障碍物,向前直冲,常在几分钟至几小时内将几万至几百万立方米的泥沙石块带出山外,造成巨大灾害。

(1)时空分布

怀化泥石流发育程度不高,在空间分布上主要受地貌条件控制,多发育在地形较为陡峭,即坡度在 30°～50°,三面环山,一面敞开的圈椅状沟谷中。发生时间多在强降水的暴雨时段。如会同坪寨、深冲、半冲泥石流均发生于 2001 年 6 月 19 日,其降雨量 150.8 mm,溆浦县 4 条泥石流均发生在 1995 年 6 月 30 日,其间当地降雨量达 245.1 mm。

(2)类型特征

按规模分有巨型、大型、中型、小型,其一次固体物输移量巨型 50 万 m^3 以上,大型 20 万～50 万 m^3,中型 2 万～20 万 m^3,小型则在 2 万 m^3 以下。

按形成泥石流流域的地貌特征分,有:标准型、沟谷型、山坡型。

按泥石流物质组成及流体力学特征分,有稀性流、黏性流、矿渣流。

(3)形成条件

泥石流形成有三个必备条件:一是陡峭的利于集水、集物的地形,二是有丰富的固体松散物质来源,三是短时间内有大量的水的来源。

①本区以中低山、低山丘陵地貌为主,同高坡陡,地形切割强烈,相对高差大,切深达300～600 m,山坡坡角 30°～50°,局部大于 60°。沟谷发育多呈狭长条状,沟床纵坡一般 10°～28°。沟谷上游发育有三面环山,一面敞开的圈椅形沟谷,使泥石流形成具备了有利的地形条件。

②本区广泛分布浅变质的砂质板岩、粉砂岩、泥岩、砂页岩等碎屑岩。浅表风化强烈,岩石破碎,厚度达 2～10 m。上述强风化岩石和上覆约 1～10 m 的残坡堆积物,结构疏松,遇水软化,成为泥石流固体物质的良好来源。另一方面,区内矿产资源开发,废弃的矿渣、废石等也是泥石流固体物的主要来源。

③区内雨季降水总量大,但分布不均匀,多以暴雨或连续性降水形式出现,为泥石流形成短时间内提供了充足的水源。

5.3.3 降雨对滑坡、崩塌和泥石流生成的影响

怀化地处亚热带湿润气候区，不但降水丰沛，而且雨量集中，并常以暴雨形式出现，因此，其降雨气候条件有利于滑坡、崩塌和泥石流的发生。在滑坡、崩塌和泥石流的成因分析中，已阐述降水量、降水强度与地质灾害的形成关系密切。

(1)降雨对滑坡和崩塌生成的影响

区内已发生的滑坡和崩塌，绝大多数都是在强降雨过程中或稍后发生的，滑坡、崩塌与降雨之间存在着显著的因果关系。因此，降雨过程 200 mm 以上连续性降水或区域性大到暴雨，局地暴雨是滑坡和崩塌发生的最主要诱发因素，每次大到暴雨后都会不同程度地发生滑坡、崩塌地质灾害。

降雨诱发滑坡在时间上存在两种情况：一种发生在降雨过程中，另一种是在降雨后一段时间才发生滑坡、崩塌。降雨量越大，强度越大，诱发滑坡、崩塌的几率也越高，且呈现一定的指数关系。

(2)降雨对泥石流生成的影响

据调查统计，区内日降水 150 mm 以上发生泥石流的可能性加大，降雨强度 60 mm/h 连续 3 h，或 80 mm/h 连续 2 h 以上，泥石流灾害出现的几率上升。日降水量 250.0 mm 以上则泥石流出现的水源条件成熟。实际情况表明，具有相当大的降水量和降雨强度才能发生泥石流，降水量和雨强越大，形成泥石流的几率就越高，规模也越大。据一些泥石流发生时的降雨情况表明，前期降雨的影响很大，降雨直接关系着所需激发泥石流的短时降雨的雨强及雨量，它可造成土体预先饱和含水，当有较多的前期降雨时，激发泥石流的短时降雨的雨强及雨量将较低。

5.4 地质灾害气象预警预报

5.4.1 地质灾害气象预报预警等级标准

2003 年由国土资源部和中国气象局联合推出地质灾害气象等级预报。根据这一规定，结合怀化地质、气象条件，制定地质灾害气象预警等级如表 5.4 所示。当出现地质灾害的可能性为 3 级及以上时，怀化市国土资源局与怀化市气象局加强预报会商，联合署名并公开发布地质灾害气象预报警报。

表 5.4 地质灾害预报预警等级

等级	预报级
一级	发生地质灾害可能性很小
二级	发生地质灾害可能性较小
三级	发生地质灾害可能性较大，为注意级
四级	发生地质灾害可能性大，为预警级
五级	发生地质灾害可能性很大，为警报级

5.4.2 地质灾害气象预警预报技术方法

地质灾害气象预警水平的高低取决于两个方面：一方面是天气预报的准确率，即降水预报的准确性，另一方面是降水与地质灾害的相关性，即降水一地质灾害模型。前者的关键是提供满足业务需求的时间、地点、等级（或强度），即达到一定程度的精细化预报。在地质灾害气象预警系统中，采取潜势预报与临近预报结合，即提前 24 h 预测，临近 6 h 跟踪、校正，这也是现代气象业务的基本内容，将在不断发展的过程中，相对稳定和成熟。

（1）地质灾害潜势气象预报模型

根据过去连续降水累积效应，短期天气降水预测，结合地质地貌特点，预报地质灾害气象等级，发布地质灾害潜势气象预报。

过去连续降水累积，指过去分段的 24 h（以 08，20 时为界）降水 $R_{12} \geqslant 3.0$ mm，从当日后统计，如果条件满足，最多统计 72 h，不满足条件即中断，实况数据为区域气象观测站 0.1°×0.1°的网格化资料。

未来 24 h 降水预测，利用 MM5 中尺度数据预报格点产品，经人工订正后，作为降水预报值输入模型。如表 5.5、图 5.1 所示。

表 5.5 未来 24 h 潜势预报经验模型

$\sum R/R_{24}$				未来 24 h 降水预报						
				无雨	小雨	中雨	大雨	暴雨	大暴雨	特大暴雨
				0	1	2	3	4	5	6
天数	过去分段24h降水	0	0	0	0	1	2	3	4	5
		[0.1,9.9]	1	0	0	1	2	3	4	5
		[10.0,24.9]	2	0	0	1	2	3	4	5
		[25.0,49.9]	3	0	1	2	2	3	4	5
		[50.0,99.9]	4	1	1	2	3	4	5	5
		[100.0,249.9]	5	1	2	2	3	4	5	5
		⩾250	6	1	2	3	4	5	5	5

（2）地质灾害临近气象预警

过去连续降水累积，指过去分段的 3 h（整点为界）降水 $R_{24} \geqslant 5.0$ mm，从当日时后统计，如果条件满足，最多统计 8 段（即连续 24 h，1 d），不满足条件即中断，实况数据为区域气象观测站 0.1°×0.1°的网格化资料。

未来 6 h 降水预测，利用雷达回波估计降水，或降水云团移动进行人工预报，作为降水预报值输入模型。如表 5.6、图 5.2 所示。

表 5.6　未来 6 h 临近预报经验模型

$\sum R/R_{24}$			未来 6 h 降水预报						
			无雨	小雨	中雨	大雨	暴雨	大暴雨	特大暴雨
			0	1	2	3	4	5	6
天数	过去分段 24h 降水 0.0	0	0	0	1	2	3	4	5
	[0.1,4.9]	1	0	1	1	2	3	4	5
	[5.0,14.9]	2	1	2	2	3	4	5	5
	[15.0,29.9]	3	2	3	3	4	4	5	5
	[30.0,69.9]	4	2	3	3	4	4	5	5
	[70.0,139.9]	5	3	3	4	5	5	5	5
	≥140.0	6	4	4	5	5	5	5	5

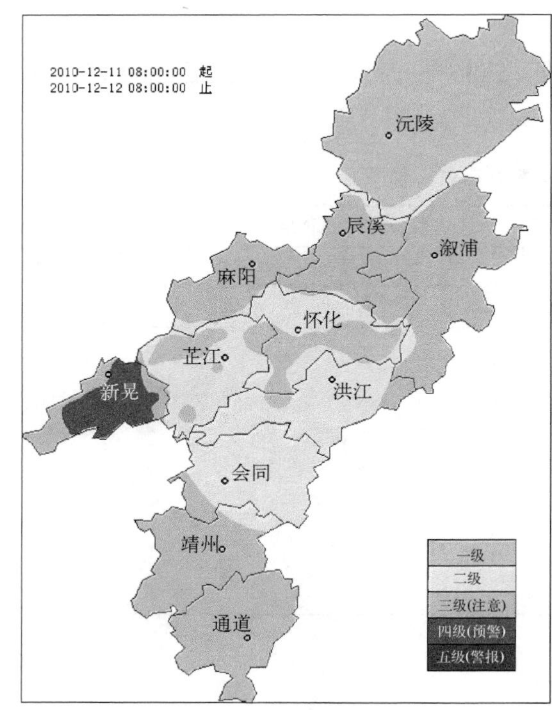

图 5.1　地质灾害潜势气象等级预报
（怀化市国土局与怀化市气象局联合发布）

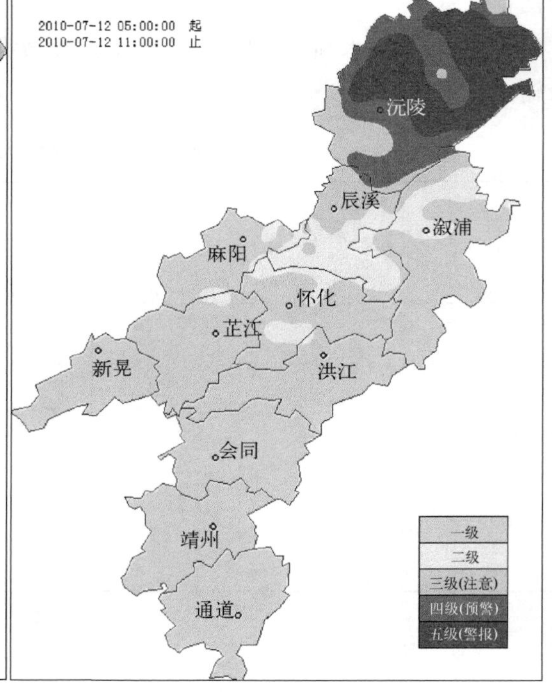

图 5.2　地质灾害临近气象等级预报
（怀化市国土局与怀化市气象局联合发布）

5.5　怀化地质条件与地质灾害隐患

5.5.1　地质灾害的定义

自然地质作用和人类活动造成地质环境恶化，环境质量降低，直接或间接危害人类安全，并给社会和经济建设造成损失。地质灾害是指在自然或者人为因素的作用下形成的，对人类生命财产、环境造成破坏和损失的地质作用(现象)。《地质灾害防治条例》规定,地质灾害通常指由于地质作用引起的人民生命财产损失的灾害。地质灾害可划分为30多种类型。由降雨、融雪、地震等因素诱发的称为自然地质灾害,由工程开挖、堆载、爆破、弃土等引发的称为人为地质灾害。常见的地质灾害主要指危害人民生命和财产安全的崩塌、滑坡、泥石流、地面塌陷、地裂缝、地面沉降等六种与地质作用有关的灾害。

5.5.2 怀化地质的分区

怀化位于武陵、雪峰山隆起及中生代沅麻盆地、芷江盆地、溆浦盆地一带。区内自北向南,褶皱、断裂多呈东北、北东北、东东北发展分布,怀化较大的褶皱有沅陵向斜、朱红溪向斜、东湖溪向斜、岩塔背斜、上江溪背斜、洪岩坝罗家向斜、水打田向斜等。

全市地质形态有五类:侵蚀构造中低山地形,剥蚀构造中山地形,剥蚀构造低山丘陵地形,溶构造低山丘陵地形,侵蚀堆积河谷阶地。地型岩性与岩土体地质特征为:全市出露地层自元古代冷家溪群至第四纪均有分布,以板溪群、震旦纪及中生代地层最广。区内岩浆岩,主要为云母花岗岩、黑云母石英、二长岩,以岩株形式侵入板溪群地层中,零星露出在溆浦的龙庄湾、洪江市中华山一带。辉绿岩岩脉侵入板溪群地层中,零星分布在中方县的石宝、隘口,洪江市洒溪、黄泥湾,山石洞,会同县东岳司,通道团头、陇城,芷江的艾头坪、大洪山,沅陵的方子垭、竹园、叶家山等地。

5.5.3 怀化地质灾害

据地质灾害调查统计,怀化全市地质灾害类型主要有滑坡、崩塌、泥石流、在南塌陷、地裂缝等类型,以滑坡、崩塌、岩溶地面塌陷为主,其他次之。全市共有各类地质灾害872处,其中滑坡731处、崩塌51处、泥石流21处,岩溶地面塌陷44处,采空地面塌陷13处,地裂缝12处。其中滑坡、崩塌较为发育,每年雨季或重大工程建设期间,多有发生,灾害点遍布全市各县市,一般都有不同程度的损失。731处滑坡中巨型1处、大型17处、中型109处、小型604处;51处崩塌中大型1处、中型4处、小型46处。已调查的沅陵、会同、中方、溆浦资料显示,土质类型滑坡、崩塌点总数的90.7%~94.7%,岩质占5.3%~9.3%。滑坡、崩塌以小型为主,其中土质型滑坡、崩塌多发生在震旦纪、板溪群、白垩纪地层风化残坡积层中,岩质型滑坡、崩塌多发生在板溪群、白垩纪地层中。而滑坡、崩塌的直接诱因以暴雨为主,资料显示95%以上的滑坡、崩塌发生地雨季。目前全市已发生的滑坡、崩塌仅少部分基本稳定,部分处于暂时相对稳定、不稳定之中。

第 6 章

怀化的强对流天气

强对流天气是指出现短时强降水(20 mm/h)、冰雹、龙卷风、雷雨大风(≥17.2 m/s)等现象的灾害性天气,它发生在对流云系或单体对流云块中,在气象上属于中小尺度天气系统。这种天气的水平尺度一般小于 200 km,有的仅有几千米。它是气象灾害中历时短、天气剧烈、破坏性强的灾害性天气。其生命史短暂并带有明显的突发性,约为一小时至十几小时,较短的仅有几分钟至一小时。强对流天气来临时,经常伴随着电闪雷鸣、风大雨急等恶劣天气,致使房屋倒毁,庄稼树木受到摧残,电信交通受损,甚至造成人员伤亡等。世界上把它列为仅次于热带气旋、地震、洪涝之后第四位具有杀伤性的灾害性天气。

怀化地区的强对流天气主要有雷雨大风、冰雹、短时强降水。由于怀化的地质结构特点,强对流天气容易引起局地的泥石流、山体滑坡等山洪地质灾害,造成较大的损失甚至人员伤亡。

6.1 强对流天气的气候特征

6.1.1 冰雹的气候特征

年际分布特征 根据怀化 11 个站点 1971—2010 年 40 年间的历史资料统计(下文中若未指出则同此处),怀化每年发生冰雹的站次在 1～35 次,平均每年 10.3 次,年际变化较大(图 6.1)。

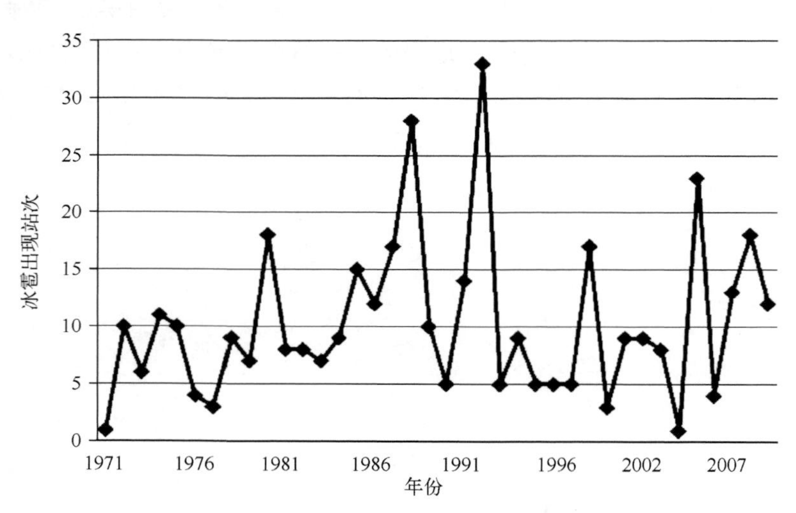

图 6.1 1971—2010 年冰雹出现站次

选取1971—2010年各月西太平洋副高强度指数(数据来自国家气候中心74项环流指数中的西太平洋副高强度指数),计算其每年12个月之和表征该年副高强度指数。将副高强度指数和逐年的冰雹发生站次进行标准化,给出图6.2进行对比。可以看到年副高强度指数与年冰雹发生站次两条曲线在一部分区间里有相同的变化趋势,极值点的对应情况也较好。两者之间的相关系数为0.29,相关性较好。即副高越强的年份,冰雹发生的次数相对较多。

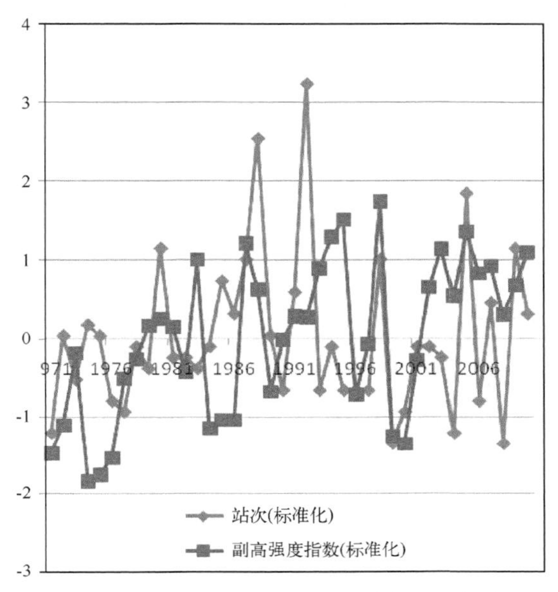

图6.2 1971—2010年冰雹出现站次与副高强度指数对比曲线

月际分布特征 怀化的冰雹主要发生在1—4月、2—3月出现的次数最多,此期间出现的冰雹占全年的71%。5—12月出现的次数很少,其中6月、9月、11月在1971—2010年期间没有出现过冰雹(图6.3)。造成这种明显的季节性和月变化差异的主要原因在于降雹与副热带急流、极锋急流及其锋系位置的季节变化密切相关。初春时,它们位于长江流域附近,南支西风槽盛行,低空急流经常出现,冷暖空气活动异常剧烈,因此造成怀化地区2,3月多冰雹。

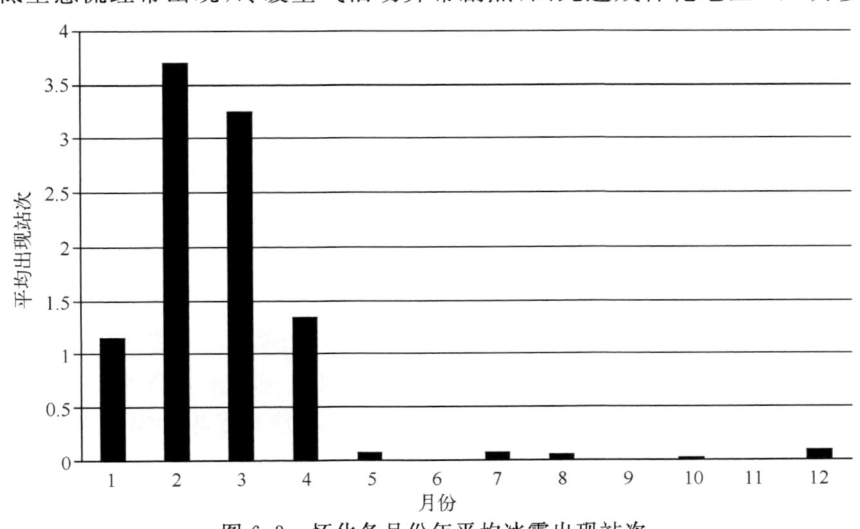

图6.3 怀化各月份年平均冰雹出现站次

地域分布 表6.1给出了怀化地区各个站点的年平均冰雹出现次数。冰雹多发的站点为通道、芷江、怀化,冰雹发生较少的站点为靖州、沅陵、溆浦。怀化境内有两大山系:东南部有雪峰山,西北部有武陵山,地形因素对冰雹的发生有重要作用。研究表明迎风坡地形会引起气流由地面向上的垂直运动,从而加剧强对流天气的发展产生冰雹;另一方面,在一定的环流背景下,山坡上午后的气温有可能高于平原地区,使得山坡上地面气温比"对流温度"更高。也就是说,在相同的对流有效位能(CAPE)环境条件下,山坡上的气块更容易自由地参与对流活动,使对流发展剧烈,更易形成冰雹。

表6.1 1971—2010年各站点年平均冰雹出现次数

站点	沅陵	辰溪	麻阳	溆浦	新晃	芷江
平均次数	0.65	0.95	1	0.7	0.8	1.175
站点	怀化	洪江	会同	靖州	通道	
平均次数	1	0.875	0.95	0.475	1.2	

6.1.2 雷雨大风的气候特征

年际分布特征 怀化每年发生的雷雨大风站次在1～50次,平均每年16.85次,年际变化较大,且有明显的周期性震荡(图6.4)。

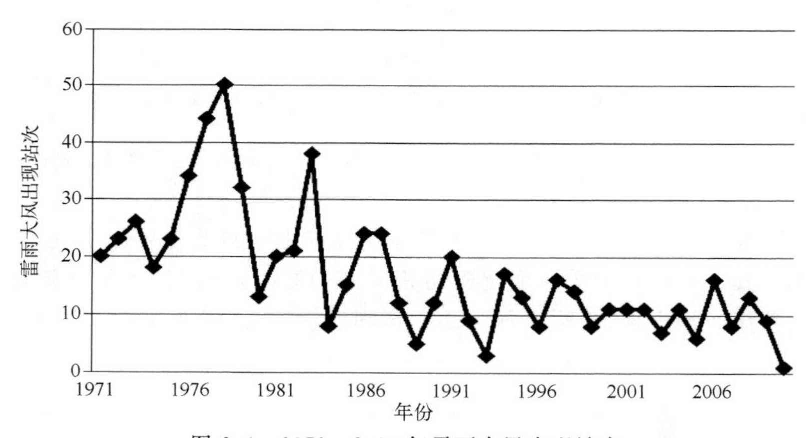

图6.4 1971—2010年雷雨大风出现站次

将副高强度指数和逐年的雷雨大风发生站次进行标准化,给出图6.5进行对比。可以看到年副高强度指数与年雷雨大风发生站次两条曲线在一部分区间里有明显的相反的变化趋势,极值点对应情况也较好。两者的相关系数为−0.23,有一定的负相关性。即副高较弱的年份,雷雨大风发生的次数相对较多。

月际分布特征 怀化的雷雨大风主要发生在3—8月,4—5月出现的次数最多,此期间出现的雷雨大风占全年的55%。9月到来年2月雷雨大风出现的次数很少,其中9月、12月在1971—2010年期间没有出现过雷雨大风(图6.6)。怀化市境内发生的雷雨大风类型主要为寒潮大风和强对流天气下发生的局地性雷雨大风,其中2—3月出现的大风多为寒潮大风,4—8月则多为雷雨大风。

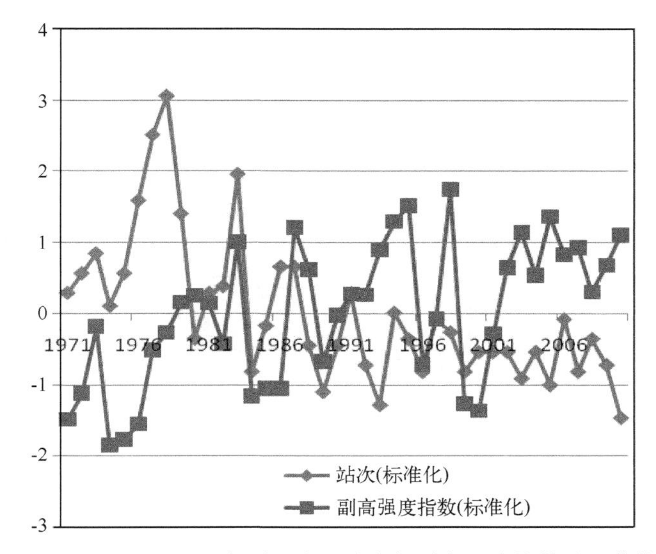

图 6.5 1971—2010 年雷雨大风站次与副高强度指数对比曲线

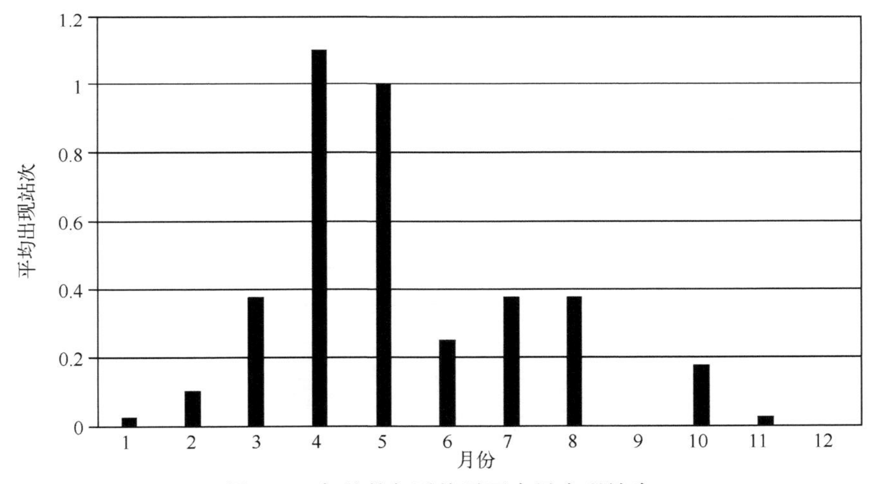

图 6.6 各月份年平均雷雨大风出现站次

地域分布 表 6.2 给出了怀化地区各个站点的年平均雷雨大风出现次数。雷雨大风多发的站点为麻阳、辰溪、怀化,发生较少的站点为会同、通道、沅陵。

表 6.2 1971—2010 年各站点年平均雷雨大风出现次数

站点	沅陵	辰溪	麻阳	溆浦	新晃	芷江
平均次数	0.975	2.075	2.625	1.425	1.425	1.7
站点	怀化	洪江	会同	靖州	通道	
平均次数	1.925	1.625	0.65	1.6	0.825	

6.1.3 短时强降水的气候特征

年际分布特征 根据怀化 11 个站 2001—2010 年 10 年间的逐时降水量资料统计,怀化每年短时强降水出现的站时次变化不大，10 年间除了 2009 年较少以外(36 站时次)，其他年份均在 50～70 站时次(图 6.7)。

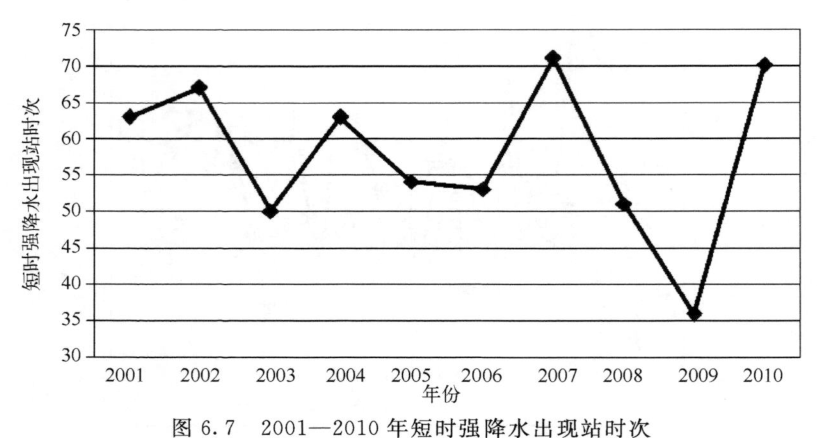

图 6.7　2001—2010 年短时强降水出现站时次

月际分布特征　怀化的短时强降水主要发生在 4—8 月，6—7 月出现的次数最多，此期间出现的短时强降水占全年的 53%。9 月到来年 2 月短时强降水出现的次数很少，其中 12、1 月在 2001—2010 年期间没有出现过短时强降水(图 6.8)。

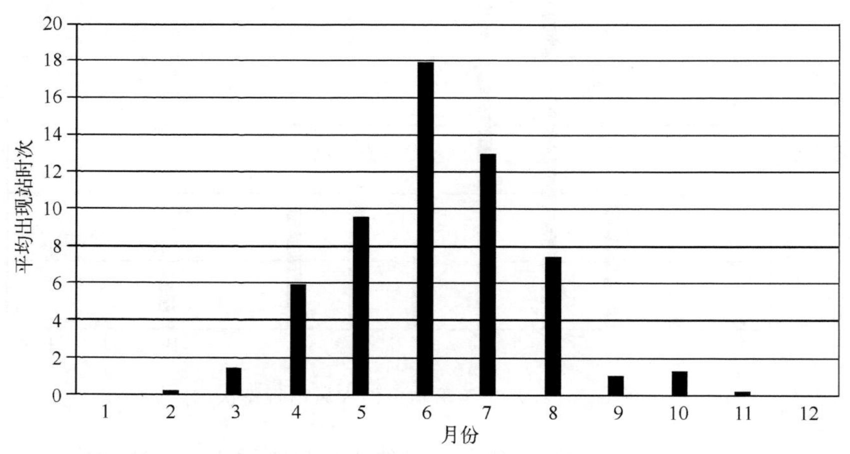

图 6.8　各月份年平均短时强降水出现站时次

地域分布　表 6.3 给出了怀化地区各个站点的年平均短时强降水出现时次数。除通道略偏多，新晃略偏少外，其他各个站点分布较为平均，年均出现短时强降水 4～6 时次。

表 6.3　2001—2010 年各站点年平均短时强降水出现时次数

站点	沅陵	辰溪	麻阳	溆浦	新晃	芷江
平均次数	5.8	5.2	5	4.9	3.9	5.1
站点	怀化	洪江	会同	靖州	通道	
平均次数	6	5.2	4.5	5.6	6.6	

6.2 强对流的天气背景

6.2.1 冰雹的天气背景

冰雹多发生在初春季节有冷空气或寒潮天气过程时，地面冷气团与西南暖湿气流交汇形成锋面，锋面的抬升加上高空槽线、切变线、低压、低涡等天气系统造成的辐合上升运动就可能造成冰雹。

高层形势：500 hPa 上高纬地区有大槽，槽后有较强的冷平流，槽的位置偏北，引导的冷空气势力主体向东南方向移动。整个西南地区受南支槽前西南暖湿气流影响，风速较大，川西高原上有波动不断向东移动。

中低层形势：700 hPa 上川东地区有高原槽，槽后冷平流较强，利于槽的加深发展。西南地区受风速较大的西南暖湿气流控制，有利于怀化地区辐合上升运动，风速大于 12 m/s 的急流带从云南一直延伸到长江出口，利于中层不稳定能量和水汽的输送与聚集。850 hPa 上，怀化地区有低涡或切变线存在，切变南面的偏南气流较强，从北部湾地区带来了较强的不稳定能量和必要的水汽，利于强对流的产生发展。

地面形势：冷高压持续向南或东南方向移动，怀化地区位于冷高压底部，并有锋面形成，冰雹多发生在锋面附近。

6.2.2 雷雨大风的天气系统

过程前期，500 hPa 上，副热带高压脊线位于 25°N 附近，其西脊点接近 100°E，青藏高原上同时存在一个大陆高压中心；副热带高压与大陆高压之间，有东北—西南向的高空槽位于副高北侧；有暖舌从云南沿高空槽伸至黄河下游以南，在暖舌之南，一条湿舌从西南地区一直延伸到辽东半岛，湿舌与其西北侧干区的强湿度梯度（湿度锋）非常大。高空槽下方对应的 700 hPa 和 850 hPa 上，从我国东北经华北南部到西南地区东部，均可见一切变线存在，700 hPa 层湿舌同样明显。雷雨大风天气发生时，副热带高压迅速东撤，引导高空槽后冷空气南下，同时低层风向切变明显加强，地面冷空气与中低层西南暖湿气流相互作用，再加上强湿度梯度的触发机制，造成雷雨大风天气。

6.2.3 短时强降水形势

短时强降水发生之前的一段时期，亚欧大陆中高纬度以纬向环流主为，副热带高压发展旺盛，其北侧边界位于长江流域，中低层西南气流加强，有利于暖湿气流向北输送；地面西南倒槽发展，有利于地面增温增湿和不稳定能量积累。

临近短时强降水发生时，副热带高压南撤东退，带动中低层切变线和地面弱冷空气南下，触发短时强降水。500 hPa 上，高原有小槽东出；850 hPa 上，重庆地区有低涡，“人”字形切变位于湖北和贵州地区，其南侧有强盛的西南急流，怀化站 850 hPa 风速可达 20 m/s；地面弱冷空气南下，冷锋位于湘中以南。

6.3 强对流的层结特征

6.3.1 层结曲线特征

对流性天气产生的条件包括丰富的水汽和水汽供应、不稳定(包括对流性不稳定)的层结和抬升条件。对流性天气是不稳定能量被外部条件触发后释放的过程。强对流天气一般是大量的不稳定能量猛烈释放的结果,因此在强对流天气发生前需要存在一种能量储存机制,使这些能量不会因一般的对流天气而零散地释放出来。

低空逆温层是强对流天气发生发展的一个重要的能量贮存机制,它起着抑制弱的或一般性的对流活动的作用。这里所说的逆温层,是位于上层冷干和下层暖湿空气之间的逆温层,通过这层空气温度逆增(或不变),露点急减,通常$\frac{\partial T_d}{\partial p}>0.5℃/10\ \text{hPa}$。因此,这种逆温层是对流性不稳定的,即$\frac{\partial \theta_{se}}{\partial z}<0$。它是一个稳定层,对下面上升的气块给予负的浮力。但是在整层抬升时,由于逆温层底部和顶上的凝结高度不同,逆温层会迅速被破坏,转变为不稳定层结,位势不稳定能量迅速释放,使强对流得以剧烈发展。

怀化地区冰雹发生前往往有较明显的低空逆温层,高度在 800 hPa 附近,厚度可达 100 hPa,整层温度逆增量可达 7℃(图 6.9 为 2010 年 3 月 7 日 08 时怀化站点 $T-\log P$ 图)。而雷雨大风发生前的逆温层较弱,高度较高,在 550 hPa 附近(图 6.10 为 2010 年 5 月 6 日 08 时怀化站点 $T-\log P$ 图)。

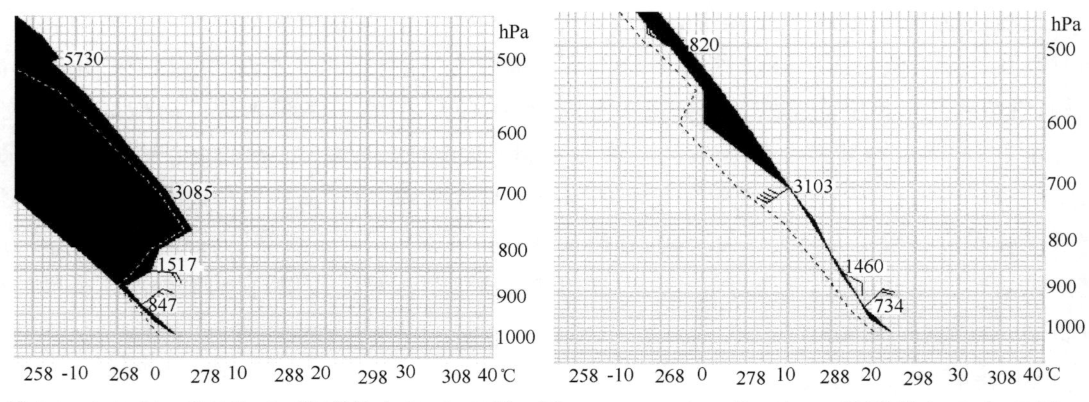

图 6.9 2010 年 3 月 7 日 08 时怀化站点 $T-\log P$ 图 图 6.10 2010 年 5 月 6 日 08 时怀化站点 $T-\log P$ 图

6.3.2 急流对局地强风暴的影响

强大的冰雹云的发展常与较大的风速垂直切变有密切的关系。强的风速垂直切变一般出现在有高空急流通过的地区。有研究指出,在中纬地区,强雷暴及冰雹和 500 hPa 急流轴的月平均位置关联十分紧密。

除了高空急流以外,低空西南风急流对形成冰雹和雷雨大风天气也是有利的。一般关注较多的是 850 hPa 和 700 hPa 的西南风急流。它们的作用主要是造成低层很强的暖湿空气的平流,加强层结的不稳定度,而且可以加强低层的扰动,触发不稳定能量的释放。配合高空急流的作用,则往往会发生严重的对流性天气。

6.3.3 强对流过程的物理量分析

水汽条件分析 水汽、位势不稳定和上升运动是强对流系统发生的基本条件(即水汽条件，能量和触发条件)。强对流的发生，不但要有充沛的水汽，还要有源源不断的水汽输送并在强对流区域辐合，而水汽的辐合主要由低层水汽通量辐合造成，尤其是 800 hPa 以下的边界层中占很大比重，可达 1/2 以上。

以 2006 年 8 月 1 日怀化发生的一次飑线天气过程为例。此次强对流发生前,从 8 月 1 日 08 时 850 hPa 水汽通量和水汽通量散度场叠加图上可见(图 6.11),充沛的水汽从孟加拉湾经中南半岛、西南地区一直输送到江南地区,江南的两个水汽通量中心分别位于湘西和黔东地区,其中心值为 14 $g \cdot s^{-1} \cdot cm^{-1} \cdot hPa^{-1}$;同时,在 850 hPa 水汽通量散度场,湘黔边境地区为强辐合中心,其水汽通量散度达到-9.0×10^{-7} $g \cdot s^{-1} \cdot cm^{-2} \cdot hPa^{-1}$,湘中地区的水汽通量散度达到$-15.0 \times 10^{-7}$ $g \cdot s^{-1} \cdot cm^{-2} \cdot hPa^{-1}$,强对流区上空已积聚丰富的水汽,充足的水汽输送和水汽辐合对强对流的发展非常有利。

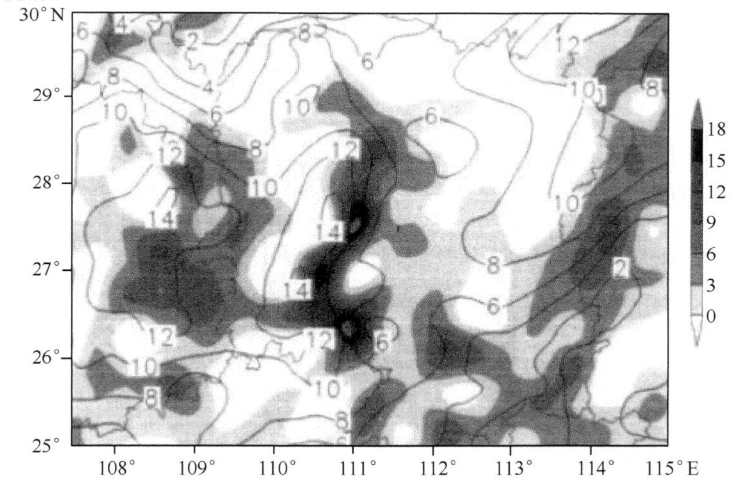

图 6.11 2006 年 8 月 1 日 08 时 850 hPa 水汽通量场和水汽通量散度场叠加图
(实线表示水汽通量,单位:$g \cdot cm^{-1} \cdot hPa^{-1} \cdot s^{-1}$;阴影区表示水汽通量散度≤0,
单位:$10^{-7} g \cdot cm^{-2} \cdot hPa^{-1} \cdot s^{-1}$)

稳定度条件分析 中尺度对流系统发生的必要条件是大气层结的不稳定。K 指数是综合了垂直温度梯度、低层水汽含量和湿层厚度的一个物理量。

仍以 2006 年 8 月 1 日的过程为例,分析 8 月 1 日 08—20 时 K 指数场和假相当位温场。1 日 08 时,500 hPa 高空槽前的鄂西南和黔东北地区,K 指数高达 40℃,湘黔大部分地区 K 指数均大于 34℃。随着副热带高压东撤和高空槽南压,K 指数大值区随之南压;1 日 20 时，有一 K 指数大于 38℃的不稳定舌从贵州东部地区伸到湖南东北部。分析沿 110°E 的假相当位温(θ_{se})场剖面可知,1 日 14 时(图 6.12),强对流区 θ_{se} 最低值 342 K 以下,出现在 550 hPa 层,550 hPa 层以上 θ_{se} 增大,层结稳定,550 hPa 层以下 θ_{se} 也增大,850 hPa 层 θ_{se} 为 353 K,近地层 θ_{se} 达 360 K 以上,大气中下层处于上干冷、下暖湿的对流不稳定层结,湘黔边境 850 hPa 与 550 hPa 的 θ_{se} 差值 $\Delta\theta_{se(850-550)}$ 达到 11 K 以上,非常有利于该地区强对流发生发展。

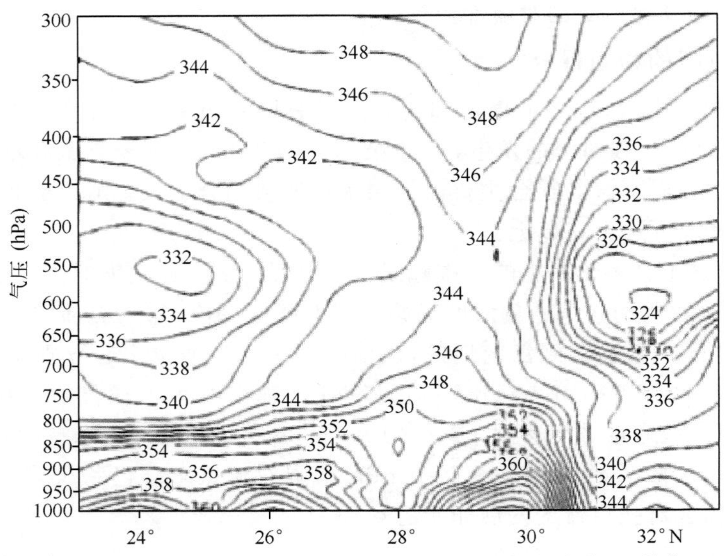

图 6.12　2006 年 8 月 1 日 14 时沿 110°E 经强对流中心的假相当位温(单位：K)经向剖面

动力条件分析　强对流区一般有较强的低层辐合—高层辐散的高低层配置，而上升运动一般由低层向高层发展。

仍以 2006 年 8 月 1 日的过程为例，分析强对流区（109°E、28°N）涡度（图 6.13a）、强对流区（110°E、27°N）垂直速度（图 6.13b）的时间—高度垂直剖面图。

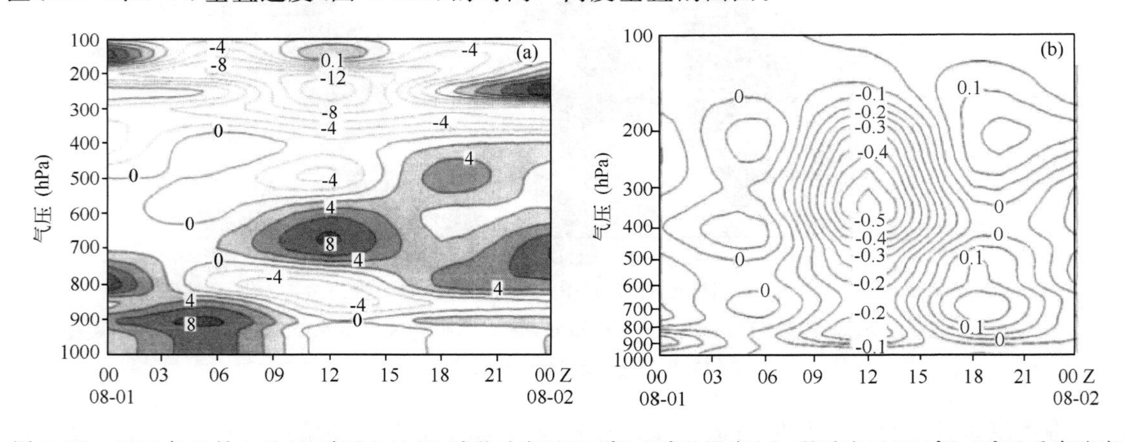

图 6.13　2006 年 8 月 1 日 08 时至 2 日 08 时强对流区(109°E、28°N)涡度(a)、强对流区(110°E、27°N)垂直速度(b)的时间—高度垂直剖面图(单位：涡度 10^{-5} s^{-1}，阴影区涡度大于 0；垂直速度为 10^{-2} hPa · s^{-1})

从图 6.13a 中可见，1 日 08 时，强对流区上空 500 hPa 层以下为正涡度区，但辐合不强，高层也无闭合的辐散中心；1 日 14 时，强对流区 900 hPa 层出现强辐合中心，其涡度值达8×10^{-5} s^{-1}，高层 400 hPa 以上的辐散也逐渐加强；从 14—20 时，随着飑线的形成、发展和成熟，低层强辐合向中层发展，高层辐散进一步增强，强辐散的向上抽吸作用使低层辐合和对流上升运动加强，到 20 时，强辐合中心位于 700 hPa，低层已转为弱辐散区，而高层的辐散中心强度达到-12×10^{-5} s^{-1}，此时飑线已趋于消亡。

从图 6.13b 中可见，1 日 08—14 时，对流层基本上都为下沉气流；从 14 时开始，低层开始出现上升气流且迅速上传到中高层，这段时间也是飑线的发展和成熟时段，到1日20时，垂直上升运动已从低层伸到200 hPa以上，最大上升速度出现在350 hPa，其极值小于-0.5×10^{-2} hPa·s^{-1}；随后上升运动迅速减弱，到2日02时，对流层基本被下沉气流所代替，飑线天气过程随之结束。

6.4 强对流系统的回波特征

6.4.1 冰雹雷达回波特征

根据冰雹增长的特征，与上升气流强度和区域大小有关的强度回波特征和速度回波特征是冰雹天气很有价值的指标。

强度回波 回波强度最大值及所在高度，有界弱回波区BWER或弱回波区WER区域大小，垂直累积液态水含量(*VIL*)的大值区等都是判断强降雹潜势的指标。这些强度回波实际上反映了雹暴的三值及所在高度的分布。另外，还可以用同屏显示方式显示四个不同仰角(代表不同高度)的回波强度分布，以便快速识别WER(或BWER)特征及其范围。

一般地说，发生冰雹的潜势与风暴的强度直接相关，而风暴的强度取决于上升气流的尺度和强度。因此，雹暴通常与大片的强的雷达回波相联系。而相对风暴气流对冰雹的成长有重大影响，由于该气流在相当大的程度上决定了穿过上升气流的冰雹轨迹。当冰雹穿过宽阔的包围在强烈的上升气流核边缘的中等强度上升气流区时，对形成冰雹最有利。

具有宽阔的弱回波区(WER)或有界弱回波区(BWER)，特别是当它们上方存在强反射率因子核的风暴最有利于大冰雹或强降雹的发生。下落的冰雹开始融化的高度对落到地面的冰雹尺寸和数量有重要影响。湿球温度零度(Wet Bulb Zero：简写为WBZ)层的高度近似于冰雹开始融化的高度。当风暴在有利于对流的气团中发展时，在2 km到3 km之间的WBZ高度与冰雹发生有较好的相关。

特别简单有效的判断有无冰雹的方法是：根据强回波区相对于0℃和-20℃等温线高度的位置。强回波区必须扩展到0℃等温线以上才能对强降雹的潜势有所贡献。当强回波区扩展到-20℃等温线高度之上时，对强降雹的潜势贡献最大。对怀化来说，达到45 dBz算作强回波。在使用这个方法时，必须根据最近时间的怀化探空资料确定0℃和-20℃等温线的高度。

除了由反射率因子的三维空间结构判断冰雹的存在外，还可以根据垂直累积液态水含量*VIL*值的大小判断冰雹出现的可能性。*VIL*是反射率因子的垂直累积，代表了风暴的综合强度。一般来说，如果*VIL*密度超过4 g·m^{-3}，则风暴几乎肯定会产生冰雹。

风暴顶辐散 风暴顶辐散是与风暴中强上升气流密切相关的小尺度的特征。它提供了上升气流强度的一个度量，可以与最大冰雹尺寸相关联，并且是风暴强度变化的一个早期指标，不过通常只用于定性分析。这个方法还有一个局限性是：检验风暴顶辐散有时很困难，因为必须使用适当的仰角对风暴顶取样。另外当风暴距离雷达较近时，必须使用较高的仰角，此时穿过风暴顶的取样将不在同一高度上。因此，风暴顶辐散不可以独立地使用作为地面降雹的判据，应该与上述发射率因子特征配合使用以增加判断的可靠性。

6.4.2 雷雨大风雷达回波特征

雷雨大风天气多发生在飑线系统中。飑线是呈线状排列的对流单体族，其长和宽之比大于 5∶1。这样定义的飑线包括所有形式的线状对流，有的组织性很好，构成一个整体；有的组织松散，每个对流单体有自己独立的环流系统。这种飑线定义比天气学中传统的飑线定义（地面大风、气压涌升、温度陡降）的范围要宽得多。

飑线的发展较快，开始时是尺度、强度和数量均呈增长之势的分散风暴。随着风暴的发展加强了下曳气流和外流，这有助于阵风锋从母风暴中向外伸展和加速。此时，如果阵风锋的速度与飑线的速度相匹配，飑线就会持续数小时。在典型的组织完好的飑线中，新的单体沿着回波的前沿上升（图 6.14），低层暖湿入流来自飑线前沿，而不是像孤立的超级单体风暴或多单体风暴那样形成于回波右后侧。上升气流先以很陡的角度上升，然后其中一部分向后斜升，一部分直升云顶，然后在云顶辐散。下沉气流形成于上升气流后部的降水回波中。下沉气流在地面附近辐散形成飑线低层前沿的阵风锋，而低层暖湿入流经过阵风锋之上进入飑线前沿对流塔成为上升气流。与多单体强风暴的情形类似，强烈飑线的反射率因子垂直结构表现为低层对应于前侧入流的弱回波区和中高空的悬垂回波结构，只是多单体强风暴的低层入流经常位于风暴移动方向的右后侧。

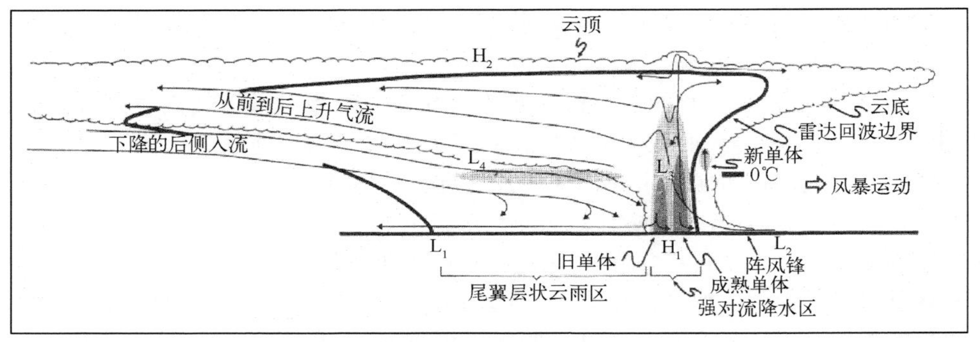

图 6.14　组织完好的飑线的垂直剖面示意图

图 6.15 给出了一个飑线过程的反射率因子和径向速度垂直剖面。此时飑线为东北—西南向，垂直剖面沿西北—东南向。反射率因子剖面上显示低层的弱回波区和中高层的悬垂回波结构。径向速度剖面呈现低层辐散、中层辐合和高层辐散的特征，尤其是中层辐合非常明显。这与图中飑线的概念模型基本一致。对照图 6.14 可以判断图中的中层辐合是由于飑线前沿的暖湿入流，经过阵风锋之上进入飑线主上升气流，与起源于飑线后侧中高层的后侧下沉气流之间的辐合。辐合的结果部分导致下沉气流加速下沉，在飑线低层前沿形成辐散风。

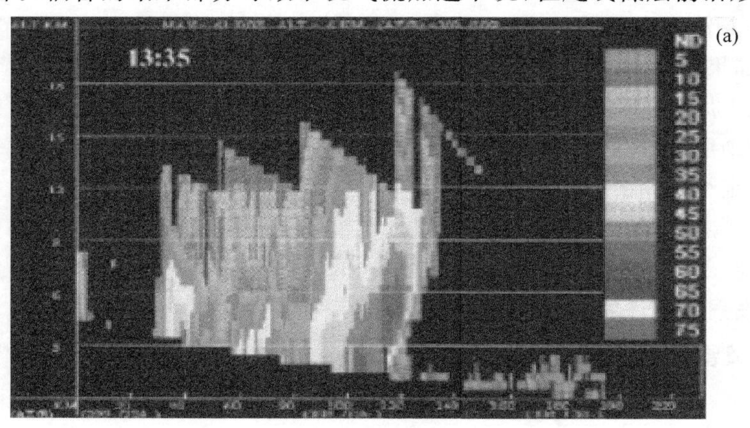

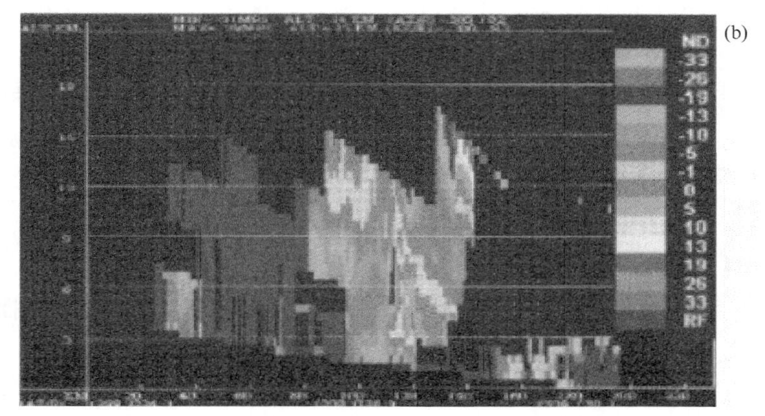

图 6.15　一次飑线个例的反射率因子(a)和径向速度垂直剖面(b)

6.4.3　短时强降水回波特征

短时强降水多产生于强降水超级单体风暴。强降水超级单体风暴通常在低层具有丰富的水汽、较低 LFC(自由对流高度)和弱的对流前逆温层顶盖的环境中得以发展和维持。因此，强降水超级单体风暴与强降水密切相关。强降水超级单体风暴倾向于沿着已有的热力/湿边界(如锋和干线等)移动。这些热力/湿边界常常是低层垂直风切变的增强区，因此也是水平涡度增强区。观测表明强降水超级单体风暴能以各种各样的方式演变(图 6.16)，其中包括发展成弓形回波。

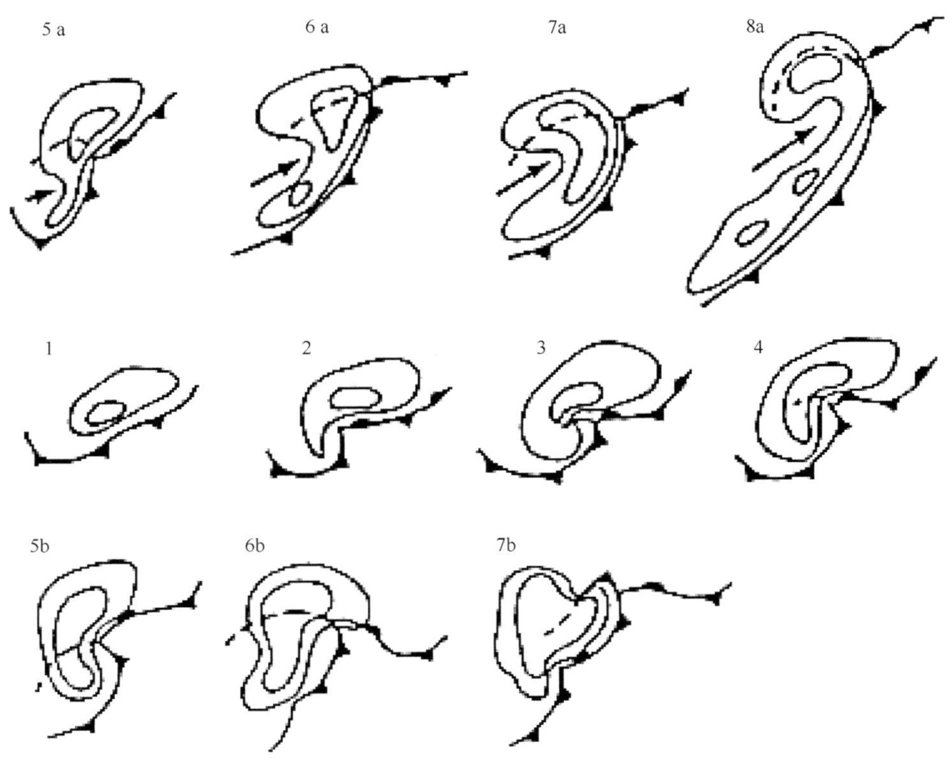

图 6.16　强降水超级单体风暴的各种演变方式

强降水超级单体风暴的中气旋常常被包裹在强降水区中。结果,强降水超级单体风暴或包含一个宽广的高反射率因子(>50 dBz)的钩状回波区,或者包含一个与 WER 相联系的前侧"V"字形缺口(FFN)。这个风暴前侧"V"字形缺口往往表明一个前侧中气旋的存在。

6.5 强对流天气的预报着眼点

6.5.1 对流性天气的预报着眼点

对流性天气是由水汽条件、不稳定层结条件和抬升力条件三方面综合作用而造成的,缺一不可。进行对流性天气预报时,必须对这三个条件综合分析和预报。

形成对流性天气的三个条件是在一定的天气形势下,逐步酝酿具备起来的。有利于提供这些条件的天气形势,即为有利于产生对流性天气的天气形势。

1. 锋面对流性天气的预报

锋面对流性天气是怀化主要的对流性天气类别之一。冷锋、暖锋、静止锋上都可产生对流性天气。其中冷锋对流性天气和静止锋对流性天气出现较多,暖锋对流性天气较少。

冷锋对流性天气的预报经验:

(1)在冷锋前暖湿空气活跃(例如,有正变温、增湿、南风较大、暖空气不稳定等)的情况下,当冷锋过境时一般有对流性天气发生。

(2)冷锋对流性天气与副高的强弱、进退有密切关系。当副高东撤或减弱时,在冷锋逼近的地方可形成对流性天气;而当副高西进或加强时,则冷锋东移受阻,有时甚至锋消,不利于对流性天气的生成。

(3)冷锋对流性天气的发生与锋面上空的形势有关。在对流性天气多发季节,当有与850 hPa 和700 hPa 上明显的高空槽或切变线相配合的冷锋过境时,有很大的可能性会产生对流性天气。但必须是在地面锋与 700 hPa 槽线靠近(指二者不大于 2~3 个纬距)时才有可能,而当二者重合或槽线超前于地面锋(前倾槽)时则更有利于发生强对流性天气。

(4)如果在锋面附近,高层为冷平流,低层为暖平流,且平流较强,则锋面过境时有很大几率产生对流性天气。

(5)高空锋区的强弱,与锋面上是否产生对流性天气及其强度有很大关系。与比较强的对流层锋区相对应的锋段上出现对流性天气的机会较大,强度较强。较强的高空锋区一般都有高空急流相配合。因此,与高空急流相对应的锋段上出现对流性天气的机会较大,强度较强。

(6)在 850 hPa 上锋面所在区域内作等露点线或等比湿线后,如果湿舌的轴线沿地面锋线伸展,则有利于对流性天气的发生。

冷锋对流性天气落区的预报经验:

(1)24 h 露点变量正值区,有利于产生对流性天气。

(2)同一条冷锋的不同低端,由于温、压、湿场配置不同而产生对流性天气的可能性及其强度也不同。在锋后冷平流较强(即冷空气主要冲击力所在处)而锋前空气又是暖而湿的锋段,有利于对流性天气的形成。反之,在锋后冷平流较弱而锋前空气又是暖而干的锋段则不利于对流性天气的形成。

(3)在后倾槽的情况下,锋面对流性天气一般发生在锋面前后(槽前)。在前倾槽的情况下，对流性天气多发生在槽后、锋前的区域内。

冷锋对流性天气出现的时间主要决定于锋面的移速。冷锋对流性天气一般产生于冷锋过境前后 2～3 h。当高空为前倾槽时，对流性天气出现在冷锋过境之前；而当高空为后倾槽时，对流性天气出现于冷锋过境之后。因此，冷锋对流性天气出现时间的预报，主要考虑锋面的移速以及地面锋与高空槽的配置情况。

冷锋对流性天气的持续时间决定于冷锋的移速、强度，以及 700 hPa 槽线配置和槽的移速。当冷锋移速较快或强度较强时，冷锋对流性天气持续时间一般较短；反之则比较长。在后倾槽的情况下，700 hPa 槽线过境时，一般对流性天气已经结束。

静止锋对流性天气预报经验：

静止锋位于西南地区伸向沿海一带的倒槽中，其上空有小槽或低涡东移；在 850 hPa、700 hPa 上，有锋区或切变线，西南气流较强，暖湿平流显著；在 500 hPa 上，有时是西南气流，有时是伴有冷舌的小槽；对流性天气一般发生在静止锋两侧，在地面或高空气旋性弯曲比较明显的地方，当暖空气很不稳定，静止锋后有新的冷空气补充时，静止锋就南移。

暖锋对流性天气预报经验：

暖锋对流性天气比较少见。一般只是在 850 hPa 和 700 hPa 上有低槽或切变线，而且空气暖湿，对流性不稳定层次又较厚时，才有利于产生对流性天气。

2. 高空槽、切变线对流性天气的预报

高空槽、切变线也是经常造成对流性天气的天气系统。高空槽或切变线是否能够造成对流性天气，要看槽线或切变线前后的气流分布和它们的冷暖性质。

所谓槽线前后的气流分布情况，主要以槽线两侧的风向交角及风速的大小来表征。一般来说，风向交角越接近或小于 90°及槽后风速较大，槽线上的辐合上升运动也较强，这样就有利于产生对流性天气。高空槽的温度场结构的性质也和对流性天气的形成有很大的关系。冷性的高空槽由于槽线前后暖舌及冷槽明显，冷暖平流较强，因此对形成对流性天气有利。暖性的高空槽由于槽线前后都为暖空气所占据，垂直运动得不到发展，因此对对流性天气形成不利。切变线也有与上述槽线相类似的情况。

3. 副热带高压西北部对流性天气的预报

在对流层低层，副热带高压西北部空气比较暖湿，常常储存大量的不稳定能量。在有外来系统侵入或没有外来系统侵入的情况下，都有可能发生对流性天气。当天气系统很弱，等压线十分稀疏时，有时可以由于地形造成的小范围风场辐合，而引起孤立分散的对流性天气。当副高明显东退时，也可引起不稳定能量释放而造成对流性天气。当副高西北部有锋面、低压、高空槽、切变线、低涡等系统影响时，在副高西北部会出现较大范围的对流性天气。

6.5.2 强对流天气的预报着眼点

确定强对流天气落区的常用方法是“围区法”：对流性天气的活动与以下 4 个因子关系较为密切：700 hPa 槽线或切变线；地面锋；850 hPa 副高西北部偏南风的最大风速轴线；850 hPa 湿舌。根据统计指出，强对流天气落区一般在：700 hPa 槽线或切变线暖区方向 2～5 个纬距；地面锋前 1～3 个纬距；低空急流轴左右 1.5 个纬距；850 hPa 的湿舌内部。在天气图中分别确定出这 4 个因子的区域，其公共区域就是强对流天气最可能发生的区域。

常常有利于强对流天气发生的几个因子：

(1)逆温层。逆温层是稳定层结,一般起到阻碍对流发展的作用。但它也有有利于强对流发展的一面。逆温层对发生强对流有利的作用主要是贮藏不稳定能量。有时在低空湿层上部存在一个逆温层,这个逆温层阻碍了热量及水汽的垂直交换。这样一来,就使低层变得更暖更湿,高层相对地变得更冷更干,因此不稳定能量就大量积累起来。一冲击力破坏了逆温,大量不稳定能量释放,往往就会发生强对流天气。

(2)前倾槽。在前倾槽之后与地面冷锋之间的区域,因为高空槽后有干冷平流,而低层冷锋前又有暖湿平流,因此不稳定度就加强起来。所以在上述区域内容易产生强对流天气。

(3)低层辐合、高层辐散。一般如果在低层辐合流场上空又有辐散流场叠置,由于抽吸作用,抬升力更强,常会造成强对流天气。从分析表明,强对流天气往往是由地面中低压发展以及高层辐散加强所引起的。在500 hPa槽前有正涡度平流,低层有暖舌,地面为高温区,山区摩擦辐合作用较强的地区容易发生中低压。当中低压生成后,如果高空还有加强的辐散场,则垂直上升运动便会加强,强对流天气就可能在中低压内发展起来。

(4)高、低空急流。强大的冰雹云的发展常与较大的风速垂直切变有密切的关系。强的风速垂直切变一般出现在有高空急流通过的地区。低空急流对强对流天气的发展也是有利的,它们的作用主要是造成低层很强的暖湿空气的平流,加强层结的不稳定度,而且可以加强低层的扰动,触发不稳定能量的释放。

6.5.3 雷雨大风的基本概念模式

雷雨大风是在一定的条件下由积雨云强烈发展影响而成。怀化地区在盛夏午后经常有对流云发展,开始时这些对流云是由多个云塔组成,当上升气流增强形成秃积雨云时,其云顶不再向上增高,或者向上发展的速度变得相当缓慢,顶部逐渐变得光滑或呈圆顶状,然后发毛向外扩展成砧状(一般是前进方向的砧状比周围的要大,如图6.17所示),这时便发展成为成熟的积雨云。

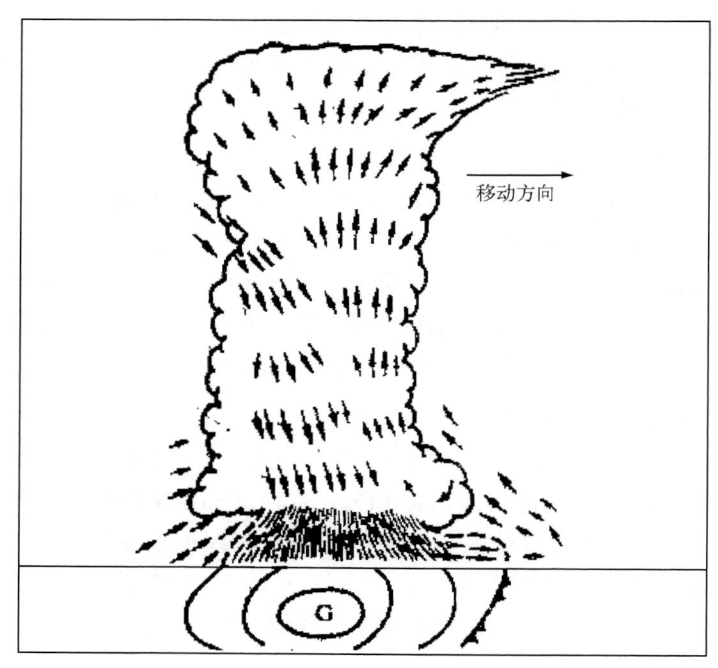

图6.17 雷雨大风的形成示意图

积雨云发展到了成熟阶段，雷声和雨滴便会不断发生。这个阶段在云内除继续维持一支上升气流之外，还出现一支下沉气流，这两支气流在积雨云内是倾斜地相互依靠着的。下沉气流由两部分气流组成：一部分是由原来的上升气流在上升过程中遇到由于降雨而产生的摩擦力使上升速度减慢，接着就转变成下沉气流；另一部分是由云的后侧或右后侧流入的中高层干冷空气造成，它是云中下沉气流的主力。气流在带动雨滴下降的过程中，由于一部分雨滴蒸发而停留在饱和状态，因此，下沉气流中的温度递减率要比上升气流中的小，温度比周围的要低，密度也比周围的要大，所以，下冲的速度加大。下沉气流从凝结高度附近开始，在水平方向和垂直方向都有发展，到达地面时形成一浅薄的冷空气堆，即雷暴高压。冷空气堆向四周扩展，形成雷雨大风（图 6.18）。

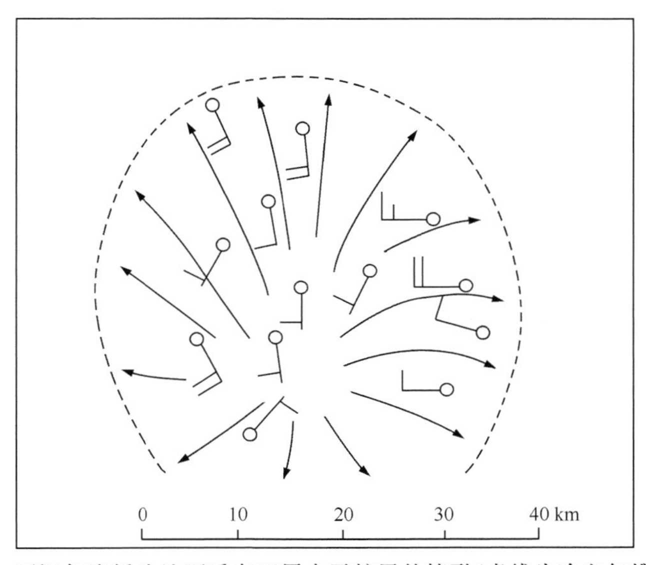

图 6.18　下沉气流抵达地面后向四周水平扩展的情形（虚线为冷空气堆边界线）

由于下沉气流的温度比四周要低得多，在地面图上可以分析出一条不连续线，称为阵风锋。

6.5.4　强对流天气预报指标

强对流天气预报中主要用到一些表征稳定度的指标。

（1）两等压面的温度及 θ_{se} 的差值

即 $\Delta T = T_{500} - T_{850}$ 及 $\Delta\theta_{se} = \theta_{se700} - \theta_{se850}$ 或 $\Delta\theta_{se} = \theta_{se500} - \theta_{se850}$，用来表示两等压面之间气层的不稳定度，负值越大，表示气层越不稳定。

（2）两等温面间的厚度

如－20℃层的高度 H_{-20} 与零度层的高度 H_0 的差距 $\Delta H = H_{-20} - H_0$，用来表示这一层的稳定度，ΔH 越小，表示气层越不稳定。

（3）沙氏指数（SI）

小块空气由 850 hPa 开始，干绝热地上升到抬升凝结高度（LCL），然后再按湿绝热递减率上升到 500 hPa，在 500 hPa 上的大气实际温度（T_{500}）与该上升气块到达 500 hPa 时的温度（T_S）的差值，即为 SI（$SI = T_{500} - T_S$）。$SI > 0$ 表示气层较稳定，$SI < 0$ 表示气层不稳定，负

值越大，气层越不稳定。注意：若在 850 hPa 与 500 hPa 之间存在锋面或逆温层，则 SI 无意义。SI 与对流性天气大致有下列对应关系：

$$\begin{cases} SI > +3\ ℃ & \text{对流性天气发生的可能性很小或没有；} \\ 0℃ < SI < +3\ ℃ & \text{有发生阵雨的可能性；} \\ -3℃ < SI < 0\ ℃ & \text{有发生对流性天气的可能；} \\ SI < -3℃ & \text{有发生强对流性天气的可能。} \end{cases}$$

(4)抬升指标(LI)

为了表示自由对流高度以上正面积的大小，常采用抬升指标(LI)。所谓抬升指标，是指一个气块从自由对流高度出发，沿湿绝热线上升到 500 hPa 处所示的温度与 500 hPa 实际温度之间的差。LI 为正时，其值越大，正的不稳定能量面积也越大，发生对流的可能性也越大。

(5)总指数 TT

850 hPa 的温度和露点之和减去 2 倍的 500 hPa 温度，即 $TT = T_{850} + T_{d850} - 2T_{500}$。$TT$ 越大，表示越不稳定。

6.6 基于雷达回波特征的强对流预报方法

6.6.1 强对流天气预报预警数学模型

强对流天气预报预警数学模型主要包括了强度回波特征(块状、弓状、线性波状、飑线、V 形缺口、钩状回波、弱回波或有界弱回波、三体散射、回波中心强度及发展趋势)、VIL 产品、速度回波特征(TVS、中气旋、阵风锋、低层辐合高层辐散、强回波区对应的 0.5°最大径向速度)等因子。

6.6.2 因子特征值的确定

(1)回波发展趋势特征值(echoqd)

回波发展趋势分为三级(加强、少变、减弱)，“加强”echoqd 取值 1；“少变”echoqd 取值 0；“减弱”echoqd 取值−1。

(2)回波中心强度特征值(dbzx)

根据回波强度与产生灾害性天气可能性的大小，将回波中心强度值定义为 4 档：回波中心强度<55 dBz，dbzx 取值 0；55 dBz≤回波中心强度<60 dBz，dbzx 取值 1；60 dBz≤回波中心强度<65 dBz，dbzx 取值 2；回波中心强度≥65 dBz，dbzx 取值 3。

(3)垂直积分液态含水量特征值(vilx)

垂直积分液态含水量是冰雹预报中一个重要的参考产品，根据其高低赋予不同的特征值：当垂直积分液态水含量 $VIL < 40\ kg \cdot m^{-2}$ 时，vilx 取值 0；当 $40\ kg \cdot m^{-2} \leq VIL < 45\ kg \cdot m^{-2}$ 时，vilx 取值 1；当 $45\ kg \cdot m^{-2} \leq VIL < 50\ kg \cdot m^{-2}$ 时，vilx 取值 2；当 $VIL \geq 50\ kg \cdot m^{-2}$ 时，vilx 取值 3。

(4)强对流天气回波特征值(m)

V 型缺口、钩状回波、有界弱回波均是强对流天气的特征回波，根据其有无取相应的特征值为 0 或 1。则 m =V 形缺口特征值+钩状回波特征值+有界弱回波特征值。

(5)强对流天气速度场特征值

龙卷涡旋特征、中气旋、阵风锋、低层辐合高层辐散是强对流天气在速度场上的表现特征，分别用 TVSx，supercell，wind，hail 代表龙卷、超级单体、雷雨大风、冰雹出现的可能性。

TVSx：当有龙卷涡旋特征时，TVSx 取值 1，否则，TVSx 取值 0。

supercell：有中气旋，且 $m \neq 0$，supercell 取值 3；有中气旋但 $m=0$，supercell 取值 2；无中气旋存在但 $m \neq 0$，supercell 取值 1；无中气旋且 $m=0$，supercell 取值 0。

wind：有阵风锋，wind 取值 1；否则，wind 取值 0。

hail：有低层辐合高层辐散，hail 取值 1；否则，hail 取值 0。

(6)低层(0.5°仰角)最大径向速度

强回波区所对应的 0.5°仰角最大径向速度对地面大风有极强的指示作用。当径向速度＞11 m/s 时，原大风特征值(wind)加 1；否则，wind 取值不变。

(7)三体散射现象

三体散射现象是标示大冰雹的一个重要指标，当出现三体散射现象时，定义大冰雹特征值 bighail＝3；否则，bighail＝0。

(8)回波形状特征值(comb)

将回波形状特征分为块状、弓状、线性状、飑线 4 种，不同的回波形状产生的灾害性天气的侧重点不一样，特征值($comb_1$ 表示大风、$comb_2$ 表示冰雹)分别定义为：

当回波为“块状”时：$comb_1=1$，$comb_2=1$；

当回波为“弓状”时：$comb_1=1$，$comb_2=0$；

当回波为“线性状”时：$comb_1=1$，$comb_2=0$；

当回波为“飑线”时：$comb_1=1$，$comb_2=0$。

6.6.3 预报预警方法

根据不同类型的强对流天气建立不同因子组合的数学表达式，预报预警指数分为 4 级：无(0)、可能有(1)、有(2)、强(3)。预报指数取决于数学表达式值在组合因子项数中所占的比例，比例值不到 40 %时，预报级为 0；40%～69%预报级为 1；70%～99%预报级为 2；超过 99%预报级为 3。

(1)冰雹预报预警方法

设冰雹预报指数为 hailforecast，Y 为各类特征值综合值，其预报模型有：

$Y=\mathrm{vilx}+\mathrm{echoqd}+\mathrm{dbzx}+\mathrm{bighail}+m+\mathrm{hail}+comb_2$

hailforecast＝0　　$Y<3$

hailforecast＝1　　$3 \leqslant Y<5$

hailforecast＝2　　$5 \leqslant Y<8$

hailforecast＝3　　$Y \geqslant 8$

(2)雷雨大风预报预警方法

设大风预报指数为 windforecast，Y_1，Y_2 为特征值综合值，有：

$Y_1=\mathrm{vilx}+\mathrm{echoqd}+\mathrm{dbzx}+\mathrm{bighail}+m+\mathrm{hail}+comb_1$

$Y_2=comb_2+\mathrm{wind}+\mathrm{dbzx}+comb_1$

windforecast=0　　$Y_1 < 3$
windforecast=1　　$3 \leqslant Y_1 < 5$
windforecast=2　　$5 \leqslant Y_1 < 8$
windforecast=3　　$Y_1 \geqslant 8$

windforecast=0　　$Y_2 < 2$
windforecast=1　　$2 \leqslant Y_2 < 3$
windforecast=2　　$3 \leqslant Y_2 < 5$
windforecast=3　　$Y_2 \geqslant 5$

6.7 强对流潜势预报方法

6.7.1 基本思路和技术方法

通过对怀化地区历史上的强对流天气个例进行统计分析，分析强对流天气发生与各个不稳定指标的对应关系，选取相关性、指示性好并且便于应用的指标，进而建立基于多指标叠套法的潜势预报方程，从统计分析中确定各变量的阈值。预报时，用不稳定指标与阈值比较后得出各个方程变量的值，然后计算出预报变量，从而进行预报。

以怀化站点08时探空资料作为分析资料，计算各个不稳定指标。对2005—2010年间的强对流天气进行统计，规定：怀化区域内，有3个或以上的站点出现冰雹、雷雨大风或短时强降水，定义为一个强对流天气个例。统计结果为冰雹个例12个、雷雨大风个例6个、短时强降水个例45个，其中有2个雷雨大风个例和短时强降水个例发生在同一天，所以共计61个个例。利用这61个个例来确定不稳定指标的阈值。

6.7.2 指标选取

利用08时探空资料计算下列各不稳定指标：500、700 hPa和850 hPa温度露点差，500，700 hPa和850 hPa比湿，位温，K指数，A指数，SI指数，850 hPa与500 hPa温度差、位温差，不稳定能量，对流有效位能(CAPE)。考察它们在发生强对流天气时和未发生强对流天气时是否有显著差异。通过判别统计分析，并且考虑各不稳定指标在实际业务应用中的简便、实用性，最后选择K指数、SI指数和不稳定能量这三个不稳定指标来建立预报方程。

6.7.3 综合多指标叠套强对流天气预报

采用多指标叠套法建立潜势预报方程：

$$Y = A_1 + A_2 + A_3 \tag{6.1}$$

方程中A_1，A_2，A_3三个变量分别表示K指数、SI指数和不稳定能量，A_i达到阈值取1，未达到则取0。因此，预报变量Y取值范围为0,1,2,3，值越大表示发生强对流天气的可能性越大，反之则越小。

6.7.4 强对流天气预报的阈值指标

阈值的确定方法是以强对流天气个例中有70%的个例能达到的标准来界定阈值大小。从统计分析中发现，冰雹个例均发生在2—3月，而这个时段的不稳定指标与强对流天气是否发生的关联性较小；雷雨大风和短时强降水个例均发生在4—8月，这个时段的不稳定指标指示性较强，并且取值接近，故统一确定4—8月的阈值。结果如表6.4所示。

表 6.4 各不稳定指标阈值

指标	K 指数	SI 指数	不稳定能量
4—8 月阈值	33	1.5	−542.3

用上述阈值标准和潜势预报方程对发生在 4—8 月的 49 个强对流天气个例进行检验，结果表明，Y 值为 0 的占 14%；Y 值为 1 的占 14%；Y 值为 2 的占 14%；Y 值为 3 的占 58%。预报等级总结为：当 Y 值为 3 时，有较大可能发生强对流天气；当 Y 值为 1 或 2 时，有可能发生强对流天气；当 Y 值为 0 时，不太可能发生强对流天气。

6.8 强对流天气典型个例分析

利用多种常规气象资料和卫星云图资料，对 2006 年 8 月 1 日发生在湘黔边境的一次高空槽前型飑线天气过程的成因进行分析。结果表明：这是一次典型的高空槽前型飑线过程，副热带高压的迅速东退、强湿度梯度及其南北两侧冷暖空气的辐合造成的强湿度锋锋生作用触发了强对流；强对流发生前和发生时大气层结的不稳定、良好的水汽输送及辐合条件对其发生发展十分有利；高层强辐散与低层强辐合的耦合形势及强上升运动为强对流的发生发展提供了有利的动力条件。

6.8.1 天气实况

2006 年 8 月 1 日傍晚湘黔边境出现一次局地强对流天气过程。表 6.5 给出了 8 月 1 日傍晚地处湘西的沅陵、新晃、芷江、怀化等 4 站 1 h 气温、气压、相对湿度的变化和 1 h 雨量资料。

表 6.5 2006 年 8 月 1 日傍晚湘西 4 站 1 h 气象要素变化

站名	气象要素				变化时间(北京时)
	气温(℃)	气压(hPa)	相对湿度(%)	1 h 雨量(mm)	
沅陵	−3.6	+1.4	+17	23.3	16—17
新晃	−3.9	+2.0	+15	39.9	17—18
芷江	−4.9	+2.9	+23	32.3	18—19
怀化	−5.1	+2.9	+29	19.5	18—19

由表 6.5 可知，在 1 h 之内，4 站的气象要素发生了剧烈变化，气温急降，降幅最大达 5.1℃(怀化)；气压陡升，升幅最大达 2.9 hPa(芷江、怀化)；湿度剧增，增幅最大达 29%(怀化)；雨强较大，1h 雨量最大达到 39.9 mm(新晃)，另外，8 月 1 日 14—20 时 6 h 雨量，湘黔地区有 2 站(凤凰、石阡)超过 50 mm，6 站达 25 mm 以上，其中有 4 个站 3 h 雨量超过25 mm，凤凰站 3 h 雨量达 50 mm。同时短时间内狂风大作、风速猛增，湘黔地区有 6 个站出现大于 17.2 $m \cdot s^{-1}$的大风，其中芷江 16 时 07 分风速达 25.5 $m \cdot s^{-1}$。以上气象要素的剧烈变化表明，8 月 1 日傍晚湘黔边境发生的局地强对流天气是一次典型的飑线过程。

6.8.2 环流背景和云图分析

(1)大尺度环流形势

大尺度环流形势不但可制约对流系统的种类与演变过程，还可影响对流系统内部的结构、强度、运动和组织程度。在这次强对流产生前的8月1日08时，500 hPa图上，副热带高压脊线位于25°N附近，其西脊点接近100°E，青藏高原上同时存在一个大陆高压中心；副热带高压与大陆高压之间，沿郑州、宜昌、重庆一线有一东北—西南向的高空槽位于副高北侧；有一暖舌从云南沿高空槽伸至黄河下游以南，在该暖舌之南，一条湿舌从西南地区一直延伸到辽东半岛，此湿舌与其西北侧干区的强湿度梯度（湿度锋）非常大。同时，在500 hPa高空槽下方，700 hPa、850 hPa图上，从我国东北经华北南部到西南地区东部，均可见一切变线存在，700 hPa层湿舌同样明显。到了1日20时，副高迅速东退，东退约15个经度；随着500 hPa高空槽南压，原来位于此高空槽北部的暖舌由于冷空气南下而消失；原中低层切变线依然存在，但700 hPa风向切变明显加强。分析得知，这是一次高空槽前型飑线过程，正是由于副热带高压迅速东撤，引导高空槽后冷空气南下，与中低层西南暖湿气流相互作用，再加上强湿度梯度的触发机制，造成了此次强对流过程。

（2）卫星云图分析

通过对1993—1995年连续3年GMS卫星红外云图的普查指出，我国的中-α尺度对流系统存在明显的地理分布特征，35°N以南100°～110°E之间我国西南地区及其毗邻的越南北部是中-α对流系统发生最多的区域。这次强对流天气也是首先从该地区发展起来的。图6.19给出了2006年8月1日11:30至2日00:30不同时刻的GMS卫星红外云图。

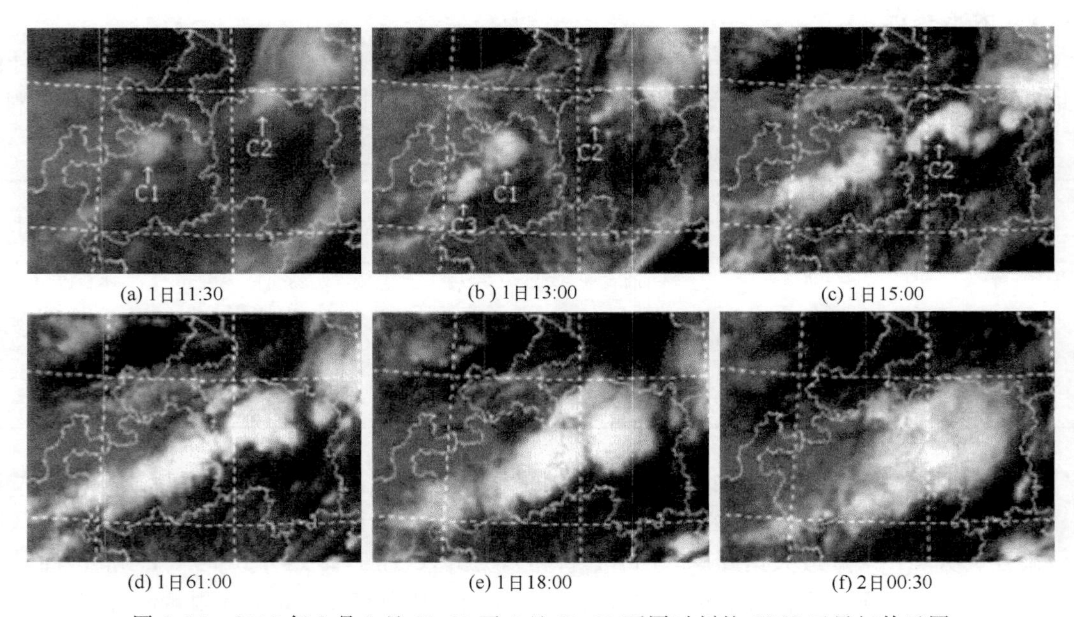

(a) 1日11:30　(b) 1日13:00　(c) 1日15:00

(d) 1日61:00　(e) 1日18:00　(f) 2日00:30

图6.19　2006年8月1日11:30至2日00:30不同时刻的GMS卫星红外云图

分析图6.19可知，8月1日11:30（图6.19a），在黔西北和洞庭湖西北部分别有一个孤立的对流小单体C1和C2生成并发展，其直径约1个经度，云顶亮温为−52.24 ℃，随后小单体C1不断发展并在其西南方向有新的小单体（C3）生成，而小单体C2在向东北方向移动过程中略有减弱。13:00（图6.19b），贵州境内的单体C1和C3已经发展成大小约2个经度、呈东北—西南向排列的椭圆形对流单体，同时小单体C2已发展成带状，其西南端已伸展到湘西北。15:00(图6.19c),位于贵州境内的两个单体C1和C3已经连成一条带状云系,其云顶亮温为−65.73 ℃,同时原位于湘西北的单体C2迅速发展,飑线开始形成。16:30(图6.19d),分布在湘黔两省的带状云系已逐渐发展成一东北—西南向的窄带MCS中尺度对流云带,此时飑线发展强盛,云顶亮温最低达−74.94 ℃。18:30(图6.19e),上述中尺度对流云带发展到最强,云块色调发白发亮,云顶明亮密实,前部边缘光滑,其云顶亮温达到−73.26 ℃,飑线处于成熟阶段。2日00:30(图6.19f),带状云系消失,强对流天气结束。从红外云图的分析可知,这次飑线过程属于飑线发展型,它是在中尺度系统(切变线)的组织下,沿辐合带不断生成小的对流单体,这些小的对流单体一边发展,一边逐渐组成一带状云带并向东南方向移动,从而形成飑线。

(3)中尺度分析

在地面气压场上飑线具有一定的温压场结构特征,它包括雷暴高压、飑线、飑前低压和尾流低压等中系统,它们经常出现在强风暴天气过程中。

图6.20是利用2006年8月1日19时自动气象站资料分析的地面环流形势。从图6.20中可知,在飑线左后侧是一个中高压中心(雷暴高压),这里既是积云下沉气流区,也是冷中高压的源区。在中高压之后是中低压中心(尾流低压区);在飑线前部是飑前低压,由对流在飑前激起的对流层中上层下沉增温造成;飑线后部有一个冷中心,其前部是暖中心,飑线附近温度梯度很大。综上所述,从地面中尺度形势分析来看,这是典型的飑线结构。

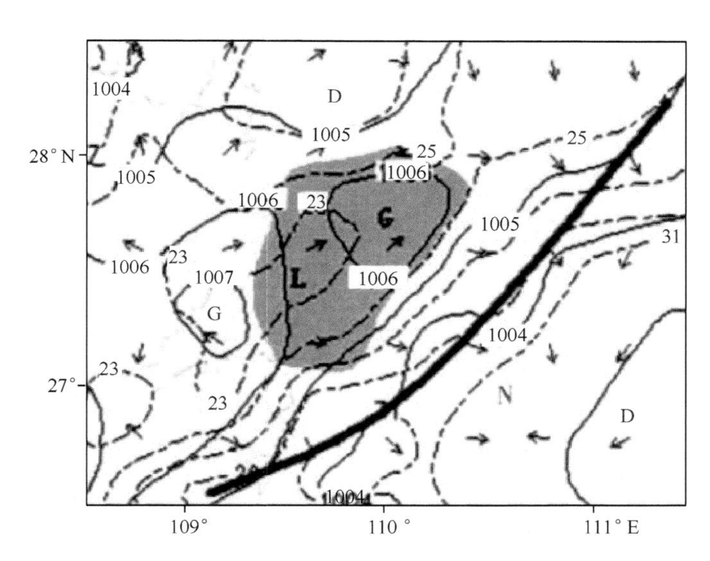

图6.20 2006年8月1日19时地面环流形势场(实线为等压线;虚线为等温线;粗实线为飑线;阴影区域表示≥10 mm·h^{-1}强降水区;箭头表示地面锋)

6.8.3 物理量场分析

(1)水汽条件分析

水汽、位势不稳定和上升运动是强对流系统发生的基本条件(即水汽条件,能量和触发条件)。强对流的发生,不但要有充沛的水汽,还要有源源不断的水汽输送并在强对流区域辐合,而水汽的辐合主要由低层水汽通量辐合造成,尤其是800 hPa以下的边界层中占很大比重,可达 1/2 以上。此次强对流发生前,从 8 月 1 日 08 时 850 hPa 水汽通量和水汽通量散度场叠加图上可见(图 6.21),充沛的水汽从孟加拉湾经中南半岛、西南地区一直输送到江南地区,江南的两个水汽通量中心分别位于湘西和黔东地区,其中心值为 14 $g·s^{-1}·cm^{-1}·hPa^{-1}$;同时,在 850 hPa 水汽通量散度场,湘黔边境地区为强辐合中心,其水汽通量散度达到$-9.0\times10^{-7}g·s^{-1}·cm^{-2}·hPa^{-1}$,湘中地区的水汽通量散度达到$-15.0\times10^{-7}g·s^{-1}·cm^{-2}·hPa^{-1}$,强对流区上空已积聚丰富的水汽,充足的水汽输送和水汽辐合对强对流的发展非常有利。随后,水汽通量及其散度中心南移,到 1 日 20 时,水汽通量中心已移到湘西南,其中心值降至 6 $g·s^{-1}·cm^{-1}·hPa^{-1}$,而强对流区上空已成为辐散区,其量值为 $8.0\times10^{-7}g·s^{-1}·cm^{-2}·hPa^{-1}$,此次强对流天气趋于消亡。

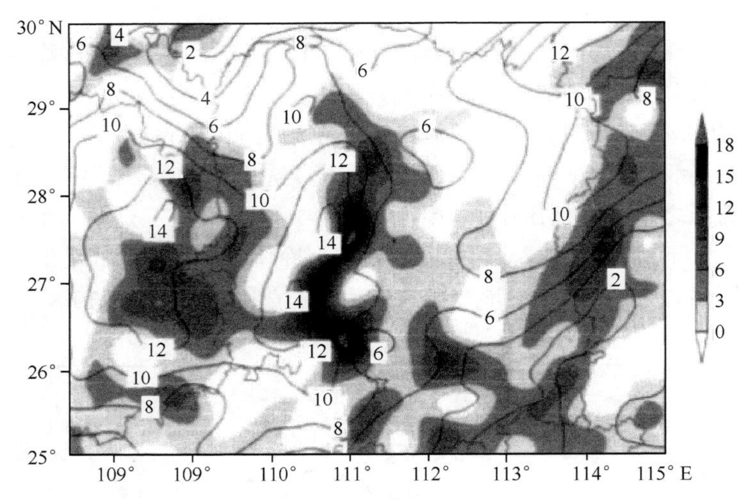

图 6.21 2006 年 8 月 1 日 08 时 850 hPa 水汽通量场和水汽通量散度场叠加图(实线表示水汽通量,单位:$g·s^{-1}·cm^{-1}·hPa^{-1}$;阴影区表示水汽通量散度≤0,单位:$10^{-7}g·s^{-1}·cm^{-2}·hPa^{-1}$)

(2)稳定度条件分析

中尺度对流系统发生的必要条件是大气层结的不稳定。K 指数是综合了垂直温度梯度、低层水汽含量和湿层厚度的一个物理量。利用 8 月 1 日 08—20 时 K 指数场和假相当位温场资料,对这次湘黔边境的强对流天气的大气层结稳定度和大气不稳定能量进行分析。1 日 08 时,500 hPa 高空槽前的鄂西南和黔东北地区,K 指数高达 40℃,湘黔大部分地区 K 指数均大于 34℃。随着副热带高压东撤和高空槽南压,K 指数大值区随之南压;1 日 20 时,有一 K 指数大于 38℃的不稳定舌从贵州东部地区伸到湖南东北部。分析沿 110°E 的假相当位温(θ_{se})场剖面可知,1 日 14 时(图 6.22),强对流区 θ_{se} 最低值为 342 K 以下,出现在 550 hPa 层,550 hPa 层以上 θ_{se} 增大,层结稳定,550 hPa 层以下 θ_{se} 也增大,850 hPa 层 θ_{se} 为 353 K,近地层 θ_{se} 达到 360 K 以上,大气中下层处于上干冷、下暖湿的对流不稳定层结,湘黔边境 850 hPa 与 550 hPa 的 θ_{se} 差值 $\Delta\theta_{se(850-550)}$ 达到 11 K 以上,非常有利于该地区强对流发生发展;1 日 20 时,这次强对流天气趋于结束,θ_{se} 垂直分布随之趋于稳定。

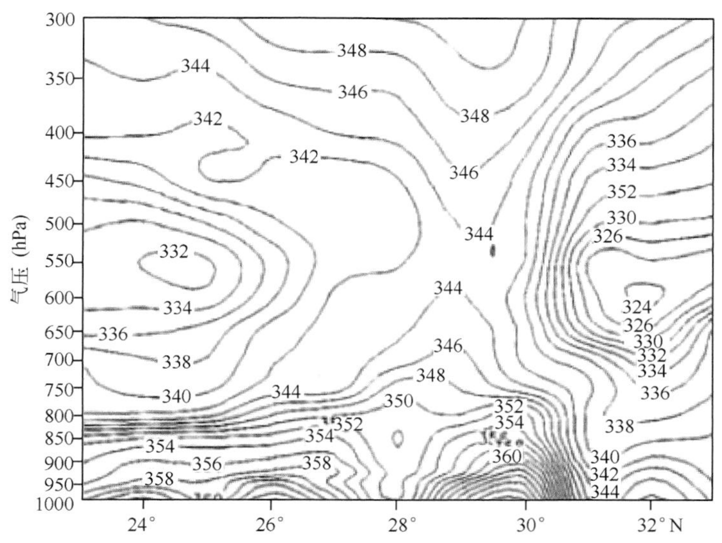

图 6.22 2006 年 8 月 1 日 14 时沿 110°E 经强对流中心的假相当位温(单位:K)经向剖面图

从图 6.23a 中可见，1 日 08 时，强对流区上空 500 hPa 层以下为正涡度区，但辐合不强，高层也无闭合的辐散中心；1 日 14 时，强对流区 900 hPa 层出现强辐合中心，其涡度值达 $8\times10^{-5}\,s^{-1}$，高层 400 hPa 以上的辐散也逐渐加强；从 14—20 时，随着飑线的形成、发展和成熟，低层强辐合向中层发展，高层辐散进一步增强，强辐散的向上抽吸作用使低层辐合和对流上升运动加强，到 20 时，强辐合中心位于 700 hPa，低层已转为弱辐散区，而高层辐散中心强度达到 $12\times10^{-5}\,s^{-1}$，此时飑线已趋于消亡。

从图 6.23b 中可见，1 日 08—14 时，对流层基本上都为下沉气流；从 14 时开始，低层开始出现上升气流且迅速上传到中高层，这段时间也是飑线的发展和成熟时段；到 1 日 20 时，垂直上升运动已从低层伸到 200 hPa 以上，最大上升速度出现在 350 hPa，其极值小于 $-0.5\times10^{-2}\,hPa\cdot s^{-1}$；随后上升运动迅速减弱，到 2 日 02 时，对流层基本被下沉气流所代替，飑线天气过程随之结束。

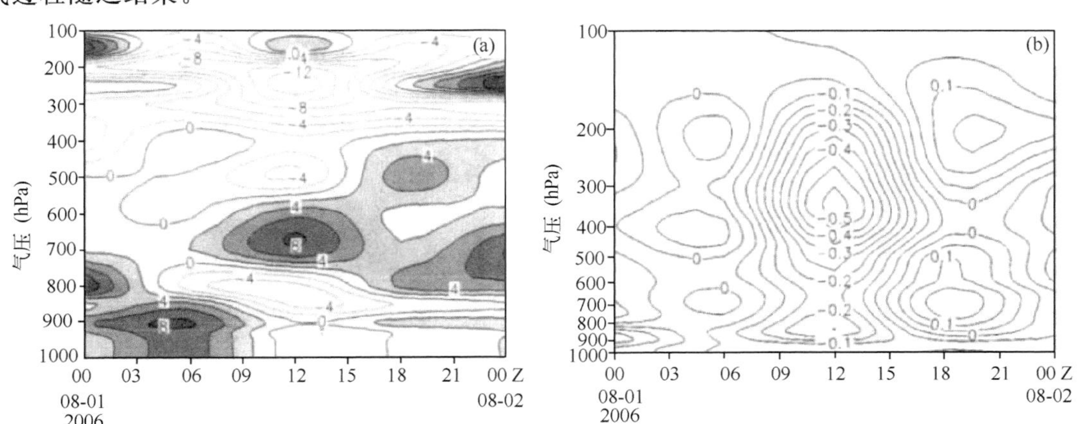

图 6.23 2006 年 8 月 1 日 08 时至 2 日 08 时强对流区(109°E、28°N)涡度(a)、强对流区(110°E、27°N)垂直速度(b)的时间—高度垂直剖面图

(单位:涡度为$10^{-5}\,s^{-1}$，阴影区涡度大于 0;垂直速度为$10^{-2}\,hPa\cdot s^{-1}$)

6.8.4 湿度锋锋生的作用

从前面的分析可知，这次高空槽前型飑线过程是由于副热带高压迅速东撤，引导高空槽后冷空气南下，与中低层西南暖湿气流相互作用，在强湿度梯度（湿度锋）的环境下形成的。为了从锋生理论上揭示这次强对流发生的物理过程，分析了湿度锋生作用对强对流发生发展的影响。湿度锋生函数为：

$$F_1 = \frac{\partial}{\partial y}\left(\frac{\mathrm{d}\theta_{se}}{\mathrm{d}t}\right) \tag{6.2}$$

$$F_2 = -\frac{\partial v}{\partial y}\frac{\partial \theta_{se}}{\partial y} \tag{6.3}$$

$$F_2 = -\frac{\partial \omega}{\partial y}\frac{\partial \theta_{se}}{\partial p} \tag{6.4}$$

$$F = F_1 + F_2 + F_3 \tag{6.5}$$

式中，$F<0$ 表示锋生，$F>0$ 表示锋消。图 6.24 给出了 2006 年 8 月 1 日 14 时 700 hPa 相对湿度场及 F_2 场、F_3 场、F_2 与 F_3 相加之和所得到的场。

由图 6.24a 可见，700 hPa 湿度锋从陕西东南部经鄂西北延伸到贵州西北部，强对流区位于湿度锋东南侧湿舌内。由于湿度锋南部盛行西南气流，北部有干冷空气南下，冷暖气团之间水平 θ_{se} 梯度加大（$\frac{\mathrm{d}\theta_{se}}{\mathrm{d}t}<0$），$F_1<0$ 。为此，分别计算了 F_2（图 6.24b）、F_3（图 6.24c）及 F_2 与 F_3 之和（F_2+F_3）（图 6.24d）。由计算结果可知，$F_2+F_3<0$ 区域的分布与湿度锋区的分布基本一致，即呈东北—西南向分布在强对流区的西北侧。其原因是，由于强对流发生前因冷空气密度大于暖湿空气密度，冷区空气下降而暖区空气上升而使 $\frac{\partial \omega}{\partial y}>0$ ，又由于空气层结为对流不稳定 $\frac{\partial \theta_{se}}{\partial p}>0$ ，$F_3<0$ ，以及在湿度锋区上有切变线活动造成辐合（$\frac{\partial v}{\partial y}<0$），湿度锋南侧的西南气流加强，北部干冷空气南下使这种辐合加强，加上 y 轴与 θ_{se} 梯度方向重合（$\frac{\partial \theta_{se}}{\partial y}<0$），$F_2<0$。由式（6.5）可知，$F<0$。综上所述，在强对流发生前，强对流区暖湿空气上升运动强烈，中低层辐合明显，存在较强的湿度锋锋生作用。

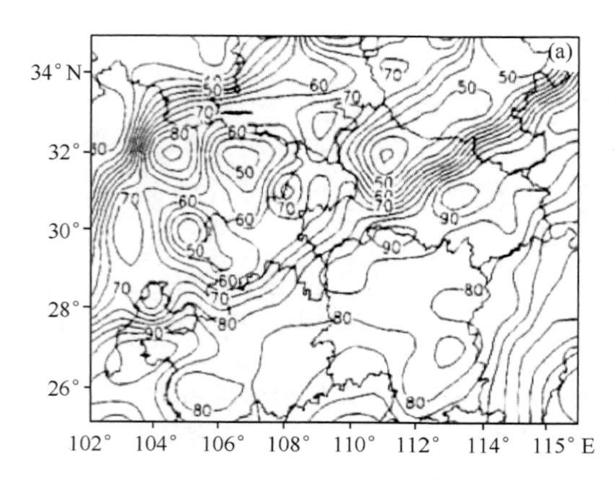

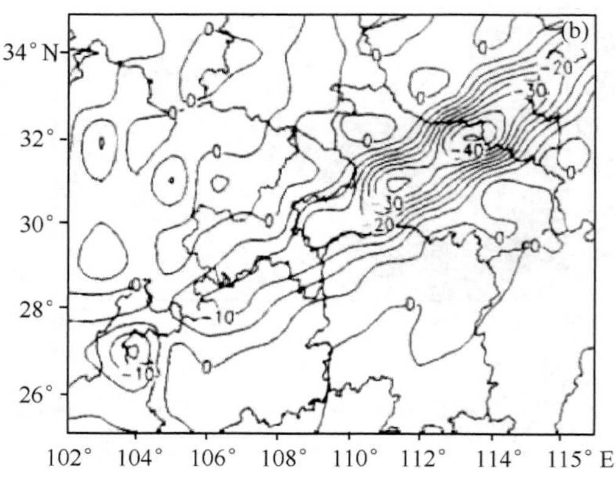

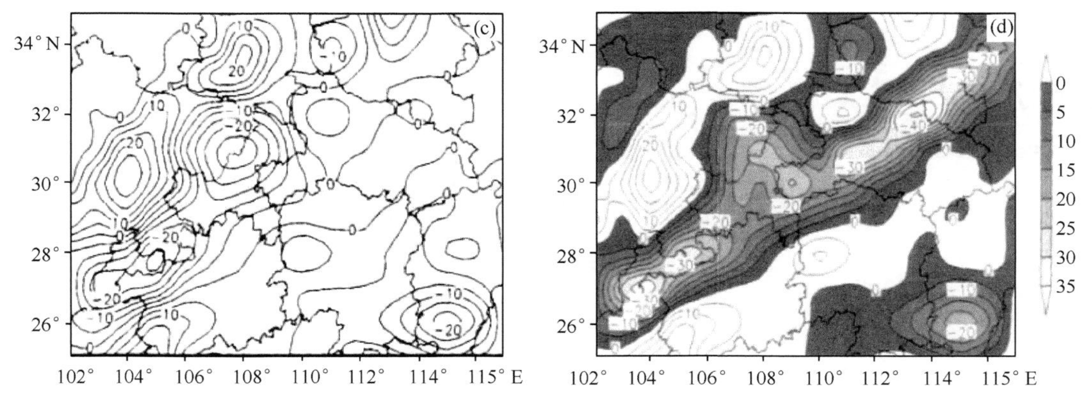

图 6.24　2006 年 8 月 1 日 14 时 700 hPa 的相对湿度场(a)，F_2 场(b)，F_3 场(c)，F_2 与 F_3 相加场(d)
(单位：相对湿度为%；F_2、F_3 为 10^{-10} k·s^{-1}·m^{-1})

综上所述得出以下几点结论：

①这次飑线过程是在比较有利的天气背景条件下发生的，500 hPa 的高空槽、副热带高压、对流层中低层的切变线是主要的天气尺度影响系统。强对流发生前和发生时，大气层结不稳定、副热带高压迅速东退、强湿度梯度存在对其后续发展十分有利。

②从卫星云图分析得知，这是一次飑线发展型飑线过程，它是由于低层辐合带(切变线)的组织而不断生成小的对流单体，并形成带状云带向前移动，从而形成飑线。

③强对流发生前和发生时良好的水汽输送和水汽辐合有利于飑线的形成和发展，高层强辐散与低层强辐合的耦合形势以及强上升运动为强对流的发生发展提供了有利的动力背景。

④强对流发生前，强湿度梯度的存在及其南北两侧冷暖空气的辐合，造成强对流区较强的湿度锋锋生，对强对流的发生具有至关重要的作用。

第 7 章

怀化其他高影响天气

7.1 怀化高影响天气基本概况

7.1.1 雷电

怀化市是个雷暴多发的地区，年平均区域雷暴日为 110 d，年平均区域性雷暴天气 61.1 次，年平均全市性雷暴天气 35.1 次。且各县市区分布不均匀，雷暴日区域分布呈现南北少，中间略多的特征。

7.1.2 高温热浪

怀化地区超过 35℃的日最高气温出现在 3—10 月，其中 6—9 月出现的天数最多，占总日数的 97.97%，尤其是 7—8 月最为集中，占总日数的 80%。从怀化地区高温天气日数的年际分布来看，1981—1990 年、2001—2010 年高温日数较多，1991—2000 年较少，从这 30 年来看，呈现两头多，中间少的分布特点。

7.1.3 干旱

怀化市各地区平均每年都有 81～91 d 不等的干旱情况发生，其中中旱 24～32 d，重旱7～10 d，特旱 1.0～3.3 d，各等级的干旱在区域分布上差异不明显。但季节分布极不均匀，主要发生在夏秋季节，根据 1981—2010 年 30 年气象干旱分析，超过 200 d 的月份有 7，8，9，10，11 月，9 月份干旱日数最多，为 439 d；低于 100 d 有 1，2，3，4 月，最少的是 3 月的 52 d；其中 8—10 月占总干旱日数的 49%。

7.1.4 大雾

怀化市是个多雾的城市，全市平均雾日数为 131.8 d，全市各县市年平均雾日数 42.4 d，最少的是中部地区的洪江 20.5 d，最多是南部的通道 77 d，全年大雾主要集中出现在南部的会同、靖州、通道，北部的沅陵、溆浦及西部的新晃。

7.2 雷电

7.2.1 怀化的雷电监测

雷电是自然界中大气的放电现象。在全球范围内，每年发生在大气中的雷电达 31 亿次，平均每秒钟约为 100 次。

开展雷电监测的意义是，通过建设全市雷电监测网实时监测雷电的发生、发展及消亡过程，提供雷电灾害预警信息，服务于雷电灾害的防护。通过统计怀化市雷电日、雷电密度分布，为怀化市雷电防护工程提供科学参数。

目前怀化主要是通过两种方式对雷电进行监测。一是通过 11 个地面观测站进行人工观测，这种方式定性地判断雷电的方位和移动趋势；二是雷电监测定位系统将雷电探测仪组网进行监测，具有全天候监测、探测精度高等优点。从理论上讲，其核心是通过多个探测仪同时测量闪电回击辐射的电磁场来确定闪电源的电流参数：放电时间，发生的位置，强度峰值，波形陡度值，陡点时间，放电电荷等。

7.2.2 雷电活动特征

选取 1981—2010 年 30 年间 11 个气象观测站和雷电地面观测资料，采用统计方法，对雷电活动的雷暴日、闪电强度、闪电密度、雷电流大小等特征逐一分析，以研究怀化市雷电活动的一般性特征。

(1)怀化市年雷暴日分布特征

怀化地区 11 个气象观测站，在 08 时—08 时只有 1 站出现雷暴则定义为一个雷暴日，有 4 个(包括 4 站)以上站点出现雷暴则定义为一次区域性的雷暴天气，有 7 个(包括 7 站)以上站点出现雷暴则定义为一次全市性的雷暴天气。

怀化市年平均区域雷暴日 110 d，年平均区域性雷暴天气 61.1 次，年平均全市性雷暴天气 35.1 次。其中芷江县 53.7 d，洪江 52.1 d，溆浦 50.57 d，其余均在 41～50 d。雷暴日区域分布呈现南北少，中间略多的特征。如图 7.1 所示。

从图 7.1 中可以看出，雷暴天气次数整体是呈现下降趋势，存在一个明显的雷暴天气变化的拐点的年份，1999 年之后的雷暴天气次数较之前有明显的减少。

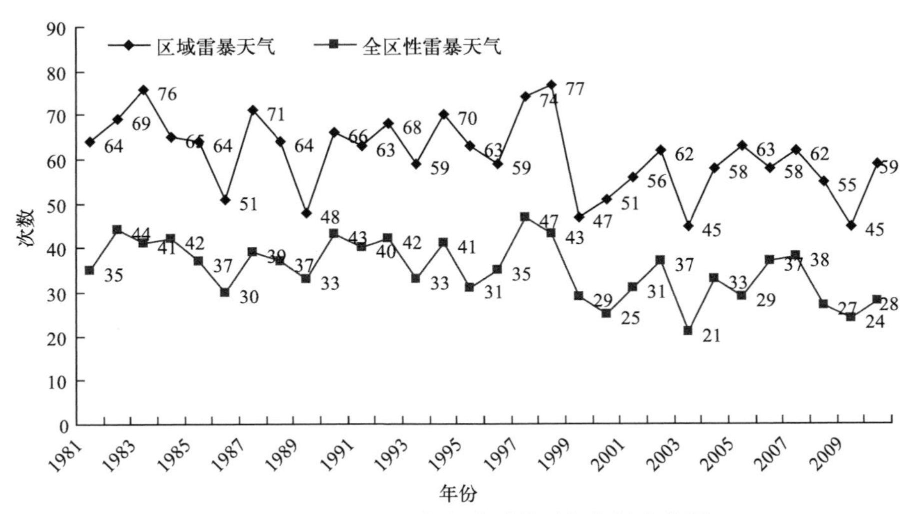

图 7.1 1981—2010 年怀化雷暴天气年际变化图

(2)怀化雷暴日的月平均分布特征

怀化市雷电活动主要发生在 3—8 月，占总雷暴日数的 81.0%，以夏季的 6—8 月最多，11—1 月最少，其中 12 月的月平均雷暴日数还不到 1 d。如图 7.2 所示。

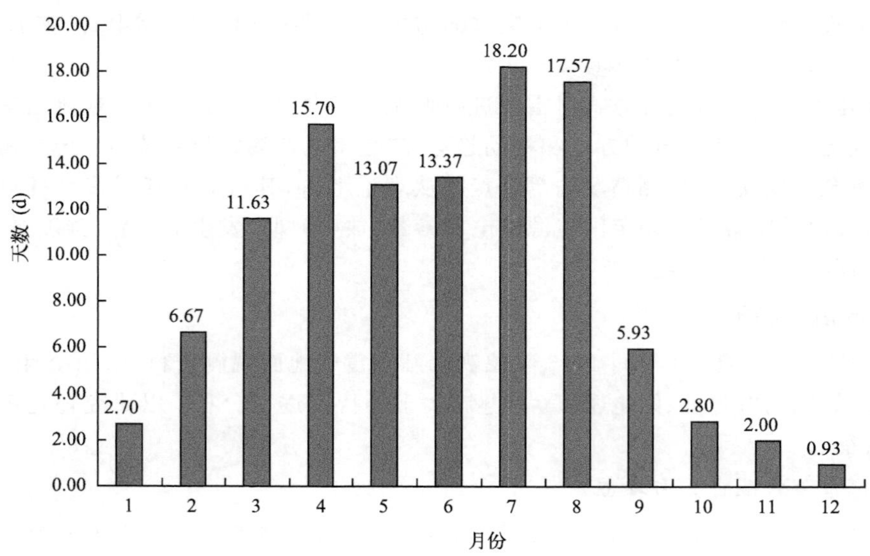

图 7.2　1981—2010 年怀化雷暴日的月平均分布图

(3)闪电密度的区域分布和月分布特征

怀化市范围内均有闪电出现,各县年平均出现闪电日数除了辰溪(9.3 次)、怀化(7.0 次)、溆浦(9.2 次),其余各县均在 10 次以上,其中通道最多(32.6 次),其次是芷江(27.5 次)。地理分布极不均匀,最多的和最少的相差近 4 倍。怀化地区年平均闪电次数 166.8 次,闪电主要活动期为 4—9 月,以 7—8 月为最多(占总数的 48.8%),11 月至翌年 1 月三个月总计不到 2%。其中 12 月最少,占总次数的 0.24%。

7.2.3　雷击危险度概率划分

雷电危险度等级:带电云体对地放电后 1 h 内产生潜在危害程度的级别,通常是根据雷电危险度综合指数的大小来确定。

7.2.3.1　单站(县域范围)雷电危险度等级划分

表 7.1 给出了单站雷电危险度等级的划分和描述,将雷电危险度等级分为四个级别。

表 7.1　雷电危险度等级的划分和描述

级别	名称	危险程度
一级	弱雷电	轻度
二级	中等雷电	中度
三级	强雷电	高
四级	特强雷电	极高

7.2.3.2　区域雷电危险度等级的划分

区域雷电危险度等级的划分,以雷电危险度出现的站数及等级为基础,分为轻度、中度、高和极高四个等级。划分等级时,极高优先于高,高优先于中度,中度优先于轻度。

(1)区域轻度雷电危险度

区域内出现轻度及以上等级雷电危险度的站数大于等于该区域总站数的25%;或区域内出现较高及以上等级雷电危险度的站数达到该区域总站数的[20%,25%)或区域内出现高雷电危险度等级的站数达到该区域总站数的[10%,20%)或区域内出现极高雷电危险度等级的站数达到该区域总站数的[5%,10%)。

(2)区域中度雷电危险度

区域内出现中度及以上等级雷电危险度的站数大于等于该区域总站数的25%;或区域内出现高雷电危险度等级的站数达到该区域总站数的[20%,25%)或区域内出现极高雷电危险度等级的站数达到该区域总站数的[10%,20%)。

(3)区域高雷电危险度

区域内出现高及以上等级雷电危险度的站数大于等于该区域总站数的25%;或区域内出现极高雷电 危险度等级的站数达到该区域总站数的(20%,25%)。

(4)区域极高雷电危险度

区域内出现极高雷电危险度等级的站数大于等于该区域总站数的25%。

7.2.4 基于多普勒天气雷达资料的雷电预警方法

(1)闪电的发生与雷达回波的强度及雷达回波顶高、回波高度、速度场特征、垂直液态含水量等有着密切的关系,判定是否会发生闪电,要对以上参数进行综合考虑。

(2)对湖南来说,选取回波高度和回波顶高>7.5 km作为是否发生雷电的一个判据,*VIL*的值要>30 kg/m^2,同时通过速度场来判断对流云的发生发展情况,作出0~30 min的提前预警预报较为合理。

(3)由于受时空探测分辨率的限制,只考虑雷达的数据,这也是影响当前雷电预警的瓶颈问题。

7.3 高温热浪

7.3.1 怀化高温热害的定义

高温热害就是高温对农业生产、人们健康及户外作业产生的直接或间接的危害。根据高温天气持续的时间,高温热害分为三个等级:轻度高温热害、中度高温热害和重度高温热害。

轻度高温热害是日最高气温≥35℃连续5~10 d;中度高温热害是日最高气温≥35℃连续11~15 d;重度高温热害是日最高气温≥35℃连续16 d或以上。

7.3.2 怀化高温天气时空分布特征

单站高温天气的定义:日最高气温大于等于35℃,连续5 d或以上为一次高温天气过程,当日最高气温≥38℃连续3 d或以上,称为一次强高温天气过程。怀化地区高温天气的定义:出现3站或以上日最高气温≥35℃,称为一个高温日。

根据1981—2010年逐日资料统计,从高温出现的日数来看,高温日数较多的主要集中在北部、东部及中部的洪江市,而中间和南部高温日数相对较少,尤其是南部地区。其中大于20 d的有5站,最多的是洪江27.6 d,10~20 d有5站,10 d以下有1站,为通道(4.1 d)。如

表 7.2 所示。

表 7.2 怀化各站高温出现情况

站名	最早出现35℃以上最高气温日期		极端最高气温		≥35℃日数(d)
	气温(℃)	日期	气温(℃)	日期	
沅陵	35.9	2004-04-22	40.0	1981-08-19	21.7
辰溪	35.1	1982-05-23	40.0	1988-07-20 1995-07-30	25.4
麻阳	35.7	1982-05-23	40.4	1971-07-27 1972-08-04 2010-08-05	26.0
新晃	36.7	1988-03-14	40.1	1972-08-11 2010-08-05	18.0
芷江	35.2	2000-05-14	39.4	2010-08-05	12.1
怀化	35.1	1986-05-19	39.3	1972-08-13 1985-08-09 2010-08-05	17.9
溆浦	35.8	2004-04-22	39.9	1963-08-27 1963-08-30 1971-07-21 1995-09-06	26.3
洪江	35.8	1993-04-24	40.3	2010-08-05	27.6
靖州	35.1	2001-05-23	39.0	2010-08-05	10.4
会同	35.5	1986-05-19	39.6	2010-08-05	16.2
通道	35.5	1985-06-26	37.4	2010-08-05	4.1

7.3.3 怀化高温天气各年代际异常气候特征

当怀化11个地面观测站在某一日有三个及以上的站点出现35℃以上的温度时记为一个高温日。对怀化1981—2010年30年间高温进行分析统计，可以发现怀化地区超过35℃的日最高气温出现在3—10月，其中6—9月出现的天数最多，占总日数的97.97%，尤其是7—8月最为集中，占总日数的80%。且各年代分布很不均匀，1981—1900年有282个高温日，1991—2000年较少为211个，2001—2010年高温日数最多为313个，从这30年来看，呈现两头多，中间略少的分布特点。

7.3.4 怀化夏季极端最高气温异常分布特征

怀化地区极端最高气温出现在麻阳(1971-07-27、1972-08-04、2010-08-05)40.4℃，其次就是洪江40.3℃，超过40℃(包括40℃)还有新晃、沅陵、辰溪，其余各县均在40℃以下，其中通道最低，为37.4℃，而且极端最高气温集中出现在8月，尤其是8月上旬，占50%。如表7.3所示。

表 7.3 怀化极端高温站次与频次

月旬	7月		8月			9月	合计
	中旬	下旬	上旬	中旬	下旬	上旬	
站次	1	3	10	3	2	1	20
频率(%)	5	15	50	15	10	5	100

7.3.5 怀化高温天气的预报

高温过程的形成与副高季节性的北跳和长江流域夏季风的建立有密切的联系。对怀化1981—2010年30年间的高温天气进行统计分析，得出500 hPa上副高演变可分为两种主要类型：一种为大陆高压东出合并类，是形成怀化高温过程的主要类型；另一种为西太平洋副热带高压西进类。

1. 大陆高压东出合并类

(1)基本特征

青藏高原有暖高压东移，在我国东部地区与西太平洋副高相合并，促使副高加强，稳定地控制在长江中下游，怀化出现晴热高温天气。这类过程开始前，中高纬形势一般都比较稳定，没有明显的槽脊加深、加强，东亚锋区维持在40°～60°N附近，呈西南一东北走向；西太平洋副高一般不是很强大，且脊线位置都偏南，约在25°N或以南；青藏高原有反气旋环流或588线闭合的暖性高压；随着青藏高压的东移和西太平洋副高打通合并，副高增强，脊线北跳到30°N附近，怀化处在588线或592线的控制下，高温天气开始。

此类过程大多为雨季结束后的第一次高温或盛夏低槽降水结束后的高温过程。有时一次高温过程有两次或两次以上的青藏高压东移和西太平洋副高的合并。有时副高脊线北跳到30°N的过程是出现在第二次两高打通合并之后。

(2)预报着眼点

此类过程预报着眼点在于西风带环流的演变及湖南上游系统的变化。

①当亚欧中纬度西风带槽脊有没有明显的发展，东亚锋区呈西南一东北走向时，有利于副高成为带状分布，这时青藏高原如有588～592 dagpm的闭合高压东移，将于西太平洋副高合并，促使西太平洋副高西进加强，脊线北抬。

②如果巴尔克什湖附近有低槽东移至河套一带转向东北方向移动，强度减弱，将有利于青藏高压东移合并，促使西太平洋副高加强西伸。

2. 副高西进类

(1)基本特征

这类过程多数出现在西风带为阻塞形势和副热带高压带为经向环流的条件下。阻塞高压一般位于乌拉尔山到叶尼塞河地区，巴尔克什湖附近维持稳定的长波槽，有明显的锋区。此时由于中高纬西风带环流形势和热带辐合带或台风等系统的影响，西太平洋副高向西挺进，强度加强，当副高进入大陆时，平均脊线达到30°～35°N附近，低纬15°～20°N有热带辐合线。怀化受588线的高压或高压脊的控制而形成连晴高温天气，此类过程多出现在8月份。

(2)预报着眼点

①当乌拉尔山附近维持稳定的阻塞高压时，其前部的冷平流有利于高原附近长波槽稳定和我国东部副高的西进和加强。

②西风带中如有高压脊东移和西太平洋副热带高压合并，能促使副高的加强和西进。

③台风的强弱、移动路径对副高的位置和强度变化有明显的影响，当台风向西和西北方向移动时，其后副高也随之西移；当台风越过副高脊线转向东北后副高将西伸加强；当台风很强大、而副高呈带状时，台风转向能引起副高暂时分裂，随后又西伸加强，因此可以从台风的路径和位置来定性地判断副高的西进及影响湖南的时间。

④副高发生季节性跳跃之后，将有5 d以上的高温过程发生，最长可维持20 d左右。

⑤在卫星云图上副高控制区内如晴空区西移、扩展，则副高也为西进加强。另外，从梅雨锋枝状云系的移动也可判断副高脊线位置的变化。

总之，高温天气的预报要从有利于副高的588线稳定控制长江中游的条件来考虑。

7.4 干旱

7.4.1 怀化干旱标准

干旱的定义：因长期无雨或少雨，造成空气干燥、土壤缺水的气候现象。干旱按照发生的季节不同又分为春旱、夏旱、秋旱和冬旱。怀化地区气象干旱的标准是综合干旱指数 C_i 。

(1)原理和计算方法

气象干旱综合指数 C_i 是以标准化降水指数、相对湿润指数和降水量为基础建立的一种综合指数：

$$C_i = \alpha \times Z_3 + \gamma \times M_3 + \beta \times Z_9 \qquad (7.1)$$

当 $C_i < 0$ 且 $P_{10} \geqslant E_0$ 时(干旱缓和)，则 C_i 取为 $0.5 \times C_i$ 。

当 $P_y < 200$ mm(常年干旱气候区，不作干旱监测)，则 $C_i = 0$ 。

通常 $E_0 = E_5$ ，当 $E_5 < 5$ mm时，则 $E_0 = 5$ mm。

式中：Z_3 ，Z_9 为近30 d和90 d标准化降水指数SPI；M_3 为近30 d相对湿度指数；E_5 为近5 d的可能蒸散量。P_{10} 为近10 d降水量，P_y 为常年年降水量；α，γ，β为权重系数，分别取0.4，0.8，0.4。

通过(7.1)式，利用逐日平均气温、降水量滚动计算每天综合干旱指数 C_i 进行逐日实时干旱监测。

(2)等级划分

气象干旱综合指数 C_i 主要是用于实时干旱监测、评估，它能较好地反映短时间尺度的农业干旱情况。表7.4为综合干旱指数 C_i 的干旱等级划分。

表 7.4 综合干旱指数 C_i 的干旱等级

等级	类型	C_i 值	干旱对生态环境影响程度
1	无旱	$-0.6 < C_i$	降水正常或较常年偏多，地表湿润，无旱象
2	轻旱	$-1.2 < C_i \leqslant -0.6$	降水较常年偏少，地表空气干燥，土壤出现水分不足，对农作物有轻微影响
3	中旱	$-1.8 < C_i \leqslant -1.2$	降水持续较常年偏少，土壤表面干燥，土壤出现水分较严重不足，地表植物叶片白天有萎蔫现象，对农作物和生态环境造成一定影响
4	重旱	$-2.4 < C_i \leqslant -1.8$	土壤出现水分持续严重不足，土壤出现较厚的干土层，地表植物萎蔫、叶片干枯，果实脱落；对农作物和生态环境造成较严重影响，对工业生产、人畜饮水产生一定影响
5	特旱	$C_i \leqslant -2.4$	土壤出现水分长时间持续严重不足，地表植物干枯、死亡；对农作物和生态环境造成严重影响，对工业生产、人畜饮水产生较大影响

7.4.2 怀化干旱区域性特点

表 7.5 是不同等级的干旱日数在怀化各县市区的分布情况(1981—2010)，以及各县对应等级干旱日数占该等级的比例。从表 7.5 中可以看出，怀化市各地区平均每年都有 81～91 d 不等的干旱情况发生，其中中旱 24～32 d，重旱 7～10 d，特旱 1.0～3.3 d，各等级的干旱在区域分布上差异不明显。

表 7.5 怀化各县市区不同等级干旱日数分布情况(1981—2010)

项目	沅陵	辰溪	麻阳	新晃	芷江	鹤城	溆浦	洪江	靖州	会同	通道
干旱日数	2739	2580	2700	2676	2770	2459	2423	2395	2475	2651	2224
年平均	91	86	90	89	92	82	81	80	83	88	74
百分比	9.75%	9.19%	9.62%	9.53%	9.86%	8.76%	8.63%	8.53%	8.81%	9.44%	7.92%
中旱	797	947	862	782	905	743	764	770	931	907	706
年平均	27	32	29	26	30	25	25	26	31	30	24
百分比	8.74%	10.38%	9.45%	8.57%	9.92%	8.15%	8.38%	8.44%	10.21%	9.95%	7.74%
重旱	257	219	201	367	353	267	228	261	258	306	298
年平均	9	7	7	12	12	9	8	9	9	10	10
百分比	8.48%	7.23%	6.63%	12.11%	11.65%	8.81%	7.52%	8.61%	8.51%	10.10%	9.83%
特旱	72	66	100	94	98	96	30	50	64	92	92
年平均	2.4	2.2	3.3	3.1	3.3	3.2	1.0	1.7	2.1	3.1	3.1
百分比	8.42%	7.72%	11.70%	10.99%	11.46%	11.23%	3.51%	5.85%	7.49%	10.76%	10.76%

7.4.3 干旱形成的中期环流形势

对怀化市 1981—2010 年 30 年间气象干旱指数进行分析，超过 200 d 的月份有 7,8,9,10,11 月，9 月份干旱日数最多，为 439 d；低于 100 d 有 1,2,3,4 月，最少的是 3 月为 52 d；其中 8—10 月占总干旱日数的 49%。通过对 1981—2010 年各月平均高度场进行分析，总结干旱形成的中期环流形势。

西太平洋副热带高压从3月开始加强，由带状高压逐渐在海上形成一个中心为588 dagpm的块状高压，584线还在海上，一直到6月，584线不断北推至湘北，到7月584线控制全省，怀化市的雨季基本结束，晴热高温少雨天气随之而来，8—10月584线始终占据着长江以南的广大地区，此时也是怀化市干旱的高发时间段。从图7.1可以看出，此时的中高纬是稳定的两槽一脊形势，西太平洋副热带高压在长江以南地区，586线西极点在100°E以西。在副高的控制下，强盛的下沉气流，形成了怀化市晴热少雨干旱的天气。

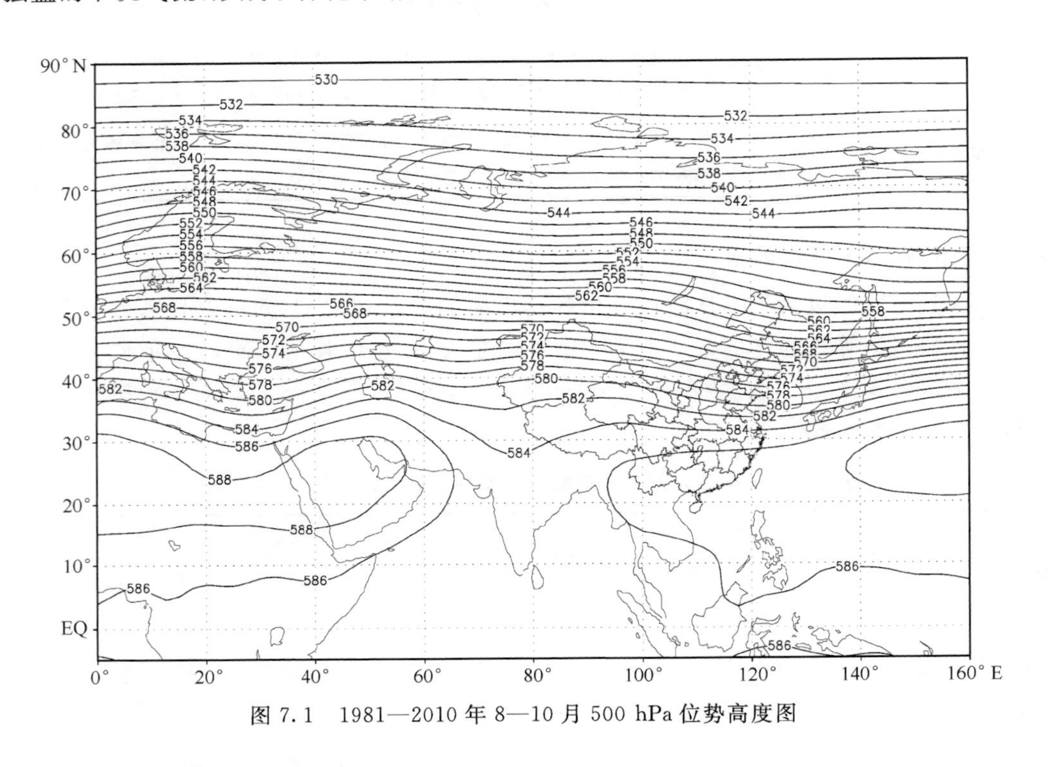

图7.1 1981—2010年8—10月500 hPa位势高度图

7.4.4 干旱中期预报的着眼点

怀化市的干旱主要出现在每年的6—11月，而这一时期的降水与副高的变化有着密切的关系，在对怀化市进行干旱中期预报时可从以下几个方面入手：

(1)怀化市与副高的相对位置。副高的位置变化直接决定怀化市未来天气走势。怀化市位于副高边缘的西侧或北侧，副高会带来丰沛的水汽，不易出现干旱；而怀化市位于副高南侧的偏东气流中，多晴朗天气，这种形势干旱的形成发展是可能的。不过在有东风波、台风等热带系统活动时，会出现强对流天气；在副高的稳定控制下，我市多晴热高温少雨天气，若长时间维持，干旱极易发生、发展。

(2)副高的移动。副高每年都会有季节性的移动，一般采用副高脊线的南北移动来表示副高的撤退或北进，副高在移动的过程中要结合副高的相对位置来判断是否会形成干旱。

(3)副高的强度。副高的强度在一定的程度上影响副高的移动的方向和速度，当副高比较强盛，东亚西风平直环流上的槽脊只能引起副高外围等高线的变形，而副高脊线位置变动很小，这样被副高控制的时间就越长，干旱发生的几率就高；反之亦然。

7.4.5 干旱预报方法及经验指标

干旱因涉及的时间较长，其预报难度很大，目前主要从统计方法和超长波特征及冷热源特点分析来着手解决。

(1) 统计方法

从大量历史资料中分析天气变化的规律，并应用这些统计规律推测未来天气趋势，这是目前中长期预报最常用的方法。

周期分析：根据旬、月降水量的历史资料演变，找出那些能达到信度要求的周期性规律，用多个周期的拟合值就可以预测未来一定阶段的雨量的多少，并据此作阶段性干旱的预报分析。

相关分析：有时一个地区出现某种天气现象之后，相隔一定时间，另一地区的天气会有某种反映。或者前期若发生了某些变化，后期必定会有某种变化，这就是相关关系。利用统计相关也能对阶段性干旱作出预测。

相似分析：在天气分析中常常可以发现，不同的环流形势下所对应的天气是不同的。而相同环流形势下的天气就有某些相同性，甚至它们随后的天气也是相似的。可以利用相似关系，对未来的天气特点作出大致的估计。阶段性干旱因跨的时间较长，通常是以候、旬、月的平均形势作为相似分析的依据。当发现与历史上的干旱形势相似时，就应警惕发生阶段性干旱的可能性。统计方法的适用性较强，但缺点是物理过程不清楚。在具体应用时，要尽量选取那些物理意义比较明确的因子和关系。

(2)超长波特征及冷热源特点分析

在日常的天气变化中，大气长波活动构成具体的天气过程，而超长波是长波活动的背景。可以说，是超长波的位相和振幅决定了高度场形势的大局，也决定了未来一定时段内的天气趋势。天气实践也表明，某种天气形势的长时间稳定，常常会造成相应地区出现阶段性旱涝。而这种情况的出现与否是由超长波决定的。超长波的移动与长波不同，大气长波通常都是自西向东移动的，其移速就符合著名的 Rossby 长波公式：

$$c = u - \beta/k^2 \qquad (k = 2\pi/L) \tag{7.2}$$

式中：c 为相速，k 为波数，β 随纬度变化，纬度愈高 β 值愈小。它表明波长越短，移速越快。而超长波却常常表现为在某个固定的地理位置附近摆动，显示出准静止状态，或称驻波。在超长波中，驻波比重较大。由于驻波对阶段性干旱的形成有决定作用，所以尤其要注意超长波中驻波的形成问题。经过许多人的研究，已经发现，对于驻波来说，山脉、海陆分布和冷热源对其形成有决定的影响。因此，它易在某些固定的地理位置形成。当地某些易造成怀化市出现阶段性干旱的地区(如前面指出的干旱特征环流)出现超长波时，就需要作相应的分析预报。在作阶段性干旱预报时，对冷热源特点的分析也有重要意义。因为在形成驻波的因子中，山脉和海陆分布是固定的，变动的仅是冷热源。冷热源的位置虽和大气运动有关，但主要却决定于下垫面的热状态。在一定的地理上也具有准常定性。冬季大洋上为热源，大陆上皆是冷源。而夏季大洋上成为冷源，大陆上以高原为中心却成为热源。此外，区域性的地温变化，冰雪覆盖区的变迁及海温的变化，也都会造成冷热源位置的改变，从而造成超长波的变化。对比冷热源和超长波槽脊分布的关系，发现在热源的西部易有槽形成。而在冷源的西部易有脊形成。因此根据冷热源的特点，可以对一段时间内的大气运动形式作出估计，从而判断阶段性干旱出现的可能。

副高的强度、位置及移动与怀化市的降水有着密不可分的关系，对怀化市干旱的预报有一定的指示作用，但是复杂的天气往往是多种天气因素综合作用的结果，从怀化市的干旱日数与西太平洋副高面积指数、北半球副高强度指数及西太平洋副高强度指数进行的回归分析的结果来看，怀化市的干旱与这三个副高指数有一定的相关性，但还不足以指导怀化市的干旱预报。

7.5 大雾

7.5.1 大雾的天气气候概况

怀化地区一共11个县(市)区气象局，在08—08时只要有一站出现能见度小于1000 m的现象即定为一个大雾日(一天同时有三站以上的大雾定为区域性大雾，有3个及以上的站连续2 d以上出现大雾记为一个连续性大雾天气过程，有8个及以上的站连续2d以上出现大雾记为一个全市性的大雾天气过程)。

对全市1971—2010年40年间平均大雾日数的统计发现，怀化地区大雾分布在时间、空间上都有较大的差异。

(1)怀化地区大雾时间分布特征

全市平均雾日数为131.8 d，其中1977和1979年出现雾的日数最多，均为161 d，2005年最少为102 d；各月分出现大雾的日数也有较明显的差异，1—4月雾日都在10 d以下，5—12月在10 d以上，2月最少6.5 d，8月最多14.6 d。

(2)怀化地区大雾空间分布特征

平均大雾日数的地理分布极不均匀，全市各县市年平均雾日数42.4 d，最少的是中部地区的洪江20.5 d，最多是南部的通道77 d，全年大雾主要集中出现在南部的会同、靖州、通道，北部的沅陵、溆浦以及西部的新晃，这种大雾的地理分布特征可能与怀化东北西南向的狭长地形和东南部有雪峰山西北部有武陵山的特殊的地理位置有关。

7.5.2 怀化大雾过程的气候概况

如图7.2,7.3所示。从1981—2010年大雾资料分析显示，怀化地区区域性和全市性的大雾天气过程具有明显的季节分布特征；区域性大雾过程主要集中在8月到次年1月，占总数的63.4%，全市性的大雾天气过程的季节分布尤为明显，主要集中在冬季(11月、12月、1月)，占总数的80.8%(图7.3)。

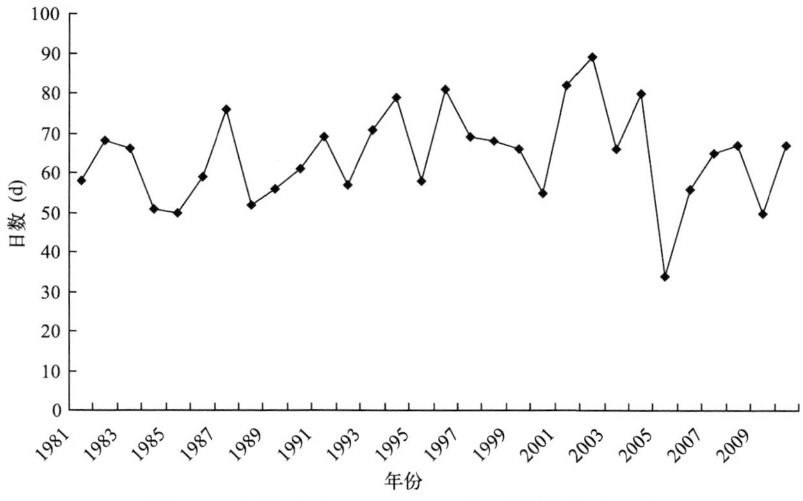

图 7.2 怀化地区 1981—2010 年区域性大雾日数

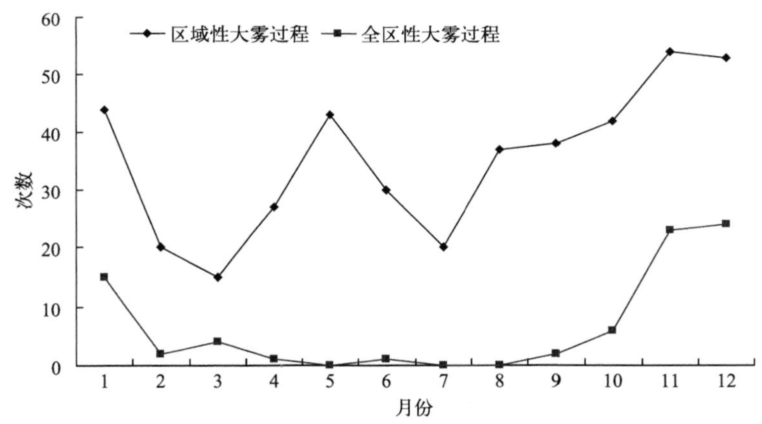

图 7.3 怀化地区 1981—2010 年 30 年间大雾过程月平均变化图

7.5.3 大雾过程的基本特点

对 1981—2010 年怀化地区持续 3 d 及以上的全市性的大雾天气过程的分析发现，怀化地区的全市性的大雾天气均为辐射雾，发生时间在 9—12 月以及 1 月共计 26 次 91 d，且以 10—12 月为主，占总次数的 88%。

(1)天气形势特征

怀化出现全市性大雾天气其形势场合成图如图 7.4 所示。500 hPa 合成图上，东亚大陆为两槽一脊形势，高原和我国东部沿海为槽区，巴湖为脊区，我国大部分地区一致受槽后脊前的西北气流控制。海平面气压合成图上，我国大陆受较强冷高压脊控制，冷锋移到南海北部海面，层结稳定。由于前期受高空槽和锋面影响产生降水，使得近地面层湿度大，当高空槽和锋面移过怀化后，转晴好天气，辐射降温使水汽凝结成雾。

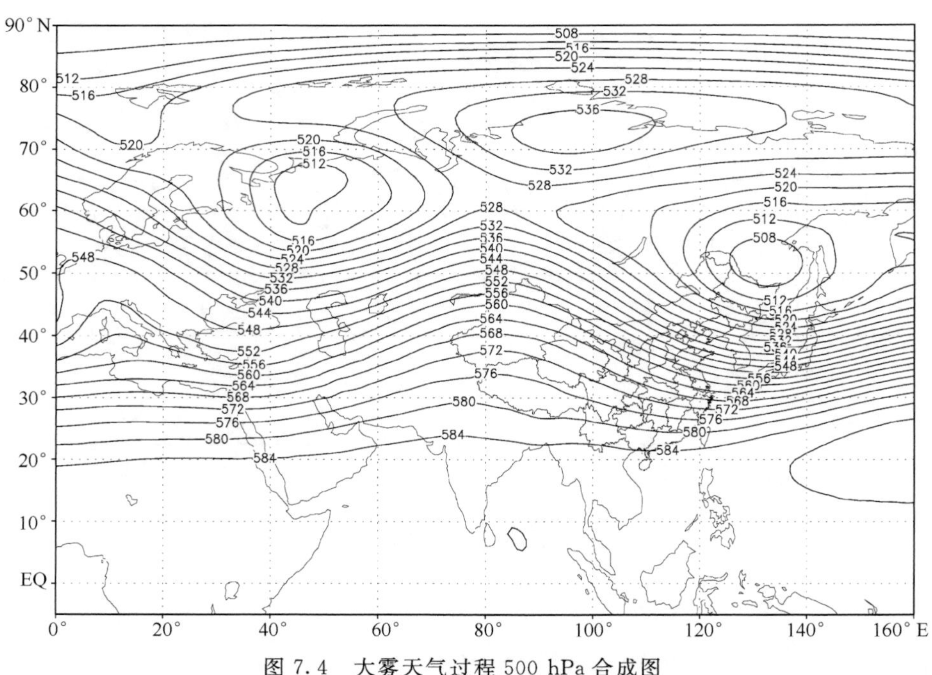

图 7.4 大雾天气过程 500 hPa 合成图

(2)气温变化特征

怀化地区出现大雾天气过程的日最高气温与日最低气温的差值有明显的特征:怀化 10—12 月的 30 年日最高、最低气温温差 8.04℃(10 月 8.21℃,11 月 8.03℃,12 月 7.64℃),97.8%的温差高于 9℃,95.6%的高于 10℃。

7.5.4 大雾关键技术研究进展

怀化的大雾预报更多的是建立在结合统计学和预报员自身经验的基础上,为了更好地准确预报大雾天气,参考嘉兴市气象局的冬季大雾天气学概念模型,建立适用于怀化的大雾天气学概念模型,初步作出有无大雾的判别,如判别有大雾后,则再进行高空 500,700,850 hPa 3 层 08 时的(100°~112°E,20°~40°N)范围的曲面拟合物理量计算,结合本站地面实况资料和运用数值预报产品,用逐步回归方法建立方程作大雾预报。

(1)候选因子场的来源

曲面拟合物理量计算资料也来源于 1991—2010 年 500,700,850 hPa 3 层的 08 时高空实况资料,范围为 100°~112°E,20°~40°N,计算格距为 0.5 ×0.5,预报物理量场共有 40 个,总格点数 1681 个,再有本站地面实况资料因子 25 个,还利用 T639 预报最低温度作因子。

(2)预报对象 Y 值处理

取 1991—2010 年怀化市 11 个县(市) 地面观测历史纪录,将出现 3 个站以上的大雾日定为有雾日,Y 值为 1,而无雾或 3 个站以下的雾日,定为无雾日,Y 值为 0。

(3)相关普查与建立大雾预报方程

将预报对象 Y 值与曲面拟合物理量场以及本站实况因子进行相关普查,用人工组合方法挑选出41个入选因子场，采用逐步回归方法建立怀化市冬季（10月—次年2月）的大雾预报方程，运用T639预报产品（TL）因子，作出大雾预报。冬季样本时间为1991—2010年（1，2，10，11，12月）。

7.5.5 数值预报产品的释用

有利于雾形成的条件：地面微风，很小的温度露点差及垂直廓线（可提供有利辐射冷却的大气条件），低层温度、露点的垂直廓线，可帮助判断雾所处的阶段，雾存在时有非常强的边界层逆温和一薄的饱和层。垂直廓线产品可以来自于探空资料和数值预报产品，数值产品能够弥补每天两次探空之间的空隙。虽然所有的数值模式，包括中尺度数值模式，都很难预报雾，但不是说模式产品在雾预报中无用武之处，相反它能提供辐射雾形成的环境条件。可从以下三方面考虑：①各层的相对湿度，即近地面的高相对湿度和中低层（850 hPa）及以上低相对湿度；②低层的风速，即近地面层的微风（$\leqslant$2 m/s）；③垂直上升运动，即中层（700～500 hPa）的下沉运动。中层（700 hPa）的下沉运动伴随10%～20%的相对湿度，意味着中层的云消散（不能形成中层云），有利夜间的辐射冷却作用和稳定层结的建立。

7.5.6 大雾预报方法

首先明确一下出现辐射雾和平流雾的要素：

①辐射雾：明晨地面偏南风>4 m/s，或偏北风>3 m/s，预报无大雾。

②平流雾：明晨地面偏南风>6 m/s，或偏北风>5 m/s，预报无大雾。

其次是确定预报指标：

1）辐射雾

(1) 当天夜里到第二天早晨天气晴到少云。

(2)数值预报明天早晨 $T-T_d \leqslant 3$℃。

(3) 预计次日晨风力小，小于3 m/s。

(4)700，850 hPa上游有暖平流（温度脊）。

2）平流雾

(1)数值预报明天早晨 $T-T_d \leqslant 3$℃。

(2)预计次晨风力小，小于5 m/s。

(3)700，850 hPa上游有暖平流（温度脊）。

对上述指标作二值化处理，比如平流雾(1) 数值预报明天早晨 $T-T_d \leqslant 3$℃为1，否则为0，利用回归方法，作出每月的预报方程：

$$y = A_0 + \sum_{i=1}^{n} A_i \quad (7.3)$$

根据准确率最高的原则，判定临界值，日常应用时计算出的当天的 Y 值，当 $Y > Y_c$ 时预报第二天有雾，反之无雾。

7.5.7 典型个例成因分析

2000年12月21—25日，怀化出现了全市性的大雾天气过程。本次大雾天气除分布范围广外，还具有持续时间长的特点。对于这一次重要的大雾天气过程，从天气实况、天气背景和物理量场，以及大雾形成的温湿条件和层结特征这四个方面结合起来进行分析，探讨此次大雾的可预报性，也为今后的冬季大雾预报提供参考。

(1)天气实况及背景

2000 年 12 月 19 日受高空波动、中低层的切变以及地面冷空气影响，怀化出现了一次小到中雨的降水天气过程，19 日怀化普降小到中雨，20 日波动东出，怀化转受槽后偏北气流控制，降水减弱并逐渐停止，仅有零星降水；21—25 日，东亚大槽建立，中国的中东部地区处在槽后西北气流控制之下，怀化处在高空脊前西北气流影响，同时地面位于均压区内，夜晚天气晴朗，辐射降温冷却，利于大雾生成；加之此前冷锋过境时造成的降水天气过程以及近地层的辐合使得水汽聚集，为大雾生成提供了充沛的水汽条件。所以，从成因来看，这次大雾属辐射雾，受槽后干冷西北气流影响，夜晚天空云系较少，天空晴朗，有助于地面辐射降温，而暖脊的控制使得中层增温，易形成逆温，为大雾天气的形成提供了非常稳定的有利条件。

(2)温度分析

大雾前期的天气状况对大雾生成具有很大的影响。12 月 20 日高空槽东移过境过程，前期冷锋过境，地面有弱冷空气渗透，怀化市有弱降水；21 日高空槽过境转槽后西北气流，地面高压南落，天空云系较少，天况转好。16:00 露点温度为 8.5 ℃。白天整体温度都不高，这是由于白天中高云层的出现，阻挡太阳辐射的入射量，地表升温慢。在水汽条件不变的条件下，白天温度露点差越小，夜晚达到近地面的饱和状态的时间就越短。结合 12 月 19—28 日的最高、最低气温(图 7.5)及温度露点差随时间变化图(图 7.6)分析可知，由于夜间辐射降温夜里温度较低，空气易于饱和，有利于大雾的生成。

由于近地面层的湍流混合作用，造成更干的空气下沉，地表水汽通量上升，形成均匀化的结构，此温度即距地约 60 m 处的露点温度，常用来预示整个潜在雾层的湿度状态。由温度垂直廓线图(图 7.7)可以看出 21 日 00:00 存在边界层逆温，温度随高度递减，23—24 日 00:00 低层温度随高度呈弱逆温，近似等温趋势变化，到 26 日夜间逆温层被破坏，逐渐温度随高度呈明显递减分布。由此可知，夜间边界层逆温层或等温层的形成与维持对雾的发展持续具有重要作用。

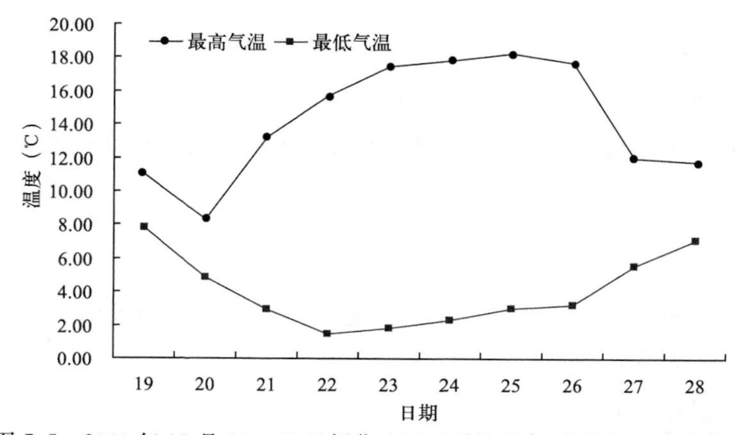

图 7.5 2000 年 12 月 19—28 日怀化地区日平均最高、最低气温分布曲线

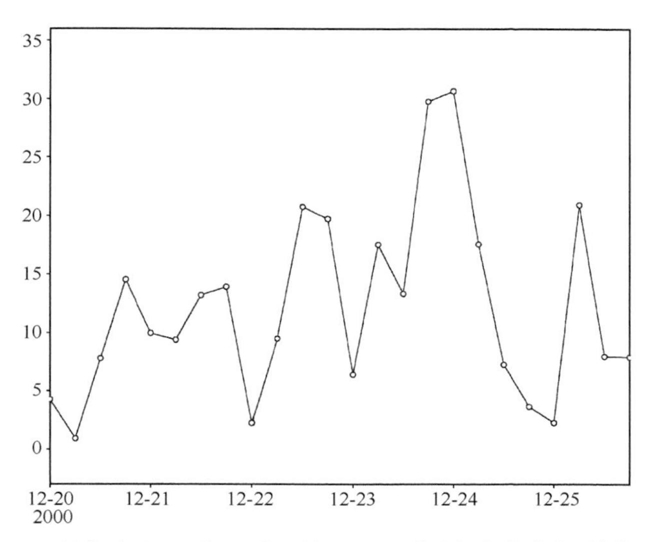

图 7.6 怀化地区(110°E,27°N)处 $T-T_d$ 随时间变化曲线(单位:℃)

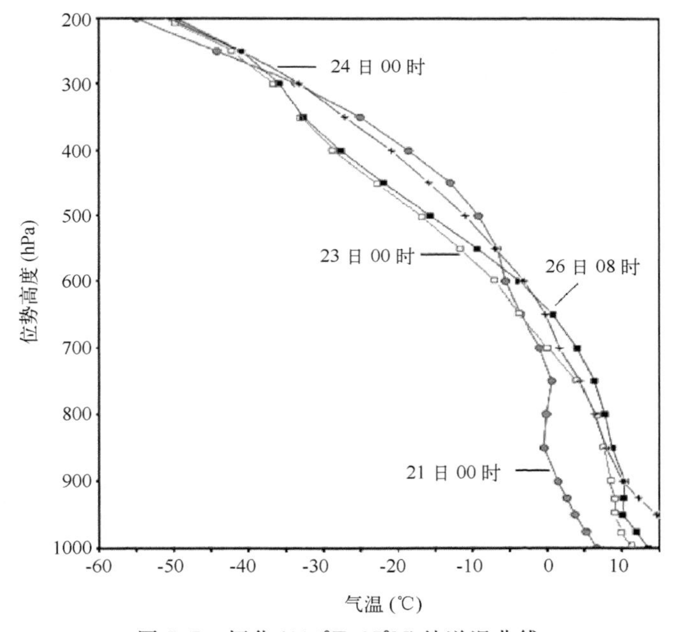

图 7.7 怀化(110°E,27°N)处逆温曲线

(3)水汽及垂直运动条件

图 7.8 为 2000 年 12 月 20 日 08:00 至 26 日 14:00 平均相对湿度、平均垂直速度的时间高度剖面图。从图中可看出,21—25 日贴地层相对湿度较大,随着高度的增加,相对湿度明显递减;低层较大相对湿度的层高随时间呈增高趋势,即低空水汽饱和程度逐渐增强;这是由于夜晚辐射降温的作用,使得水汽接近饱和,利于形成大雾;26 日中层开始增湿,湿层不断向上扩展,中上层干,近地层湿的形势被破坏。由垂直速度一时间剖面图可以看出,大雾发生期间,低层风速较小,可近似为静风。近地面层的微风或静风通过减弱湍流混合可加快辐射冷却作

用，利于长波辐射降温，为雾的生成、发展提供了有利的条件；25 日起，低层风速逐渐增大，湍流混合增强，并且太阳短波辐射使得地面温度升高，湍流输送将热量传给大气，大雾不易形成，到 26 日，垂直运动进一步增强。

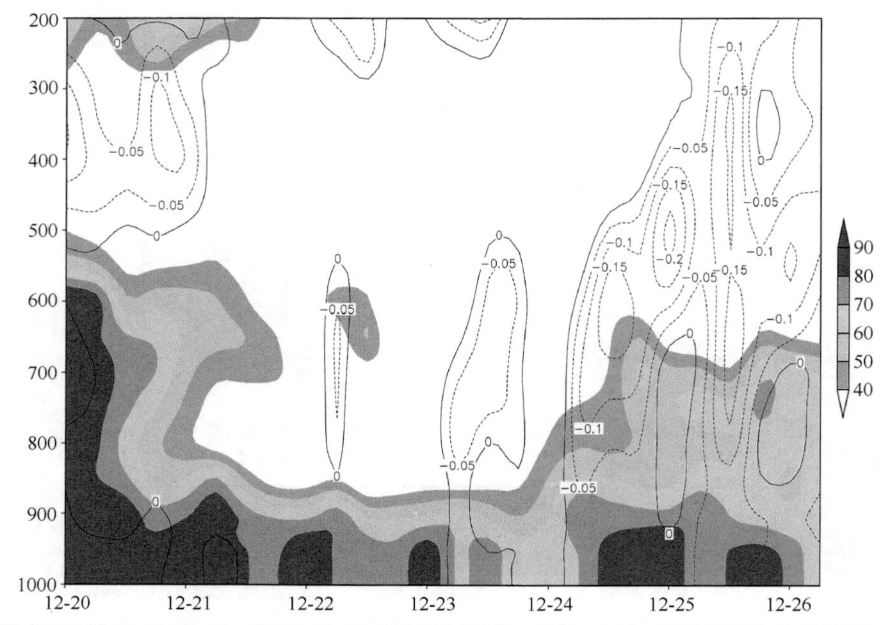

图 7.8　2000 年 12 月 20 日 08:00—26 日 14:00 怀化地区(26°～28°N,109°～111°E)平均垂直速度一时间剖面图(等值线，单位：m/s)和平均相对湿度一时间剖面图(色斑，%)

综上所述，可以得出如下结论：

①一定的大气环流背景有利于雾的生成、发展。如高空西北气流，槽后暖脊和中低层的反气旋环流控制，加快近地层辐射降温冷却和逆温层的形成；地面高压或均压场内，风速较小，都为大雾生成提供了有利条件。

②在一定水汽条件下，温度露点差越小且随时间减小，利于大雾生成、发展；逆温层或等温层的形成与维持对雾的发展持续具有重要作用。

③近地面层水汽饱和且不随高度减小，利于大雾生成；近地面层的微风或静风通过减弱湍流混合可加快辐射冷却作用，利于长波辐射的降温，为雾的生成、发展提供了有利的条件；低层风速逐渐增大，湍流混合增强，湍流输送将热量传给大气，会加快大雾消散。

第 8 章

数值预报产品释用与检验

8.1 数值预报模式简介

8.1.1 T639 全球中期数值预报模式

2007 年 12 月，T639L60 全球中期数值预报系统通过准业务化验收，开始准业务运行，使我国全球中期数值预报系统的可用预报时效在北半球达到 6.5 d，东亚达到 6 d，标志着我国数值预报水平有了长足的进步，与发达国家的差距进一步缩小。

T639L60 全球中期数值预报模式是通过对 T213 模式进行性能升级发展而来，具有较高的模式分辨率，达到全球水平分辨率 30 km，垂直分辨率 60 层，模式顶到达 0.1 hPa；T639 模式具有较高的边界层垂直分辨率，其中在 850 hPa 以下有 12 层，对边界层过程有更加细致的描述，更适合于支撑中尺度数值模式和其他精细模式。

T639 模式在动力框架方面进行了改进，包括使用线性高斯格点、稳定外插的两个时间层的半拉格朗日时间积分方案等，提高了模式运行效率和稳定性；另外，改进了 T639 物理过程中对流参数化方案及云方案，大大改善了降水预报偏差大、空报多的问题。

该模式采用国际上先进的三维变分同化分析系统，除可以同化包含 T213 模式同化的全部常规资料外，还能直接同化美国极轨卫星系列 NOAA-15/16/17 的全球 ATOVS 垂直探测仪资料，卫星资料占到同化资料总量的 30%左右，大大提高了分析同化的质量，显著改善了模式预报效果，缩短了和国际先进模式的差距。

T639 模式第一次在中期业务模式中嵌入台风涡旋场，在台风季节其可用性较 T213 明显增强。T639 模式在产品上继承了 T213 模式的特点，具有数据与图形多类别、多种分辨率、高时间频次、多种物理诊断量的产品(表 8.1)。

该模式于 2008 年 6 月 1 日正式在国家气象中心业务运行，并通过 9210 向全国发布产品，对于国家和省地各级预报员制作天气预报起到较好的指导作用。

表 8.1　T639 模式与 T213 模式比较

模式系统	水平分辨率(km)	垂直分辨率	预报时效(d)	分析方案	资料使用
T213L31	60	31－η层	10	最优插值	常规
T639L60	30	60－η层	10	三维变分	常规＋卫星

8.1.2 怀化业务化的中尺度数值预报模式

2002年，怀化市气象局从中国科学院引进MM5中小尺度数值预报系统模式，并进行本地化研究，开创了湖南省地市级气象台采用并行计算机运行数值预报模式制作天气预报的先例。

MM5模式具有多重嵌套能力、非静力动力模式以及四维同化的能力。MM5模式结构可分为前处理模块(TERRAIN，REGRID，INTERPF，LITTLE-R)、主模块、后处理及绘图显示等辅助模块(包括RIP，GRAPH，GrADS，Vis5D)。在每一部分中又有其具体细致的内容，前处理中包括资料预处理、质量控制、客观分析及初始化，它为MM5模式运行准备输入资料；主模块部分是模式所研究气象过程的主控程序；后处理及绘图显示模块则对模式运行后的输出结果进行分析处理，包括诊断和图形输出、解释和检验等。各模块具体功能为：TERRAIN选取模拟区域，生成水平网格，将地形和土地利用资料插值到格点上。MM5支持三种地形投影方式：Lambert正形投影、极地平面投影和赤道平面Mercator投影，这三种投影方式分别适用于中纬度、高纬度和低纬度的模拟。TERRAIN的输入参数包括模拟区域的中心经、纬度，水平格距和网格数等。

MM5模式的引进使怀化市天气预报技术手段有了长足的进步，预报水平空间分辨率达到15 km，时间分辨率达到逐时。获湖南省气象科技开发一等奖。图8.1为MM5模式的输出产品。

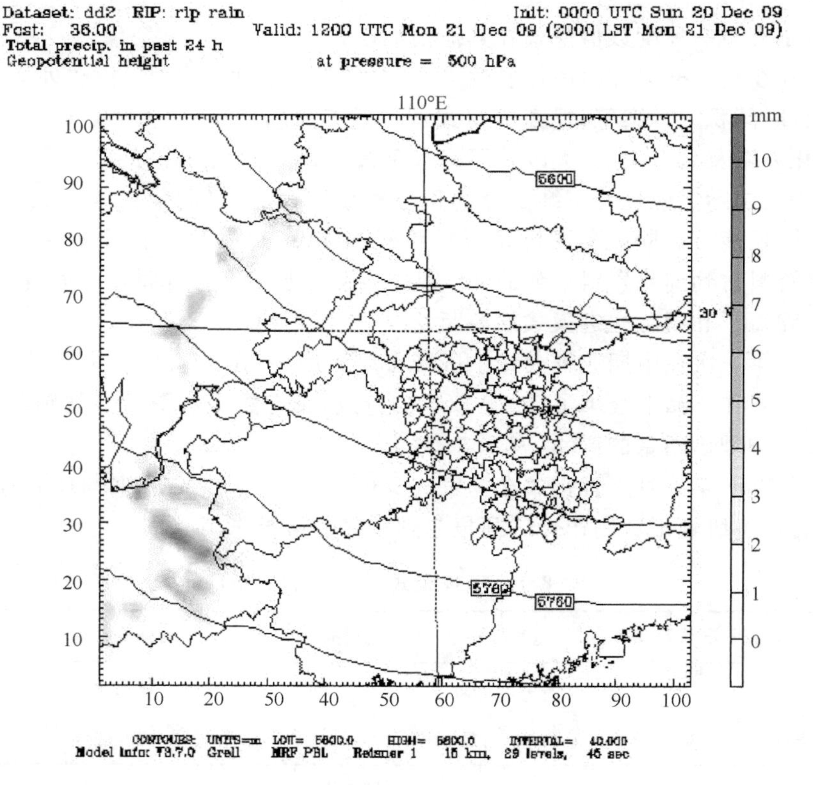

图8.1 MM5输出产品

8.2 数值预报模式产品检验与评估

怀化2011年5月10—13日大暴雨天气检验。

T639 10日08时(图8.2a)500 hPa中高纬的环流形势预报均比较准确，其预报的位于贝加尔湖西北部的冷涡的位置和强度与实况基本一致，但对副高的预报均偏东，实况副高西伸到110°E附近，而预报的副高西伸点在125°E附近，对副高北界的预报T639接近实况，对南支槽的预报基本准确，无论是南支槽位置还是槽底深度均与实况接近。从11日08时(图8.2b)500 hPa的实况和模式预报场对比可以看出，对贝湖西北部冷涡的预报接近实况，冷涡南部低槽也与实况一致。对副高和南支槽的预报也与实况较为一致。

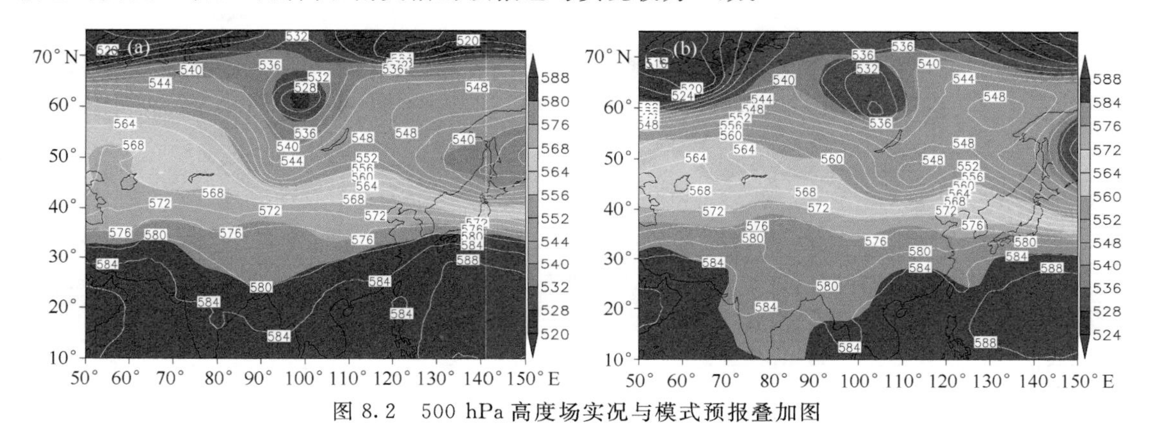

图8.2 500 hPa高度场实况与模式预报叠加图

(a:10日08时;b:11日08时，阴影为实况，白线为T639预报)

10日08时T639模式850 hPa影响系统的24 h预报场与实况比较可以发现，T639(图8.$3b_1$)的预报在湖北中部和重庆中部各有一个中尺度涡旋，与实况非常一致，对西南急流的强度和急流轴的方向预报也比较接近，急流的范围比实况要大。10日20时T639(图8.$3b_2$)模式850 hPa影响系统的24 h预报场与实况比较可以发现，实况原来在湖北中部的中尺度涡旋东移，T639准确预报东移过程，两个模式预报的涡旋位置与实况一致。实况原来在重庆中部的涡旋已移到重庆与湖南边境，T639的预报位置偏西偏北，与实况有一些偏差。T639预报的西南急流与实况相比明显偏强。

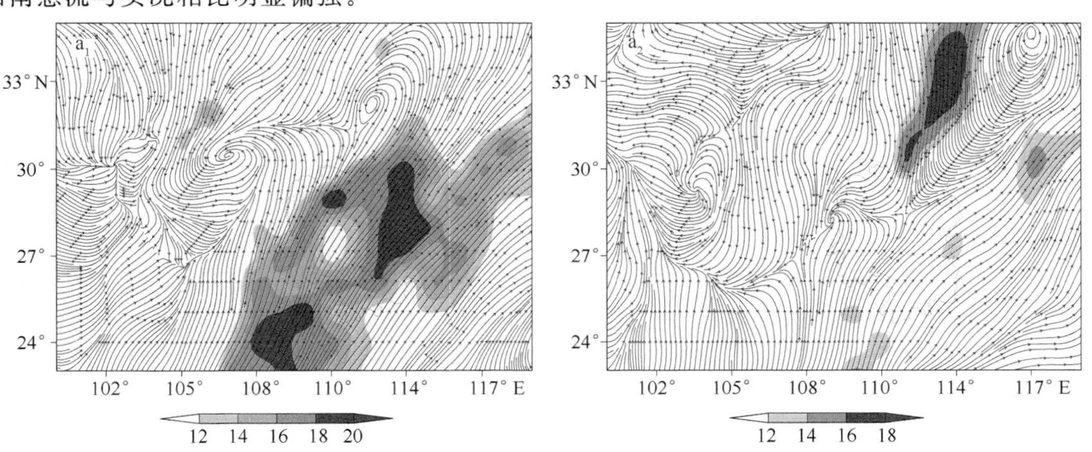

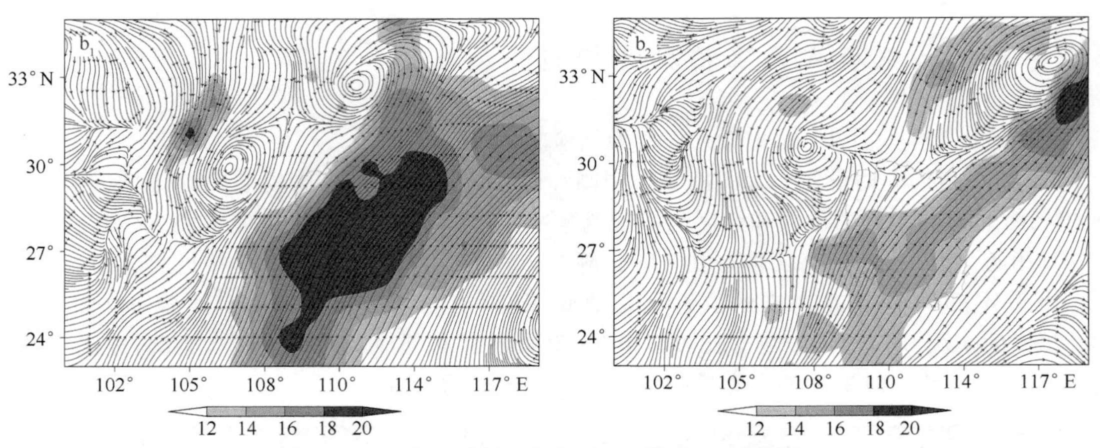

图 8.3 850 hPa 流场实况与 T639 模式 24 h 预报图

(a 为实况，b 为 T639 预报，下标 1 为 10 日 08 时，2 为 10 日 20 时，阴影区为≥12 m/s 的低空急流)

8.3 数值预报产品释用

数值预报产品的释用从技术上可分三类，即天气学方法释用、统计学方法释用、动力释用。

(1)天气学方法释用

所谓天气学方法释用就是在天气预报中应用天气学原理定性的对数值预报产品作解释和应用，更侧重于天气学原理和预报经验的结合。如经验推理、聚类法、相似法等。

例如：从数值预报 850 hPa 变温场变化中可清楚地分析出冷空气的强度和移动路径，未来气温的变化趋势，降水可能出现的区域及强度，槽脊移动方向、速度、发展趋势等。同样也可以从地面变压的变化中能分析出冷空气的强度、路径，大风的强度、冷锋位置等。

(2)统计学方法释用

主要指数理统计方法，如多元回归、卡尔曼滤波、逐级订正、人工神经元网络、判别分析、多维动态关联模型、SVM 支持向量法等对数值预报产品进行的解释应用。

例如：以气象观测站点为中心选定 5×5 格点的欧洲中心 850 hPa 的温度预报场资料，把 20 时的温度实况与当日的最高温度对应，与次日的最低温度对应，用 PP 法制作最高、最低温度预报，采用多元因子回归方法建立预报方程。用 850 hPa 的 48 h 的温度预报场格点因子制作 24 h 最高温度预报，用 24 h 温度预报场格点因子制作 24 h 最低温度预报。

(3)天气动力释用

利用具有动力意义和逻辑思维的预报方法，包括通过求解动力学方程组、数值诊断等，即运用动力学方法对数值预报产品进行的解释应用。如“配料法”(Ingredients-Based Methodology)等。

例如：在预报强对流天气的发生和落区时，根据郭晓岚的对流参数化原理，必须满足如下一些条件：在位势不稳定的前提下，只要近地面有净的水汽辐合，高层有水汽辐散，并有垂直上升运动存在，就可以产生强对流天气。应用散度方程推导出一套基本上满足上面条件的关系式，然后对强对流天气的雨强、雨量及可能出现的冰雹、雷暴等作出计算或判别。

目前数值预报产品的释用技术已经得到很大发展。在天气预报业务实际应用过程中，常采用数值模式预报、诊断分析、统计分析、天气学经验预报等多种结合的释用方法，使预报精度得到进一步提高。目前在天气预报业务中运用较广泛的方法有完全预报法(PP 法)和模式输出统计方法(MOS 法)等。

①完全预报法(PP 法)

20 世纪 50 年代末，美国气象学者克莱因(W. H . Klein)提出用历史资料与预报对象同时间的实际气象参量作预报因子，建立统计关系。其推导方程的函数关系为：

$$Y_0 = f_2(X_0) \tag{8.1}$$

式中，Y_0 表示 t_0 时刻的预报量，X_0 为 t_0 时刻的因子向量。

它的基本思路是将各种大气状态变量(如位势高度，风的 u，v 分量，相对湿度等)的客观分析值与几乎同时发生的天气现象或地面天气要素值建立统计关系，得到一组 PP 方程，在应用这些 PP 方程作预报时，则将不同时效的大气状态变量的模式预报值作为相应时效的客观分析值代入 PP 方程，算出相应时效的天气现象或地面天气要素预报。

实际应用时，假定模式预报的结果是“完全”正确的，用模式预报产品代入到上述统计关系中，就可得到与预报相应时刻的预报值，这种称为完全预报法 (Perfect Prognostic Method，简称 PP 法)。但这是一种假设，事实上数值模式的预报只有在预报时效很短的情况下，才可能与分析值近似一致。其误差值将随预报时效的延长而增长，这是 PP 法预报误差的主要原因。然而 PP 法的优点在于可以根据相当长的客观分析资料样本(历史资料)与各地区、各季节的天气要素建立较为稳定的统计关系，而表征其统计关系的 PP 方程与数值模式无关，不必因数值模式的更新而重新推导，而且数值预报精度的提高还有助于 PP 预报质量的提高。此外，同一要素的 PP 方程，代人不同预报时效的模式产品，就得出不同预报时效的天气要素预报。

②模式输出统计方法(MOS 法)

1972 年 Glathn 和 Lowry 提出了模式输出统计(Model Output Statistics，简称 MOS)法。MOS 预报是建立在多元因子线性回归技术基础上，研究预报量 Y 与多个因子之间的定量统计关系。具体作法是从数值预报模式的历史资料中选取预报因子向量 X_t，求出预报量 Y_t 的同时性(或近于同时性)。如(8.2)式所示的预报关系：

$$Y_t = f_3(X_t) \tag{8.2}$$

应用时把数值预报输出结果代入上述预报关系式中。

MOS 方法可以引入许多其他方法(如 PP 法)难以引入的预报因子(如垂直速度、涡度、边界层位温等物理意义明确、预报信息量较大的因子)，它还能自动地订正数值预报的系统性误差。不要求模式有很高的精度，只要模式预报误差特征稳定，就可以得到比较好的 MOS 预报结果。由于 PP 方法最大的缺点是没有考虑模式预报的误差，所以已经逐渐被 MOS 方法所取代。MOS 方法的缺点在于方程建立依赖于模式，模式有比较大的变化后，需要重新推导方程，如沿用老的方程，即使模式预报精度有了很大的提高，也有可能得不到好的预报效果。

MOS 方法基本上建立在多元线性回归计算模型基础上，但多元线性回归(OLS)有以下缺点需注意：①自变量个数 J 必须小于样本长度 N；②自变量之间不能存在明显的线性相关性，当自变量中存在严重的多重线性相关时，如果仍采用多元线性回归模型，则模型的准确性、可靠性都不能得以保证；③自变量和因变量大致呈正态分布。

第 9 章

多普勒天气雷达短时预警技术

9.1 雷达回波的识别

雷达回波大致可分为非气象回波和气象回波两大类，气象回波又可分为降水回波和非降水回波两类。

非气象回波形成的直接来源是地物、飞机等非气象目标物对电磁波的反射，以及由于雷达的性能而引起的虚假回波。但在这类回波中，有些回波的出现也和气象条件有关，如海浪回波的强弱与海面上大风强度有关，超折射间波和大气中逆温层的存在有关。包括：地物回波、超折射回波、同波长干扰回波，飞机、船只等的回波，海浪回波及由天线辐射特性造成的虚假回波。

气象回波的形成的直接因素是大气中云、降水中的各种水汽凝结物对电磁波的后向散射和大气中温、压、湿等气象要素剧烈变化而引起的。按其地面是否有降水，可分为降水回波和非降水回波两部分。降水回波包括层状云连续性降水回波、对流云阵性降水回波、积层混合云降水回波、雪的回波、其他类型降水回波(冻雨、沙暴中降水、第二次扫描回波)。非降水回波包括：云的回波、雾的回波、闪电信号及其回波、晴空大气回波(点状或圆点状、窄带状、细胞状、层状、大气波动和湍流、环状、海风)。

9.1.1 怀化常见暴雨的雷达回波特征

暴雨是在大尺度的环流背景条件下，由中尺度天气系统直接造成的，因此环流背景是产生暴雨的重要条件。暴雨形成的过程是相当复杂的，一般从宏观物理条件来说，产生暴雨的主要物理条件是充足的源源不断的水汽、强盛而持久的气流上升运动和大气层结构的不稳定。大中小各种尺度的天气系统和下垫面特别是地形的有利组合可产生较大的暴雨。

每天的常规观测资料可以用来分析大尺度的天气系统。将暴雨天气过程的雷达回波资料与相对应时段的500,700,850 hPa及地面资料综合分析，发现用850 hPa的形势对于暴雨分类比较理想。按850 hPa形势将暴雨过程分成两类：低槽暴雨、切变线暴雨，其中切变线暴雨又分为暖式切变线暴雨和冷式切变线暴雨，暖式切变线暴雨又分为北抬型暴雨和南移型暴雨。

(1)低槽暴雨的雷达回波结构和特征

根据湖南低槽暴雨过程分析，低槽暴雨具有以下回波结构和特征：

①回波呈 S—N 或 NNE—SSW 走向的带状回波，在回波的前沿有一条强度>35 dBz 的强中尺度对流回波带，强中心在 50 dBz 以上，在地面常有雷暴天气出现，回波沿偏东方向移动，速度很快，移速在 50 km/h 左右。

②在强中尺度对流带上是由多个强度>35 dBz 的对流单体有组织的组成，各单体的强度有很大的区别，一般单体的强中心在 5 km 以下，回波中心值在 40 dBz 左右，回波顶高在 8～10 km，但也有少数强对流单体发展旺盛，强中心在 50 dBz 以上，在对流层中下层存在“穹窿”和回波墙，回波顶高在 14 km 左右，在地面易形成雷雨大风等强对流天气。

③在与强中尺度对流带垂直的区域里也是由多个单体所组成，但只有强中尺度对流带上回波单体最强，具有“穹窿”和回波墙，在回波移动方向的后部是一些强度很弱的层状云降水回波，在回波移动方向的前部回波梯度较大，而在其后部回波梯度较小。

④低槽暴雨的回波强度大，对流旺盛，短时雨强大，容易形成雷雨大风等强对流天气，但中尺度对流回波带的宽度比较窄，移动速度快，总的降水量不是很大。

(2)冷式切变线暴雨的回波结构和特征

① 回波为 E—W 或 ENE—WSW 向的层积性混合性带状回波或弥合型回波，中间常有一条或多条强度>35 dBz 的强中尺度对流回波带，也常出现 50 dBz 以上的强中心，但较低槽暴雨的对流强度弱，回波的范围大。各回波单体向偏东或东北方向移动，但在回波带的东南侧不断有新的回波单体生成，而在其西北侧有单体的消亡，因此回波带总体向东南方向移动。回波的移动速度与西南急流的风速大小、后侧的偏北风的大小及地形有很大的关系。

②在强中尺度对流回波带上的回波结构和特征与低槽暴雨的结构相类似，同样是由多个对流单体组成，单体>35 dBz 的强回波在 5 km 以下，回波顶高参差不齐，但强对流的高度和强度明显小于低槽暴雨，在最强单体的中低层没有“穹窿”和回波墙，地面常伴有雷阵雨天气。

③在与强中尺度对流回波带相垂直的南北区域里，同样是由强度不同的对流单体组成，但后侧的单体回波强度小于前侧。因此常可以观测到强度大小不一的多条强中尺度对流回波带。

④冷式切变线降水效率较高，能造成成片的暴雨和大暴雨。

(3)暖式切变线暴雨的回波结构和特征

湖南 5—7 月暖式切变线暴雨过程很多，北抬型和南压型暴雨只是移动的方向不同，其回波的结构和特征基本相似。综合分析暖式切变线降水回波图，具有以下回波结构和特征：

①回波大致呈 NE—SW 或 E—W 走向的层积混合性带状回波，有时也为块状。在宽广的层状云降水回波具有多个中尺度对流回波带(区)，强度在 35 dBz 以上，强中心值一般<50 dBz，在强中尺度对流回波带的后部常有中尺度回波增强区出现。暖式切变线暴雨的移动和副热带高压、低空急流有很大的关系。在 6 月中旬以前，副高脊线位置偏南，低空急流随着暴雨开始后逐渐减弱，降水回波缓慢向东南移动；6 月中旬以后副高脊线位置偏北，低空急流随着副高的增强而增强，降水北抬。

②在强中尺度对流回波带(区)内是由强度十分均匀的回波单体组成，>35 dBz 的强回波在 5 km 以下。回波顶整齐，大部分在 6～8 km，少有>10 km。与低槽和冷式切变线暴雨相

比，对流强度最弱，很少出现强雷暴天气，但有时也伴有雷阵雨天气。

③与低槽和冷式切变线暴雨不同，在与强中尺度对流回波带（区）相垂直的区域同样具有强中尺度对流回波（区）相同的回波结构和特征。说明在强中尺度对流回波（带）区中有许多结构紧密、强度相同的对流单体。

④无论是北抬型或南移型暴雨，由于其范围广，回波均匀，移动缓慢，降水效率最高，是导致洪涝灾害的主要暴雨过程。例如 2002 年 5 月 12 日 20 时—13 日 20 时，24 h 降水量在湘中以北 18 县市＞50 mm，其中 7 县市＞100 mm，从逐小时的雨量实况来看，降水主要出在 13 日 14 时以前，即暖式切变线影响的时段。其他几次过程也同样出现成片的暴雨和大暴雨。

9.1.2 多普勒径向速度特征

多普勒天气雷达相比常规天气雷达的一个最显著特点，就是可以通过多普勒效应探测大气目标物相对雷达的径向运动速度，然后在一定的假设条件下，反演估计大气运动的实际运行状态。如图 9.1 所示。

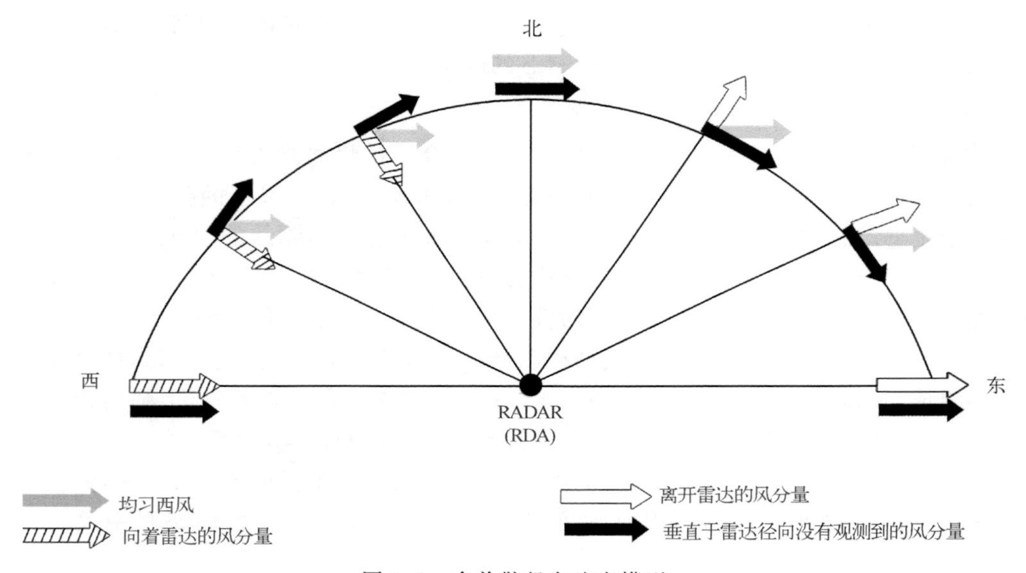

图 9.1 多普勒径向速度模型

多普勒径向速度可以简单地定义为目标平行于雷达径向的分量。它是目标运动相对雷达径向的分量，既可以向着雷达，也可以离开雷达。对大尺度气流采样时，大多数气流的径向速度是小于实际环境气流速度的，只有某个照射单元内的气团运动方向可能是完全平行于径向的，其径向速度与实际速度在数值上是一致的。

根据湖南省多次暴雨过程的多普勒雷达速度场资料图分析发现，对于本地区雷达速度图，综合应用 0.5°，2.4°，4.3°三个仰角的风暴相对平均径向速度，有利于分析暴雨的中尺度天气系统及暴雨的移向和移速，因为 0.5°仰角的 PPI 图所在的高度为对流层中下层，有利于分析暴雨的中尺度对流辐合线、逆风区中尺度天气系统和低空急流、冷暖平流等天气系统；2.4°仰角的 PPI 图上基本上为对流层中层所在的高度，可以用来确定对流层中层的风向和风速，对回波演变预报有重要的指导作用；4.3°仰角的图上为对流层高层的高度，可以确定高空风的演变情况。

(1)低槽暴雨的多普勒径向速度特征

通过对低槽暴雨过程中各个体扫的风暴相对平均径向速度图可以发现具有以下特征：与强中尺度对流回波带相对应的区域，在低层(0.5°)常有逆风区和气旋性辐合线，对流十分旺盛；而在中层(2.4°)0速度线常为南北走向，表明中层的风为偏西风，回波将向东移动，风速越大，移动速度越快；在高层(4.3°)，与强中尺度对流回波带相对应的区域有大风核的出现，大风核能造成强烈的辐散，高空的抽吸作用也有利于对流加强和维持。

(2)冷式切变线暴雨的多普勒径向速度特征

冷式切变线暴雨出现在雷达的北侧时，常为明显的冷锋回波特征，即0速度线出现近90°的折角，在锋面附近常有逆风区出现；当强中尺度回波带压过雷达站时，0速度线为反“S”形，为冷平流降水。在中高层有时也有大风核存在。

(3)暖式切变线暴雨的多普勒径向速度特征

暖式切变线暴雨主要是在稳定的暖平流环境中，由水平、垂直方向辐合辐散不很强的中尺度系统(因为在强对流天气过程中常有中气旋辐合)直接造成。切变线暴雨的速度场具有以下特征：0速度线常表现为“S”形，为稳定的暖平流降水；切变线暴雨的速度图上常伴有一对“牛眼”的低空急流，暴雨主要出现在正负速度中心连线的左侧、速度梯度最大的地方，正负极值中心如果沿径向发展加强，降水回波北抬速度加快。与前两种暴雨相比，切变线暴雨的速度图上虽也常能分析出逆风区，但出现的频率要少得多，主要与速度场的速度区、速度带的形状有关。

9.1.3 垂直累积液态含水量(*VIL*)

垂直累积液态含水量(*VIL*)定义为单位底面积的垂直柱体中的总含水量，其计算公式为：

$$VIL = \int_{底高}^{顶高} 3.44 \times 10^{-3} z^{4/7} \mathrm{d}h \tag{9.1}$$

其中，z为反射率因子，h为高度。

*VIL*产品反映降水云体中，在某一确定的底面积(4 km×4 km)的垂直柱体内液态水总量的分布图像产品。它是判别强降水及其降水潜力，强对流天气造成的暴雨、暴雪和冰雹等灾害性天气的有效工具之一。

湖南相关研究结果表明，对于低槽暴雨，*VIL*的平均值为5 $\mathrm{kg/m^2}$，回波中心的*VIL*值在10～25 $\mathrm{kg/m^2}$；冷式切变线暴雨的*VIL*平均值为5$\mathrm{kg/m^2}$，回波中心值为10～20 $\mathrm{kg/m^2}$；暖式切变线暴雨的*VIL*平均值为1～5 $\mathrm{kg/m^2}$，中心值为10～15 $\mathrm{kg/m^2}$。据大量的统计，无论哪种类型的暴雨，当同一地点连续10个体扫(1 h)的*VIL*值在10～25 $\mathrm{kg/m^2}$时，便有>25 mm的短时暴雨出现。三类暴雨的*VIL*值都远远小于可能出现冰雹时*VIL*的最小值(35 $\mathrm{kg/m^2}$)。

9.1.4 VAD风廓线

VAD风廓线图反映的是雷达站周围30 km范围内的风场结构。利用VAD风廓线图对于暴雨的预报主要有以下作用：

①利用VAD风廓线可以有效地判断各层的低槽、切变及冷锋是否已过本站。根据大量的观测事实，发现VAD风廓线资料对于本站西风带降水有很好的指示作用：当风向随高度顺时针转动，并且在1.5～3.0 km有>12 m/s的急流存在时，降水在雷达站的西部和北部；风速在8～10 m/s或有低层的风转北风时对于本站的降水最有利；当3.0 km高度上的风向转为偏北风时，雷达站的强降水结束。

②利用VAD产品还可以判断低空急流的演变情况，当3 km以下的西南风增大时，低空急流增强，降水北抬；反之，降水南压。几次北推型暴雨过程在VAD图上3 km以下的风都逐渐增强，而南压型的暴雨都有在VAD风廓线图上3 km以下西南风减小的事实。

9.1.5 暴雨的多普勒速度特征

利用2002—2004年长沙的常规资料及多普勒天气雷达资料研究发现：在天气图上，影响长江中游地区重要暴雨过程的系统主要有高空槽、西南低空急流、低涡、切变线及地面冷锋等。而在多普勒速度图上，与暴雨有关的中尺度系统有：低空急流、中尺度辐合线、中尺度气旋、气旋性辐合线、冷锋、逆风区、在速度大值区中趋于0的小值区，大风核等，表9.1是2002—2004年10次暴雨过程主要的速度图特征，它们与强降水的发生和维持有着密切的联系，下面对各种天气系统分析讨论。

表9.1 2002—2004年10次暴雨过程的天气特征

天气过程	主要的速度特征
2002年5月12日20时—13日20时	低空急流、冷锋、高层大风核
2002年7月16日20时—17日20时	气旋、气旋性辐合线、大风核
2002年6月27日20时—28日20时	低空急流、冷平流、大风核
2003年6月24日08时—25日08时	低空急流、逆风区、气旋性辐合线、大风核
2003年6月26日08时—27日08时	高层大风核、冷锋
2003年7月7日08时—9日20时	低空急流、大风核、低层趋于0值区，逆风区
2004年5月11日20时—12日20时	低空急流、大风核、冷平流
2004年5月14日20时—15日20时	大风核、冷平流
2004年6月22日20时—23日20时	低空急流、气旋性辐合线、大风核、逆风区
2004年7月17日20时—20日08时	低空急流、大风核、逆风区、低层趋于0值区

(1)西南低空急流

从多普勒天气雷达的径向速度场分析发现，暴雨发生时，在其右侧一般存在中尺度低空急流。中尺度低空急流的加强或减弱与暴雨的加强或减弱有较好的相关性。暴雨发生在中尺度低空急流的左前方。

(2)中尺度辐合线

当多普勒速度图上出现中小尺度辐合线时，在它们的移动路径上将有强降水发生。例如，2003年6月24日的切变线暴雨过程。

(3)中尺度气旋

中尺度气旋中常有很强的辐合，易形成强对流性天气，当持续的时间足够长时，也能形成暴雨。

(4)中尺度气旋性辐合线

当反射率图上为NE—SW向的窄带回波时，对应多普勒速度图上常为存在一条NE—SW向中尺度气旋辐合线，由于气旋性辐合线上既有旋转又有辐合，能造成强降水。

(5)冷锋

在强降水回波中，与之对应的速度图上常存在一条冷锋。

(6)逆风区

根据分析,逆风区也是造成强降水的一种速度回波特征,强回波带主要与各层速度回波中的逆风区相对应。

(7)在速度大值区中趋于0的小值区

根据大量的观测资料表明,强降水在速度图上常表现为在速度大值区中存在趋于0的小值区。

(8)大风核

高层速度图上的大风核是强降水天气过程中最常见的回波特征,几乎每次强降水天气过程都存在。在大风核的出现可以是由于高空风在中小尺度的范围内脉动,而能形成一些次级环流,有利于强降水的维持。

(9)低空急流、大风核、逆风区三者并存

在一次强降水天气过程中,并不是表现为单一的中小尺度的速度特征,常常是几种中小尺度的天气系统共同影响而形成的。

(10)低空急流与冷锋

低空急流与冷锋也常相伴出现,低空急流为降水提供大量的水汽,同时也能造成较强的风垂直切变,冷锋与暖湿气流交汇有利于强降水的形成,低空急流的存在,使得冷锋的移动速度减慢,也有利于降水的维持,从而形成暴雨或大暴雨。

(11)气旋性辐合线、高空大风核

在一些低层由于气旋性辐合线而造成的强降水,在高层也往往有大风核存在。如果已具备有利的暴雨天气背景,当在暴雨来向上存在超折射回波(超折射回波意味着该地区存在暖干盖)时,那么在该地区有利于能量的积聚,在未来几小时内出现强降水的可能性很大。

9.1.6 结论

①按850 hPa的形势将伴有低空急流的西风带暴雨分成低槽暴雨和切变线暴雨,其中切变线暴雨又可分成冷式切变线暴雨和暖式切变线暴雨,暖式切变线暴雨又分为北抬型和南移型暴雨。

②低槽暴雨具有南北向的窄带回波特征,快速向偏东方向移动,能造成短时雷雨大风、暴雨等强对流天气;冷式切变线暴雨一般为EN—SW或E—W向的层积混合性带状回波,一般向东南方向移动,在强中尺度对流回波带上常伴有雷阵雨天气;暖式切变线暴雨常为大范围的层积性混合性带状回波或块状回波,强中心值较前两类暴雨弱,但回波均匀、范围大,降水效率最高

③在速度图上,低槽暴雨常与中尺度辐合线或逆风区相对应;冷式切变线暴雨出现在雷达的北侧时,常与冷锋相对应,在南侧为冷平流降水;暖式切变线暴雨在低层为暖平流。

④*VIL*值:低槽暴雨最大,冷式切变线暴雨次之,暖式切变线暴雨最小。三类暴雨的*VIL*值都远远小于出现冰雹时的*VIL*最小值(35 kg/m^2)。

⑤VAD风廓线可作为高空探测的一种补充资料,用于确定低空急流的强弱,对本站强降水预报有很好的指导作用。

9.2 暴雨短时临近预报技术

9.2.1 暴雨形成的条件

区域降水量等于降水强度乘以降水时间，因此某一区域要产生暴雨，必须有很强的降水强度和一定的降水持续时间。

(1)降水强度

研究表明，要产生很强的降水强度，一般有以下的对流环境特征：

①低层大气层中(特别是近地面层中)有很高的水汽含量。

②局地的水汽不足以产生暴雨，必须有较强的水汽和能量平流。

③有效的凝结转化机制，尽可能减少水滴蒸发损失，即 500 hPa 以下皆为湿度层，水平风切变较小。

④有较好的抬升机制，如特殊的地形等。

(2)降水持续时间

与中小尺度对流系统相伴的暴雨要维持较长的降水时间，或者降水单体大且生命史较长，或者降水单体移动慢且生命史较长，或者一系列降水回波或多单体风暴中的不同单体连续不断地经过同一个地方，或者不同移向的降水回波交叉经过同一地方，形成降水的汇集地。

9.2.2 形成暴雨常见的对流回波系统

统计 1997 年以来发生在湖南的多次暴雨过程，有以下几种常见的中小尺度对流回波系统易造成暴雨：

(1)高降水率超级单体风暴(HP-Superstorm)

超级单体风暴可以分为典型的超级单体风暴、低降水率超级单体风暴和高降水率超级单体风暴。通常情况下，典型的超级单体风暴由于较快的移动而很难在一个地方形成暴雨，而低降水率超级单体风暴则由于风暴内旋转速度很大，往往形成在低层湿度不是很大的地方，雨滴大而不密，降水强度不大。而高降水率超级单体风暴是形成在低层湿度很大的区域，移动较慢，其典型的特征是存在一个逗点状或螺旋状的回波区(＞50 dBz)。

(2)中尺度对流回波带

中尺度对流回波带是对流单体在中尺度系统(如中尺度切变线、辐合线等)的组织下呈带状排列，有时只有一条回波带，有时可以有多条回波带。当一条或多条回波带经过某一地方，特别是回波带内每个单体的移向与带的整体走向一致时，常产生暴雨(列车效应)。

(3)中尺度螺旋状回波带(或涡旋状回波带)

当对流单体受中尺度涡旋系统的组织，或受地形的影响，呈涡旋状排列构成中尺度螺旋状回波带(或涡旋状回波带)，比如热带低压外围螺旋雨带等。这种螺旋回波带总是与中尺度涡旋系统或流场辐合区等相联系。因此，利用多普勒天气雷达速度场监测流场的变化是螺旋状回波系统暴雨监测的关键。

(4)中尺度对流回波群

与地面中尺度低压或辐合区相配合,对流单体或对流回波带由于移动速度或移动方向的不同,单体与单体之间,或带与带之间构成弥合回波群,集中在某一地方形成很强的降水,也称弥合型回波系统。低层辐合中心是这种暴雨系统的典型特征。

9.2.3 新一代天气雷达降水探测算法及评估

新一代天气雷达有比较完整的降水探测系统,实时估测探测区域内的降水量,输出 1 h 降水量、3 h 降水量、风暴总降水量等多种降水信息,是用户进行暴雨和洪水监测的重要工具之一。

(1)新一代天气雷达降水探测算法组成

新一代天气雷达降水探测算法示意图如图 9.2 所示。

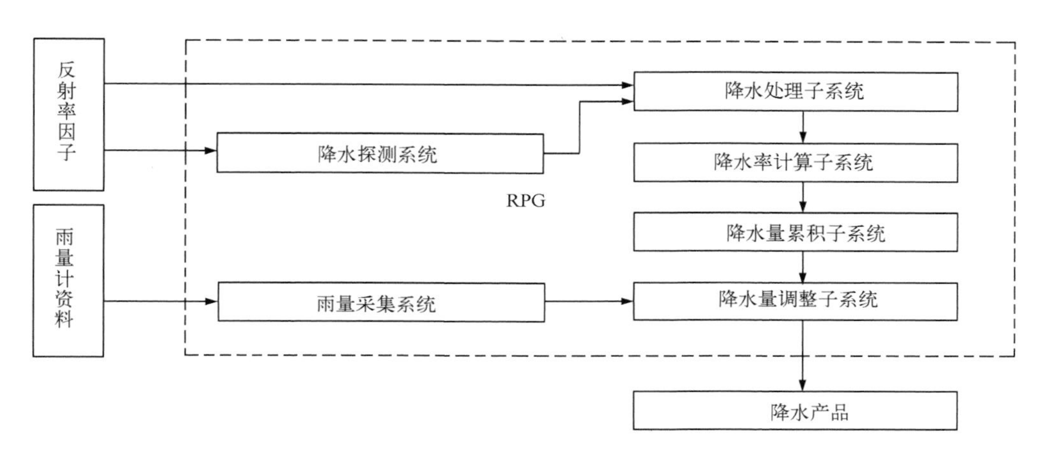

图 9.2 新一代天气雷达降水探测算法示意图

降水探测子系统:通过对最低四个仰角反射率因子资料的初步处理,对 230 km 雷达探测范围内的降水情况进行分类,分为类 0(无降水)、类 1(强降水)、类 2(弱降水),并根据降水分类采用合适的体扫模式(VCP)。

雨量计资料采集子系统:当降水探测子系统探测到当前降水类型为类 1 或类 2 时,雨量计资料采集自动激活,通过一个外接的计算机系统自动采集每小时自动雨量站雨量资料,用作雷达反演降水量进行质量控制。

降水量处理子系统:包含以下几个单元。

①资料预处理单元:对 230 km 范围内最低四个仰角的资料进行质量控制,包括雷达波束阻挡订正,噪声回波订正,奇异回波订正等,最终得到一幅由最低四个仰角基本反射率因子资料组成的 1 km×1°分辨率的混合扫描资料。

②降水率计算单元:经过质量控制后的混合扫描基本反射率因子资料通过 $Z-R$ 关系转换成降水率。并进行时间连续性检验和距离衰减订正,去掉不合理的降水估计点。

③降水量累积单元:降水累积单元利用降水率计算单元的输出结果进行时间累积。不同的输出产品采用不同的累积方式:

1 h降水量产品采用的是每个体扫结束后的小时累积方式，即对每一个1 km×1°的样本库降水率在每个体扫结束后进行时间累积，得到1 h降水量，并在每个体扫结束后输出，生成该产品至少需要54 min连续的体扫资料(体扫间隔不超过30 min)。

3 h降水量产品和用户可选降水量产品采用的是正点小时累积方式，即在每个小时正点结束后才对每个1 km×1°样本进行降水累积，而不是每个体扫结束后累积，而且生成该产品至少需要2 h连续的体扫资料(体扫间隔不超过36 min)。

风暴总降水量产品采用的也是体扫累积方式，即从降水探测子系统探测到降水(类1或类2)开始，每个体扫累积，直到降水探测子系统在雷达探测范围内(230 km)探测到连续超过1 h没有降水(类0)。

④降水量调整单元：以每小时的自动雨量计资料为基础，新一代天气雷达采用卡尔曼滤波方法对上述降水估测结果进行调整。

(2)新一代天气雷达降水探测算法分析

由于产生暴雨的天气系统十分复杂，监测结果只能是定性的。主要考虑以下几点：

①回波定性

即确定回波是否为强对流回波，能否产生暴雨。可分析：(a)卫星云图上是否有明显的天气系统，如MCC，MCS，积云簇等；(b)以四分屏的形式显示各仰角基本反射率因子，并从不同角度作几个垂直剖面产品，分析强回波中心及发展高度等的回波的立体分布；(c)以四分屏的形式显示各仰角平均径向速度资料，分析流场结构；(d)看是否有中气旋、龙卷涡旋信息、冰雹等报警信息；(e)调阅风暴跟踪信息(STI)和风暴结构(SS)产品，分析各项风暴指标。

②对流回波系统分类

根据当时的雷达回波、速度场和地面中小尺度天气资料，判断有可能导致暴雨的对流回波系统。

高降水率超级单体风暴：雷达回波表现为一个大而强的回波单体，垂直发展很高(>12 km)，有明显的有界弱回波区(BWER)；多普勒雷达速度场、VAD风廓线上有明显的垂直风切变；地面小尺度天气图上有明显的中尺度辐合线、切变线等；湿度层很厚。

中尺度对流回波带：低仰角基本反射率产品上回波呈带状分布，带内回波无明显新老交替，但有合并发展的现象；多普勒雷达速度场上可发现明显的切变区。

中尺度螺旋回波带：低仰角基本反射率产品上回波呈带状分布，但回波带的移动是围绕某一辐合中心旋转移动，而不是平移，带内回波生消演变频繁发生；多普勒雷达速度场或地面小尺度图上有辐合区或低压。

中尺度回波群：回波系统由多个相距较近的单体组成，并有新老交替现象，当成群的回波经过某一地方时合并加强；多普勒雷达速度场或地面小尺度天气图上有明显的中尺度低压或辐合区，形成降水的汇集地。

③降水量预测

对即将出现的降水量预测应考虑以下几个方面的因素：

(a)调阅雷达1 h降水量产品或3 h降水量产品，以及自动雨量计资料，确定当前回波降水效率。并通过比较，掌握当前雷达降水探测系统的误差。

(b)对于高降水率超级单体风暴，其生命史可分为初生阶段、发展阶段、成熟阶段和消亡阶段，持续数小时，所以根据对回波的分析尽快确定其所处的发展规律阶段。而其他几种类型，一旦形成带或群，能维持数小时到十几小时。

(c)新一代天气雷达平均径向速度场或风暴相对速度图上风速的大小，0速度线(或区)的变化是识别中尺度切变线的关键，它们与回波的发展密切相关。

(d)带状回波内单体的移动方向和整条带的走向一致时，降水的持续时间较长，容易形成暴雨；而单体的移动方向和整条带的走向有较大偏差时，局地产生暴雨的可能性小一些。

(e)注意特殊的回波结构，如"人"字形回波、超级单体中的勾状回波等，它们的出现往往导致暴雨。

(f)超级单体风暴下沉气流的出流很容易触发新的对流。

9.3 典型个例分析

9.3.1 "2006.5.5"怀化强对流天气雷达产品特征分析

利用怀化新一代天气雷达(CINRAD\CB)产品，对2006年5月5日怀化中部的一次强对流天气过程进行跟踪分析，结果显示雷达产品对局地降水量估计，风暴识别与追踪，冰雹可能性及小尺度系统的识别，有很好的指导作用。分析表明反射率因子强度及降水量估计值随雷达站上空条件的不同而存在明显偏差，中气旋是超级单体发展成熟的表征。

9.3.1.1 天气实况与形势分析

2006年5月5日，怀化中部出现了一次强对流天气过程，这次过程具有来势猛，局地性强的特点，部分县市出现了大风、冰雹、大暴雨甚至龙卷等强对流天气，这种强天气过程在怀化历史同期罕见，其降水量创历史新高。

(1)实况与灾情

2006年5月5日00—12时，怀化中部出现了一次强对流天气过程，新晃、芷江、鹤城、洪江6 h(02—08时)内降水均达到特大暴雨量级，随后雨区南压，08—14时会同出现了短时特大暴雨。本次过程最大1 h降水量达47.4 mm(新晃)，其中洪江、怀化、新晃日降水量均达到大暴雨量级(图9.3)，5个观测站出现了大风，最大风速16.5 m/s(靖州)，据调查，新晃、芷江、会同等6县境内出现冰雹，个别地方出现龙卷，有目击者报告，最大冰雹直径达40～50 mm左右。强对流天气造成山洪暴发，共有8个县127个乡镇16.4万人受灾，共倒塌房屋923间，农作物受灾1.66万公顷，死亡大牲畜160头，有33家企业因灾停产，毁坏公路路基113.4 km，输电线路83.3 km，损坏通信线路58.4 km，芷江侗族自治县窑湾塘村因暴雨引发一起山体崩塌地质灾害，致1人死亡，整个洪灾造成直接经济损失1.5亿元。

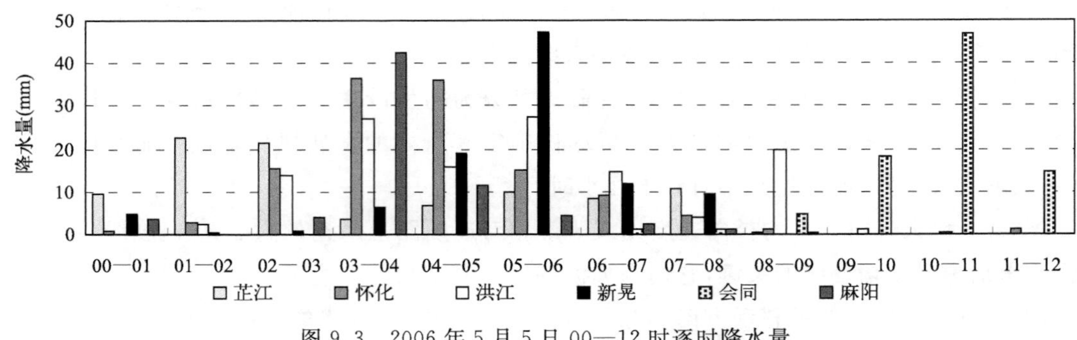

图 9.3　2006 年 5 月 5 日 00—12 时逐时降水量

(2)环流形势与物理量变化

5 月 4 日 08 时高空天气图上，500 hPa 环流多波动，贵阳站为西风，怀化站为南风，纬向风辐合加强；700 hPa 怀化处于槽前西南气流中，贵阳—怀化间有较强的风速辐合，贵阳 18 m/s，怀化 8 m/s，成都—宜宾—重庆间存在浅薄的西南低涡；850 hPa“人”字形切变中心在内江附近，一支沿重庆—鄂西—宜昌线，一支沿宜宾—贵阳—思茅线。从高空特性的环流形势看，存在低涡、切变及强的气流辐合，东阻形势较明显，高压坝起始于湖南、江西边境。20 时高空阶梯槽发展加深，中、低层呈现典型的“切变低涡型”。

在物理量方面，$T-\ln P$ 图显示，08 时贵阳位势不稳定能量 $EK=-1290.5$ J，抬升凝结高度 $LCL=837.8$ m，而怀化 $EK=1021.5$ J，$LCL=848.5$ m，可见 08 时贵阳存在因扰动产生对流的潜势，而怀化站是稳定的。但 20 时怀化 $EK=-1.8$ J，沙氏指数 SI 由 4.3℃下降为 1.7℃，以上物理量变化表明，对流的可能性增加，说明系统向东推进，怀化上空已由潜势稳定转变为不稳定。

4 日 08 时地面呈东高西低形势，低中心位于四川叙永(997 hPa)，高中心位于日本东岸(1024 hPa)，高原上东侧有较强的冷空气扩散南下。20 时，地面倒槽发展，贵州西部热低压进一步加强南移，低压中心值降至 952 hPa，贵州中西部已出现大片降水。

9.3.1.2　过程雷达产品分析

为提高雷达产品分析的精度与针对性，选择此次强对流天气覆盖区域的气象测站加以考查(表 9.2)，要求所选测站对雷达观测来说，具有较好的净空条件，距雷达站 30～100 km，这样雷达采样数据才能较好地在三维空间上反映对流发展过程。

表 9.2　考查站与 RDA 的方位距离

站　名	芷江	麻阳	新晃	会同
方位(°)	247.6	330.9	254.4	200.0
距离(km)	34.1	40.1	85.4	83.3

(1)组合反射率(CR)与 1h 累积降水(OHP)

组合反射率(composite reflectivity)是给某一体扫中各 PPI 在水平坐标系上垂直投影的最大值，这里讨论 CR37 产品。1 h 累积降水(one-hour precipitation accumulation)是根据过去 1 h 反射率因子强度的含水量反演。跟踪分析表明，因雷达站或附近上空云水条件的差异，可以导致雷达探测范围内的反射率因子及其反演的降水量估计值严重失真。本节针对考查测站选取对流发展过程中不同时段的平均 *CR* 与 *OHP* 产品(图 9.4)。

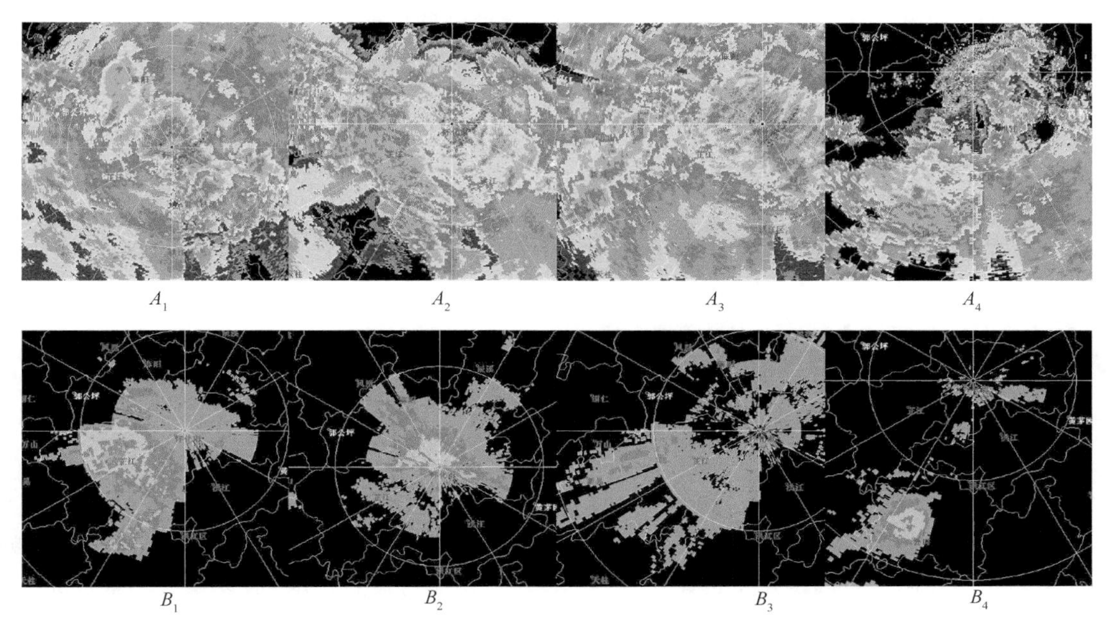

图 9.4　不同时次雷达回波产品(时段序列与考查站见表 9.3，*A* 组为 *CR*，*B* 组为 *OHP*)

按雷达站上空情况分两组比较 *CR* 的强度，*OHP* 的估计值与实况降水量(表 9.3)，比较发现，当雷达站附近对流发展旺盛时，所考查站上空的 *CR* 与 *OHP* 值大大降低，反之，*CR* 较强，*OHP* 接近实况值。分析原因，主要是近雷达处强对流云中丰富固、液滴对电磁波的吸收与散射，特别是天线罩水膜造成电磁波在往返程中的衰减。同时显示，即使雷达本站及周围降水云系很弱，远距离处(100km 附近及以远)的 *OHP* 仍然偏小，主要是因为雷达不能对近地面的降水云进行采样，同时高仰角之间存在空隙，云水最强层可能未被采样，造成积分空间变小及回波平均值下降，引起 *OHP* 值下降。

表 9.3　强降水时段，强对流 *CR*，*OHP* 与实况降水比较

时间	考查气象测站				雷达站 *RDA*		
	站名	*CR*(dBz)	*OHP*(mm)	实况(mm)	*CR*(dBz)	*OHR*(mm)	实况(mm)
01—02	芷江	45～50	20～25	22.6	25～30	0～5	2.7
03—04	麻阳	35～40	0～5	42.5	40～45	5～10	36.6
05—06	新晃	35～40	0～5	47.4	35～40	10～15	15.1
10—11	会同	50～55	15～20	46.7	10～15	0～1	0.5

注：*CR* 为该时段内平均强度

(2)强天气产品分析

这次强对流天气过程中，雷达的强天气产品在预报预警中发挥了重要作用，以强天气概率(*SWP*)、风暴追踪信息(*STI*)、冰雹指数(*HI*)、中尺度气旋(*MC*)最为直观，且准确性较高。

2006 年 5 月 5 日 5 时 40 分，雷达责任区内方位 240°，距离 85 km 处，雷达基本速度图显示为一对明显的正负速度中心，且关于径向轴对称，并伴有辐合运动的典型中气旋特征(图 9.5a)，强度图上有清楚的强回波中心和“V”形缺口，发展旺盛的强回波顶高(图 9.5b)，气象算法产品冰雹指数 HI(图 9.5c)给出冰雹存在的提示，中气旋产品的可能性为高(图 9.5d)。实况证明，实况报告与算法产品吻合，此时新晃东南的碧朗乡的部分村寨出现了冰雹和大风天气。

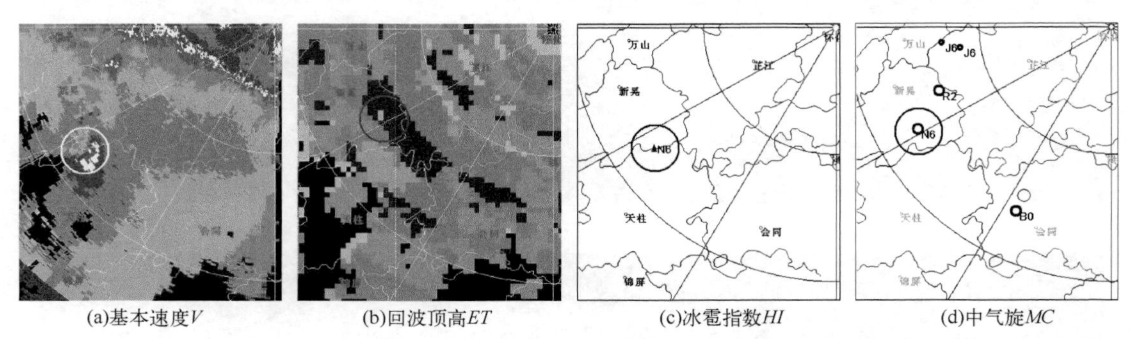

(a)基本速度*V*　(b)回波顶高*ET*　(c)冰雹指数*HI*　(d)中气旋*MC*

图 9.5　2006 年 5 月 5 日 5 时 40 分，速度图、回波顶高及风暴产品

(3)垂直风廓线(VWP)

垂直风廓线产品(VAD wind profile，简称 VWP)是在一定假定的基础上，根据多普勒频移反演的雷达站附近各高度层上的水平风，由于对流天气的强烈扰动，假设条件不能满足，所以，VWP 产品的可靠性随扰动加强而下降。图 9.6 反映的是 2006 年 5 月 5 日 04:51—05:52 的 VWP 产品。

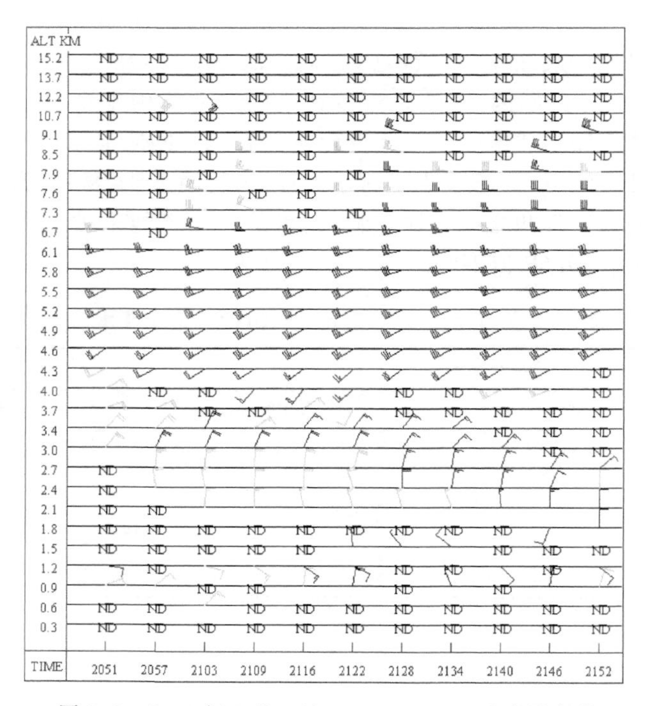

图 9.6　2006 年 5 月 5 日 04:51—05:52 垂直风廓线

图 9.6 中 3.7 km 以下为偏北风，且扰动明显，4～8 km 为较强的西南风，相对均匀。说明本站此时可能是锋面过境，冷暖气流交汇之时，实况为本站为短时暴雨；至 06 时 NWP 显示雷达附近上空 3～5 km 处无数据(ND)，说明此时水汽条件较过去明显下降，实况为 06:00 后至过程结束降水不足 10 mm。

9.3.1.3 小结

通过对 2006 年 5 月 5 日强对流天气过程雷达产品的特征分析，反映出新一代天气雷达对强对流天气的良好监测和预警能力，同时也存在一定的局限性，主要体现在：

(1)雷达站无降水或降水较弱时，反射率因子及累积降水估计产品能较好地反映强对流天气的发展状况；反之，存在明显偏小的倾向；

(2)100 km 及以远对流单体的监测，由于雷达不能对近地层采样及高仰角的跳空，可能致使累积降水估计值偏小，其程度与风暴单体类型和雷达净空条件有关，具体情况有待更进一步的分析；

(3)利用强天气产品识别强风暴，应采用综合判别的方法，从 CR，ET，HI，MC 等诸方面加以判断，有利于互相补充和印证；

(4)VWP 虽然基于一定的假设，但它的高时空分辨率是对常规高空观测的有益补充，特别在天气系统过境时，有很好的指示作用。

9.3.2 基于多普勒天气雷达的强风暴识别方法

借鉴改进的三维风暴核识别算法，利用反射率因子强度场来进行风暴可能区域的识别，在此基础上，利用多普勒天气雷达的径向速度场和谱宽场资料，计算风暴可能区域的风切变，谱宽分布，结合风暴可能区域的特征物理量，综合 *VIL* 和 VAD 产品结果，估算并预报强风暴概率、位置，侵袭范围、时间。在实现方法上，采用开放的数据接口，在 Visual C++6.0 开发环境中，以插件形式，设计风暴识别的动态链接库模块。

9.3.2.1 风暴可能区域识别算法

WSR－88D 风暴可能区域识别采用三维风暴核算法，其基本思路是：首先在体积扫描的每个径向上搜索强度大于一定阈值的连续点，合并成一维风暴段；然后在 PPI 中按方位距离、长度重叠的相关性将风暴段合成二维风暴分量；最后根据分量的水平相关、倾斜与悬挂将风暴分量组成三维风暴体。

1)风暴段搜索

风暴段指雷达扫描的同一径向上，反射率因子达到一定强度的点(即可分辨的距离库，下同)，且点与点之间距离相关，无间断或间断小于一阈值，有一定长度的径向风暴带(图 9.7)。

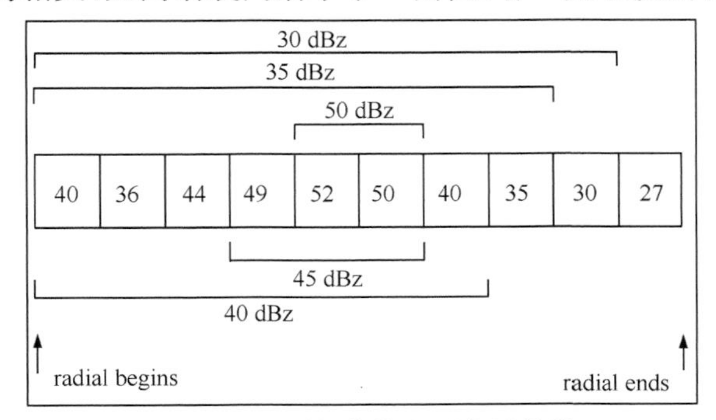

图 9.7 不同阈值情况下的风暴段

（1）风暴段阈值与搜索

阈值有4个：反射率因子最小值 Z_{min}，淘汰反射率因子最大值 Z_{max}，淘汰的连续点数 N_{max}，最小几何长度 L_{min}。

搜索时沿径向从内到外依次搜索，当第一个点 $Z \geqslant Z_{min}$，记录风暴段开始，并将同一条径向上连续满足 $Z \geqslant Z_{min}$ 的点记录到一个段中，直到 $Z < Z_{max}$ 的点。如果满足 $Z_{min} \leqslant Z < Z_{max}$，则记录连续点数 N，若连续点数 $N = N_{max}$，则结束该风暴段搜索，下一个风暴段搜索开始；对于所记录的风暴段，如果长度 $L \geqslant L_{min}$，作为有效风暴段，否则删除；为避免弱回波存在导致的回波分离，当同一个径向上记录的两个风暴段首尾相距不超过1 km时，则合并成一个风暴段。

（2）风暴段的特征量

仰角 θ，方位角 β，起始点 r_b，长度 L，最大反射率因子所在的点 Bin_{max}，强度值 Z_{max}，几何中心 r_c，权重中心 r_{zc}，权重长度 L_z。

2）风暴分量合成

风暴分量指由同PPI上满足一定方位、距离相关的风暴段合成，具有一定几何面积（或反射率因子权重面积）的二维风暴区域（图9.8）。

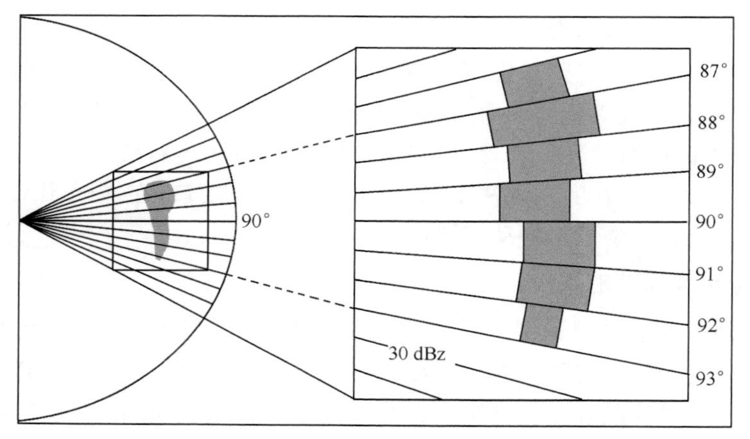

图9.8 风暴段合成二维风暴分量

（1）风暴分量阈值与合成

阈值：方位角差最大值 θ_{max}，最小重叠长度 L_{min}，最少段数 N_{min}，最小几何面积 A_{min}。

从1°到360°的360个方位上，沿切向搜索连续的风暴段，多个风暴段合并成一个可能的风暴区域；相邻风暴段 $\Delta\theta \leqslant \theta_{max}$，重叠长度不小于 L_{min}，至少含有 N_{min} 个风暴段。

（2）风暴分量的特征量

几何中心 (X, Y, Z)，几何面积 A，反射率因子权重中心 (X_z, Y_z, Z_z)，权重面积 A_z，最大反射率因子值 Z_{max} 及其所在高度 H_{max}。

3）风暴体组成

风暴体指同一体积扫描中，由不同仰角上满足空间距离相关的二维风暴分量组成，有一定几何体积（或反射率因子权重体积）的三维风暴空间区域（图9.9）。

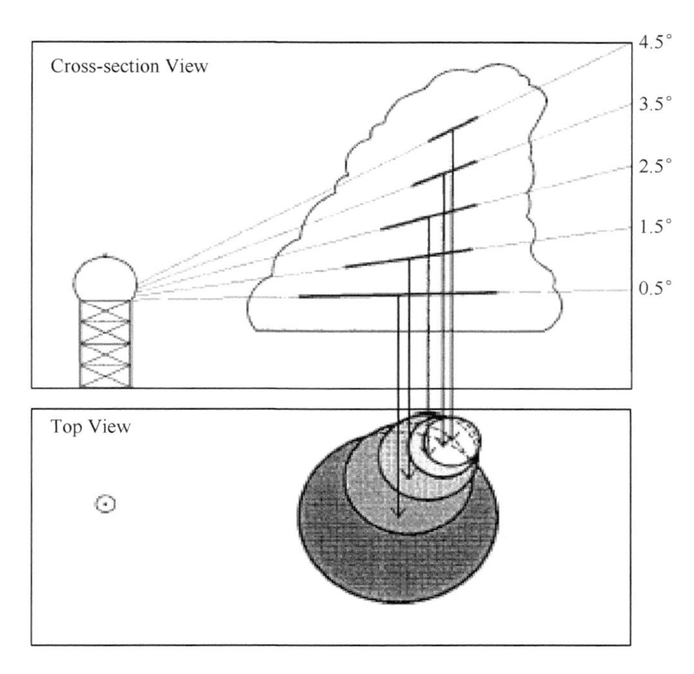

图 9.9 二维风暴分量组成风暴体

(1)风暴体阈值与组成

阈值:分量间的水平距离最大值 L_{max},有效风暴体的最小体积 V_{min}。

从最低层存在风暴分量的 PPI 层开始,依次抬高仰角,每个仰角扫描层中的风暴分量都和下面相邻仰角的风暴分量进行比较:反射率权重中心之间的水平距离;若上一步无相关的风暴分量,则终止搜索;如果同时有多个垂直相关,则选择水平距离最小的一个,也可定义多个最大相关距离,逐级搜索,一旦满足便终止;至少有两个相邻仰角且垂直相关的风暴分量,且体积必须大于 V_{min},记录为有效风暴体。

(2)风暴体的特征量

几何中心(X,Y,Z),几何体积 V,反射率因子权重中心(X_{bz},Y_{bz},Z_{bz}),权重体积 V_z,风暴体的底高 B、顶高 T 及伸展高度,风暴体的悬挂方向、倾斜角。

在以上风暴核识别的过程中,阈值的选取由风暴的天气学特征,天气系统的类型,季节和区域决定。

9.3.2.2 风暴可能区域的 *VIL* 和 VAD

1)基本思想

垂直累积液态含水量 *VIL* 是指某底面积垂直柱体中的含水量。常作为判别降水潜力,强对流造成的暴雨、暴雪和冰雹等灾害性天气的有效工具。由三维风暴核方法识别的风暴可能区域,利用的是反射率因子强度场信息,回波强度反映的是该照射体积含水粒子的数量、粒径分布与相态。所以风暴可能区域的 *VIL* 值反映了该区域风暴发展的强弱。

速度方位显示技术 VAD,就是用一定的假设,得到降水区中各高度层上的平均风速和散度。本节主要运用该产品来预测风暴可能区域的移向、移速,从而预测风暴的侵袭时间和侵袭范围。

2)计算方法

在风暴可能区域的格点上,求取 VIL 的平均值,为了避免因风暴倾斜引起的 VIL 大值区与风暴可能区域投影不一致,该区域取组成风暴体最大风暴分量的投影。

$$S_{VIL} = \sum_{i=1}^{N} V_i \tag{9.2}$$

式中,N 为区域内的格点数,V_i为格点上 VIL 值。

由于时空分辨率的限制,用高空探测风或数值产品作为风暴移动的引导风,不能满足业务需求,用 VAD 产品中反常演的风场,来估计风暴的运动,本方法取风暴质心高度上 VAD 风场为引导风,根据风暴体最大分量面积与发展趋势来估计风暴可能的侵袭范围。未来时间发生的位移 $\boldsymbol{S}=\boldsymbol{v}t$,风暴侵袭半径 $r = \frac{1}{\pi}\sqrt{A_{\max}}$ 。

9.3.2.3 风暴可能区域的平均速度、谱宽

1)径向速度绝对值平均($\overline{|V_r|}$)

虽然径向速度仅是实际风速在雷达各径向上的投影,会因径向的夹角大而偏低,但整个区域的平均值还是能反映出风暴单体在低层风速较大这一特点。

$$\overline{V_r} = \frac{1}{M}\sum_{i=1}^{M} \left| v_{ri} \right| \tag{9.3}$$

2)谱宽平均($\overline{SW}$)

谱宽反映的是雷达有效照射体积内径向速度的不一致性,即速度的分布,偏离平均值的程度。其大小与采样体积内湍流运动强弱,充塞程度,遮挡有关系,使用低仰角探测时,谱宽较大往往是风切变和湍流两种作用的结果。而强对流天气大都处在一定强度的垂直风切变的环境风场中,同时强风暴区域的大气不稳定度较高,从而湍流运动也较强烈,所以强风暴区域的谱宽值较大。

$$\overline{SW} = \frac{1}{M}\sum_{i=1}^{M} \left| SW_i \right| \tag{9.4}$$

9.3.2.4 风暴可能区域的风切变

1)径向速度径向切变(VRS)

在识别的风暴体可能区域,对低仰角的风暴分量区计算 $\frac{\partial v}{\partial r}$,借以反映风暴低层的辐合辐散情况,帮助识别下击暴流和低空阵风锋。

$$\frac{\partial v}{\partial r} = \frac{\Delta v}{\Delta r} = \frac{b\Delta v}{\Delta r + \text{BinLength}} \tag{9.5}$$

式中 b 为拟合直线的斜率,BinLength 为库长。

2)径向速度方位切变(VAS)

风暴体可能区域的径向速度方位切变 $\frac{\partial v}{r\partial\theta}$,反映风暴发展过程中的旋转情况。若令顺时针方向的方位变化为正向,则 $\frac{\partial v}{r\partial\theta} > 0$,为气旋;$\frac{\partial v}{r\partial\theta} < 0$,为反气旋;$\frac{\partial v}{r\partial\theta} = 0$,无旋转。

综上所述,得出以下结论:

①运用三维风暴核算法来识别风暴可能区域，是目前较为普遍采用的方法，它能按风暴的天气学模型，对风暴的强度，体积，位置进行描述。

②*VIL* 与 VAD 产品，进一步对风暴的强度与发生概率进行估计，同时预测风暴的移动速度与下一时刻的位置。

③径向速度绝对值的平均，谱宽平均描述了风暴可能区域低层的风速与扰动。

④风暴可能区域的风切变，反映发展过程中的辐散辐合与旋转。

根据地域、季节变化，合理调节风暴可能区域识别的阈值，结合雷达探测的速度、谱宽场资料，建立自动识别风暴可能区域的强度，移动速度、侵袭范围、侵袭时间的参量，指导业务预报与服务。

9.3.3 湘西山区典型天气系统的雷达回波特征分析

通过对 2005 年以来影响湘西地区的典型天气系统，并基于天气形势对暴雨天气过程进行了分型分类，利用怀化新一代天气雷达(CINRAD\CB)资料，分析典型天气系统暴雪，区域性暴雨过程的雷达回波特征，较详细地讨论低槽类和切变线类暴雨过程的反射率因子强度、速度特点及降水估计能力，结果表明不同大尺度背景下的暴雨雷达回波结构明显不同，不同性质降水的中尺度特征相异，为短时强降水及对流天气的监测预警提供参考和指导。

9.3.3.1 资料选取

湘西位于我国第二阶梯地形高原、山地向第三阶梯地形丘陵、平原的过渡地带，沅水流域中游。辖区范围内地势起伏大，地形复杂多样，西有云贵高原耸立，东南为雪峰山脉所挡，北以武陵山脉为屏障，境内地势犹如“筲箕”形 。冬半年经常受强冷空气影响，个别年份出现暴雪；夏半年，东南季风暖气流受三面高山所阻而上升，与高原冷气流交汇，引起时空分布不均匀的强降水，从而形成南起通道，直下溆浦龙潭一线的雪峰山暴雨区，北起张家界南至沅陵西部的武陵源暴雨区。

近两年(2005 年 1 月—2006 年 9 月)来，影响怀化的重要天气过程有强冷空气、暴雪、暴雨、局地强降水、冰雹、大风、雷暴等强对流天气，在此期间出现致灾的天气过程表现在：强冷空气 35 站次，暴雪 11 站次，暴雨 58 站次，大暴雨 13 站次。怀化雷达于 2004 年 11 月建成并投入业务试运行，对以上大部分天气过程进行了全程跟踪，较好地记录了天气过程的雷达回波信号。选取比较典型的区域性强降水天气过程(表 9.4)分析其天气形势及雷达回波特征，对单站或局地性降水这里未作讨论。

表 9.4 2005 年 1 月—2006 年 9 月影响湘西地区的暴雨、大暴雨天气过程

发生时间	降水分布及其影响
2005.05.31 00:00—2005.06.01 16:00	8 站次暴雨，其中 4 站大暴雨。造成重大山洪地质灾害
2005.06.26 05:00—2005.06.27 12:00	5 站次暴雨，其中 3 站大暴雨。洪江出现连续 2 日大暴雨，为百年一遇
2006.05.04 22:00—2006.05.05 12:00	7 站次暴雨，其中 3 站大暴雨，时间短、范围广、强度大
2006.07.07 12:00—2006.07.09 20:00	7 站次暴雨，其中 2 站大暴雨，系统移动较慢，影响时间长

9.3.3.2 基于天气系统的分型

在天气分析的业务实践中，建立了多种多样的暴雨分型分类方法，主要依据有发生季节、影响的大尺度天气系统、中小尺度天气特征、高空、中低层及地面天气系统甚至影响系统的发生源地等。本节根据历史上影响湘西地区暴雨过程的天气系统演变特点，以 700 hPa 的影响系统进行分型分类，气候资料普查表明，在 700 hPa 表现出低槽和切变线的暴雨过程占总暴雨次数的 90%左右，其他如南支小槽暴雨、低涡暴雨均与低槽和切变线有关，而纯粹的静止锋或副高边缘影响形成暴雨的过程极少。

图 9.10 为选定 4 次暴雨、大暴雨过程发生时的 700 hPa 天气形势分析。

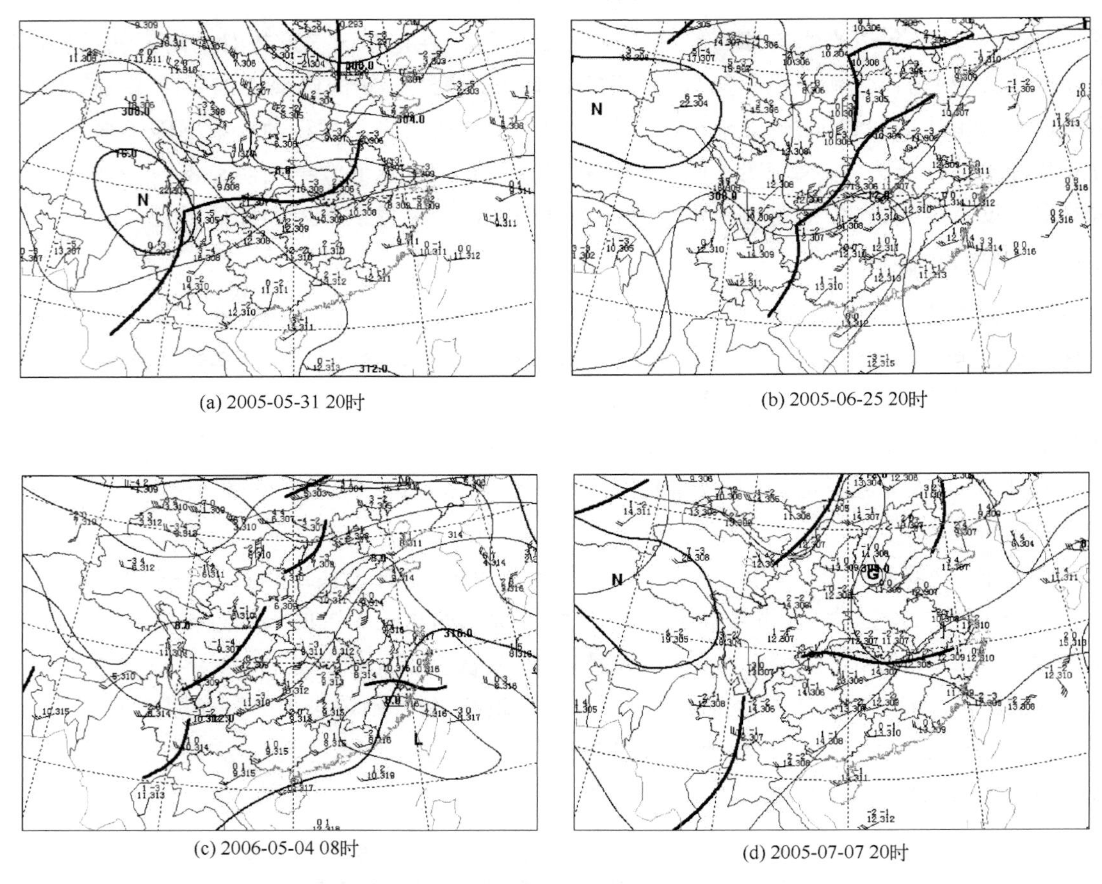

(a) 2005-05-31 20时　(b) 2005-06-25 20时

(c) 2006-05-04 08时　(d) 2005-07-07 20时

图 9.10　暴雨、大暴雨过程 700 hPa 天气图

通过对以上重要天气过程高空特性层天气系统的分析，并根据 700 hPa 的主要影响系统（表 9.5）进行分型，分析结果表明，发生在 2005 年 6 月下旬中和 2006 年 5 月上旬中的天气过程属于低槽类暴雨，而 2005 年 6 月初、2006 年 7 月上旬的天气过程可归纳为切变线类暴雨。

表 9.5 暴雨、大暴雨天气过程特性层 700 hPa 天气形势分析

过程发生时段	探空时间	700 hPa
2005.05.31 00:00—2005.06.01 16:00	31 日 20 时	低涡中心在西昌、巴塘之间。切变线在川南、渝中、湘北一线，并有南支小槽东出
	01 日 08 时	低中心位于黔北，南支槽位于贵阳一百色之间，一支切变线贯穿湘北
	01 日 20 时	切变线南移至湘南，怀化本站为正北风
2005.06.26 05:00—2005.06.27 12:00	25 日 20 时	低涡在毕节附近，贵阳为正南风，怀化为西南风
	26 日 08 时	低槽穿过湘西北，西南急流沿怀化一长沙一武汉一线，鄂南为正北风
	26 日 20 时	低槽维持，南支槽加深东移
	27 日 08 时	低槽过湖南中部，为 NE—SW 向，南风大
2006.05.04 22:00—2005.05.05 12:00	04 日 08 时	低槽在达川一南阳一线，急流轴位于昆明一贵阳一怀化一长沙一南昌一衢州一线
	04 日 20 时	低槽贯穿湖南中部，并有阶梯槽东移
	05 日 08 时	高原东侧低槽东移，湘黔边境风速辐合较明显
2006.07.07 12:00—2006.07.09 20:00	06 日 20 时	切变线位于 30°N 附近，滇西有小槽东出
	07 日 08 时	切变线沿昆明一咸宁一重庆一鄂西沿长江一线
	07 日 20 时	切变线位于湘北，云南中部有低槽东出
	08 日 08 时	低涡中心位于川渝黔边界，北支切变横穿湘北，南支低槽位于黔西
	08 日 20 时	切变线呈 NE—SW 向过黔东南、湘西北
	09 日 08 时	低涡中心位于黔东南，北支切变横穿湘北

在进行暴雨分型的过程中发现，低槽类与切变线类暴雨的划分并不是绝对的，有时低涡中心分出的两支，一支为切变线，一支为小槽，有时低槽经过发展，变性为切变线，这里是以本地强降水发生时的主要影响系统进行分类。

9.3.3.3 暴雨的雷达回波特征及降水反演产品分析

1)低槽类暴雨

2005 年 6 月下旬中的强降水自 26 日 05 时开始，27 日 12 时基本结束，共造成 5 站次暴雨，其中大暴雨 3 站次。最大日降水量 153.5 mm(27 日，洪江)，最大一小时降水 49.9 mm(27 日 03—04 时，洪江)。25 日 12 时左右，一条类似于飑线的回波带(图 9.11a_1、图 9.11a_2)在雷达视距内出现，向东偏北方向移动，至 27 日中午移出怀化地区。致使洪江出现连续 2 日大暴雨，过程降水量 250.5 mm(发生在 26 日 08 时—27 日 09 时)，为有观测以来最大值。

2006 年“五一”黄金周期间的暴雨过程自 4 日 23 时开始，5 日 12 时降水云团移出本站，影响会同、靖州、通道。该过程产生 4 站次暴雨，3 站次大暴雨，并具有突发性，降水时间短、范围广、强度大的特点，最大总降水量 124.6 mm(怀化)，最大一小时降水 46.7 mm(5 日 10—11 时，会同)。雷达预警回波自 4 日 09 时 28 分开始，探测范围内出现 35 dBz 回波，5 日 13 时 30 分降水云团减弱，并向东南移出探测范围，在此期间回波最大强度在 65 dBz 以上(图 9.12a)，顶高达 14 km(图 9.12b)，伴随有雷电、大风、冰雹等强对流天气。

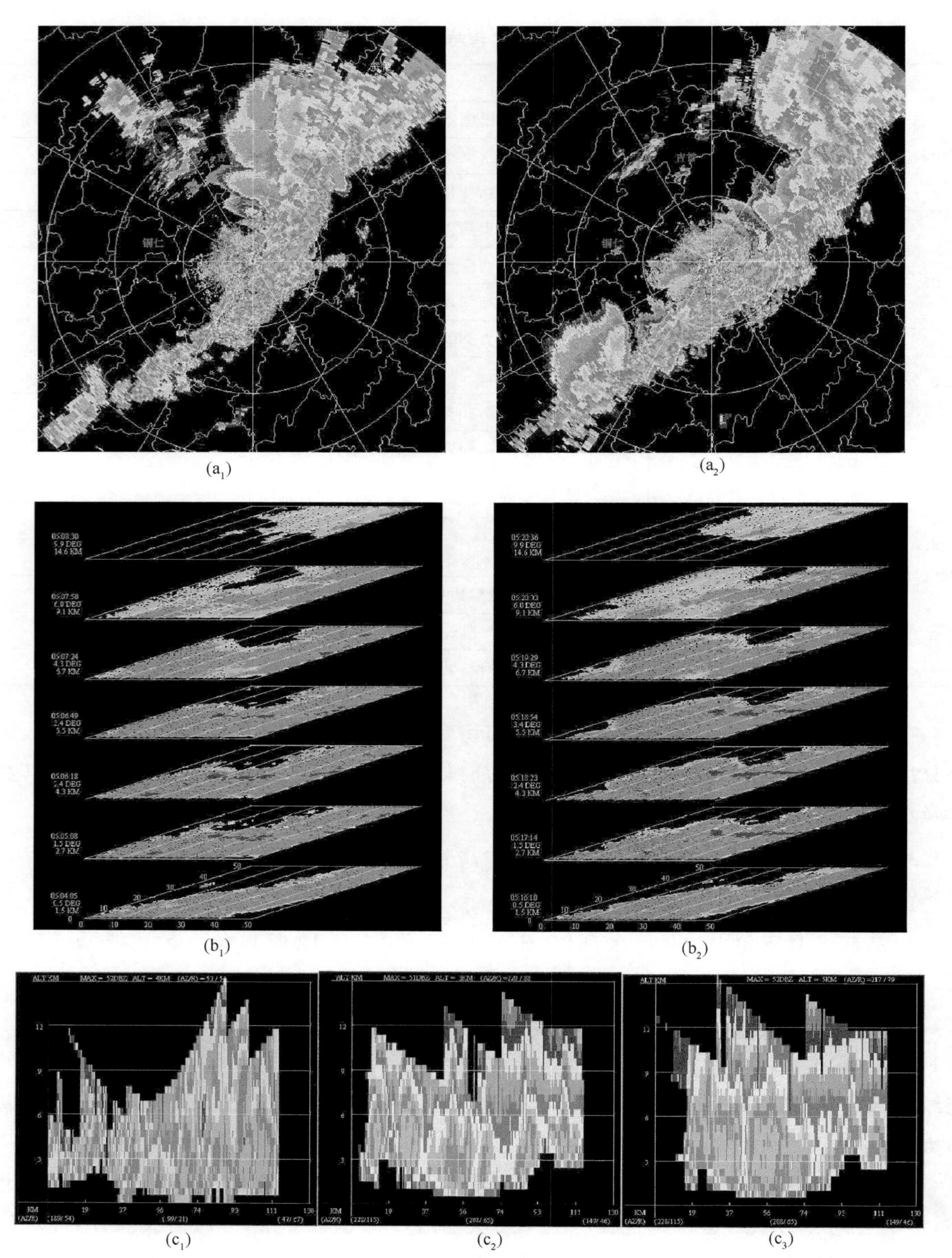

图 9.11　2006 年 5 月 26 日(UTC)多普勒雷达反射率因子强度产品

(a_1)20050626.002524.00.37 组合反射率；(a_2)20050626.013154.00.37 组合反射率

(b_1)20050626.050405.00.53 弱回波区；(b_2)20050626.051610.00.53 弱回波区

(c_1)20050626.002524.01.50 垂直剖面；(c_2)20050626.025634.03.50 垂直剖面

(c_3)20050626.050405.00.53 垂直剖面

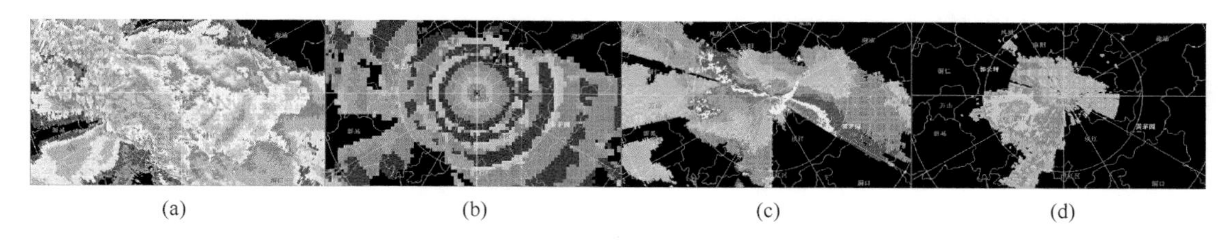

(a) (b) (c) (d)

图 9.12　2006 年 5 月 4 日 17 时(UTC)多普勒雷达产品

(a)20060504.174241.00.37 组合反射率(*CR*)；(b)20060504.174241.00.41 回波顶高(*ET*)

(c)20060504.174241.03.27 基本速度(*V*)；(d)20060504.180659.00.78 一小时累积降水(*OHR*)

根据分析，低槽类暴雨的雷达回波具有以下特征：

反射率因子强度：①回波主体强度在 30 或 35 dBz 以上，带状回波伸展方向与中低层槽线方向一致，其伸展长度与宽度与水汽和系统辐合强度相对应(图 9.11a_1、图 9.11a_2)；②回波区中有明显的强中心，其强度在 50 dBz 以上，最大强度达 60 dBz，甚至 65 dBz 以上，强回波区的下方地面是强天气现象出现的区域(图 9.12a)；③中尺度对流带上由多个强度大于 35 dBz 的对流单体有组织地组成，强度有较大区别，表现为与强中心距离呈反相关(图 9.11a_1、图 9.11a_2)；④深厚槽的回波带上，有明显的“弓”形回波存在(图 9.12a)；⑤在低槽移动的前方，其回波强度梯度大，背风一侧的梯度小(图 9.11a_1、图 9.11a_2)；⑥强回波最高顶高 14 km，强回波区顶高在 11 km 左右(图 9.12b)；⑦强对流发展时，2 km 以下存在明显的弱回波区(图 9.11b_1、图 9.11b_2)；⑧沿回波带方向的剖面(图 9.11c_1、图 9.11c_2、图 9.11c_3)表明，仅雷达探测区域内，回波带上就有 10 余个对流单体发展，此消彼长，维持较长的降水时间。

多普勒速度：①零速度线呈曲度较小的正“S”形，风速随高度加大(图 9.12c)；②在回波区强中心附近出现明显的速度模糊，在零散分布有较强单体附近也出现了小范围的速度模糊区(图 9.12c)；③在低层的入流方向出现与“弓”形回波对应的“槽口”(图 9.12c)；④风廓线(图 9.13)显示，中低层风向切变明显，乱流较强，对流高度逐渐上升，其平均风速标准差先增加，后减小，表明槽线过境，扰动与乱流增强后减弱。

降水反演产品：在离雷达中心 35 km 左右的对流强中心附近，降水一小时估计为 24 mm 左右，与实际降水 22.6 mm(芷江站)非常接近(图 9.12c)，而此时本站降水 2.7 mm。而与 RDA 相距 100 km 的秀山，其强度在 40 dBz 左右，未估计出降水，与实况不符。5 日 03－04 时，本站降水 33.6 mm，芷江 42.5 mm，降水估计 0.0mm，表明湿天线罩及天顶浓密的降水粒子将雷达发射的电磁波衰减至微弱。

2)切变线类暴雨

2005 年 5 月底 6 月初的暴雨、大暴雨过程自 5 月 31 日 00 时开始，6 月 1 日 16 时雨停，降水实况为暴雨 4 站次，大暴雨 4 站次。最大日降雨量为 107.1 mm(6 月 1 日，怀化)，一小时最大降雨量为 38.4 mm(5 月 31 日 23—24 时，沅陵)，过程最大降水量 182.6 mm(沅陵)。2006 年 7 月上旬末暴雨过程降水自 7 日 04 时开始，9 日 20 时结束，共造成 8 站次暴雨，其中最大日降雨量为 107.1 mm(6 月 1 日，怀化)，一小时最大降雨量为 38.4 mm(5 月 31 日 23—24 时)，过程最大降水量 179.5 mm(靖州)，本区内降水持续时间长达 64 h，大部分县市持续降水均在 12 h 以上，

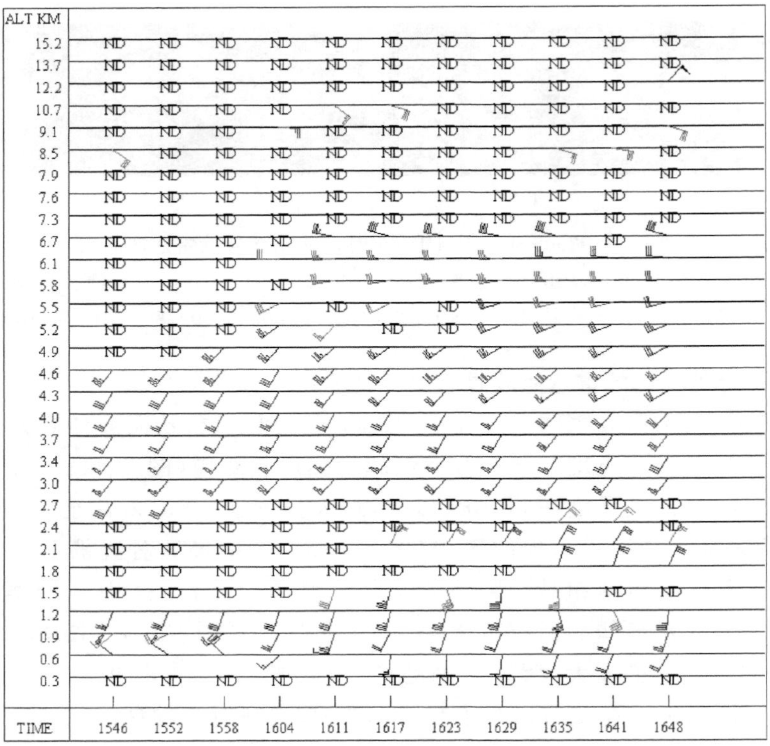

ALT KM
15.2
13.7
12.2
10.7
9.1
8.5
7.9
7.6
7.3
6.7
6.1
5.8
5.5
5.2
4.9
4.6
4.3
4.0
3.7
3.4
3.0
2.7
2.4
2.1
1.8
1.5
1.2
0.9
0.6
0.3
TIME 1546 1552 1558 1604 1611 1617 1623 1629 1635 1641 1648

图 9.13　2006 年 5 月 4 日 16 时 48 分(UTC)风廓线(VWP)

个别县市达 25 h，较低槽暴雨的移动为缓慢，说明切变线两侧的系统势力相对均衡。雷达回波自出现到完全消失，时间近 80 h，回波有分布范围广，移动缓慢，降水效率高的特点。

根据分析，低槽类暴雨的雷达回波具有以下特征：

反射率因子强度：①整体表现为 E—W 走向的带状回波，或块状，其回波范围大，主体强度在 30 dBz 以上，但中心强度值小于 60 dBz(图 9.14a)；②存在强中心区和多个次强中心区(图 9.14a)；③回波移动缓慢，维持时间较长；④回波中心高度在 11～12 km，且强中心区域面积较小(图 9.14b)，最大高度达到 14 km，但维持时间短；⑤较前讨论的低槽回波，由于季节差异，其对流强度稍弱，观测到大风和冰雹的报告少。

多普勒速度：①零速度线呈曲率大的正“S”形(图 9.14c)，表明风向随高度顺时针旋转，暖平流较强；②在低层出现较小范围的速度模糊区域，处于低空急流附近；③大范围的风速较为均匀(图 9.14c)；④风廓线(图 9.15)显示，先期中层风扰动明显，而高层较弱，且扰动向高空发展，显示对流加强，辐合抬升明显。

降水反演产品：在离雷达中心 15～40 km，方位 245°的对流强中心附近区域，*OHR* 为 27 mm左右，与实际降水 26.7 mm(芷江站)吻合(图 9.14d)，其正西方新晃(距离 85 km)降水估计为 5 mm 左右，与观测站实测降水 48.3 mm 比较，相差悬殊，表明一方面在远距离处，由于中间降水粒子的作用，衰减明显，另一方面受其照射体积内的充塞程度影响，可能平均后强度偏小。

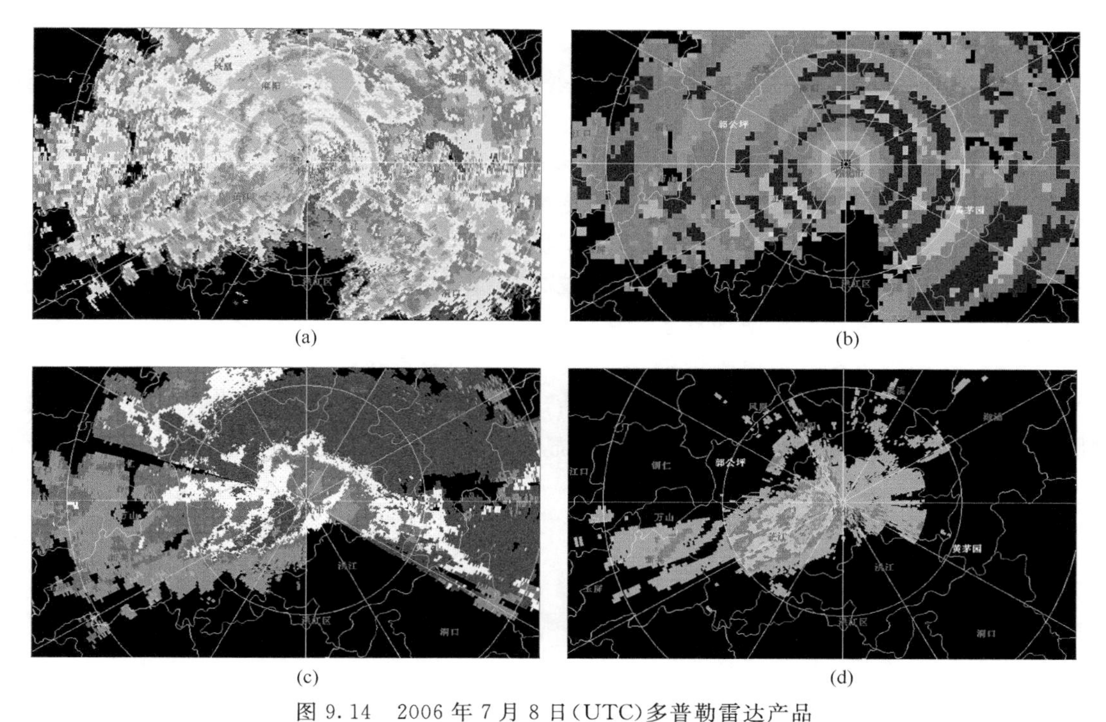

图 9.14　2006 年 7 月 8 日(UTC)多普勒雷达产品

(a)20060708.003534.00.37 组合反射率(*CR*);(b)20060708.003534.00.41 回波顶高(*ET*)

(c)20060708.003534.00.27 基本速度(*V*);(d)20060708.005347.00.78 一小时累积降水(*OHR*)

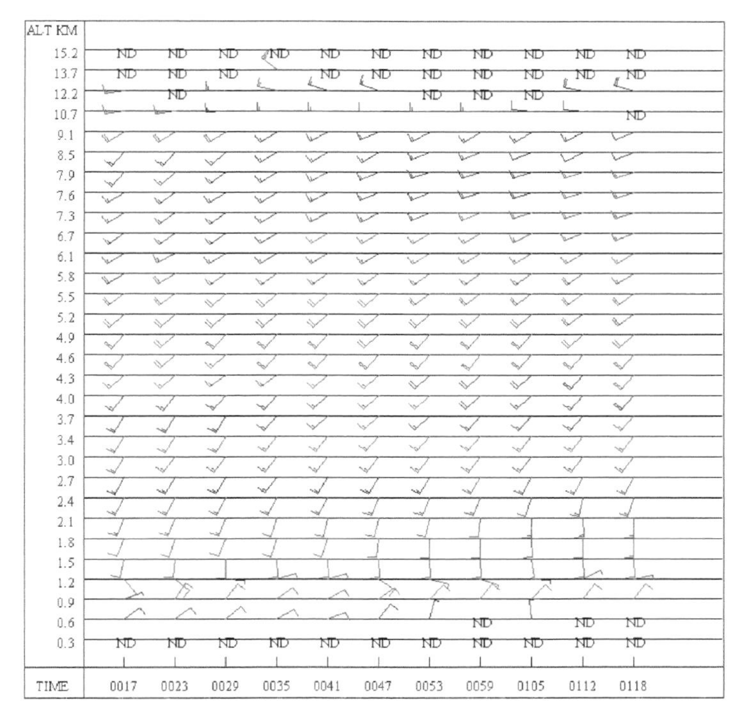

图 9.15　2006 年 7 月 8 日 01 时 18 分(UTC)风廓线(VWP)

9.3.3.4 小结

通过对近两年以来影响怀化主要暴雨、大暴雨过程天气的分型及多普勒天气雷达特征分析，得出以下结论：

(1)低槽类暴雨移动快，降水强度大，切变线类暴雨移动慢，维持时间长。

(2)低槽类暴雨雷达回波带状明显，而切变类的范围大，强度较前者均匀。

(3)低槽类暴雨的对流单体过程中，存在明显的弱回波区和入流"槽口"。

(4)低槽类暴雨雷达回波发展强盛，顶高较高，而切变线类次之。

(5)两类暴雨的雷达回波中均有多个单体发展。

(6)两类暴雨均出现速度模糊现象，表明暴雨发生时高空风速大，辐合强。

(7)在雷达站无降水或降水微弱时，降水估计精度高，而当天线罩变湿且水膜较厚时，或探测路径上有较强回波，则远距离处降水估计明显偏小。

第 10 章

专业气象预报技术

10.1　城市环境气象指数业务预报

气象服务是研究基本气象科学技术如何转化为各行各业效益的应用技术学科。搞好准确、及时的气象服务是气象部门工作人员的出发点和归宿点，从科学技术角度看，气象服务要产生效益，气象工作人员必须掌握较好的气象科学技术，不管是对决策气象服务、公众气象服务，还是专业气象服务我们都必须以专业气象人员的素质来对待。特别是当今社会，对服务质量凸显重要，这也迫使提供气象服务人员素质的提高，学习、掌握更加专业的气象预报技术来为社会和大众服务。

城市环境是与城市整体互相关联的人文条件和自然条件的总和。包括社会环境和自然环境。前者由经济、政治、文化、历史、人口、民族、行为等基本要素构成；后者包括地质、地貌、水文、气候、动植物、土壤等诸要素。城市形成、发展和布局一方面得益于城市环境条件，另一方面也受所在地域环境的制约。城市的不合理发展和过度膨胀会导致地域环境和城市内部环境的恶化。城市环境质量好坏直接影响城市居民的生产和生活。随着改革开放的不断深化，工业的大量兴起，城市环境的超载开发，受影响最明显、污染最严重的是大气，使得城市环境气象出现了许多不利的方面，而这些正是我们所研究和关心的城市环境气象(如，城市大气污染、城市热岛、城市降水、城市日照、城市雷暴等)。

城市环境气象指数是评价人类生存或各种活动的环境指标。从事不同的活动其环境气象指数也是不同的，主要分为四类：生存环境指数；医疗气象指数；生活气象指数；防治自然灾害指数。气象指数是指气象部门根据气象预测而发布的为居民生活出行而提供的参考数据。包括温度、湿度、风向、风力、太阳照射强度等相关数据。

10.1.1　生活气象指数系列

化妆指数：是根据气象条件对人的皮肤的影响制定出来的指数，主要影响有温度、湿度、风速、紫外线强度，根据不同的气象条件来采取不同的保护措施，如保湿、防晒、去油、防脱水等一系列的措施，以减少恶劣气象条件对皮肤的伤害。

放风筝指数：由于放风筝是一种户外活动，所以受气象条件制约很大。放风筝指数是根据温度、风速、天气现象等气象因子对放风筝活动的影响程度制定出的一种指数，它分为三级，级数越高，越不适宜放风筝。

空气污染扩散气象条件指数：是不考虑污染源的情况下，从气象角度出发，对未来大气污染物的稀释、扩散、聚积和清除能力进行评价，主要考虑的气象因素是温度、湿度、风速和天气现象，对气象条件进行分级，空气污染扩散条件指数分为5级，级数越高气象条件越不利于污染物的扩散。

空调开启指数：是综合考虑了当日温度、湿度和连续三天的温度情况，根据人体的生理与健康要求，计算出指导人们适当使用空调的指数。空调开启指数分为5级，空调开启级数越低，越要开启制冷空调进行降温，级数最高时，则应适当采取供暖措施。

逛街指数：是根据影响人们逛街的主要的气象因子：温度、天气现象、风速等，按一定的经验公式进行分级，以便人们根据逛街指数来安排自己的行程。逛街指数分为4级，一般级数越高越不适宜逛街。

紫外线指数：是根据紫外线的强弱程度来制定的，紫外线越强，防晒指数越高。人们应根据防晒指数采取适当的防晒措施，避免紫外线对人体造成伤害。防晒指数分为5级（表10.1），级数越高，外出时越应特别加强防护，建议涂擦SPF倍数高一些，PA＋＋的防晒护肤品，并随时补涂。

表10.1 紫外线强度等级划分

级别	UV指数	防晒措施
最低(弱)	0,1,2	使用防晒护肤品
低(较弱)	3,4	使用护肤品并戴帽子
中等	5,6	除上述措施外，并戴太阳镜
高(较强)	7,8,9	尽量避免日晒
最高(强)	10	一定不要在太阳下晒

紫外线指数模式预报方法：

根据晴空紫外线理论计算模型，引入云量，建立如下预报方程：

$$Y = CAF \times Q_{uv}/25$$
$$Q_{uv} = 0.043 \times Q \quad (10.1)$$
$$Q = S_0 \times (C_1 - C_2 \times Z) \times \sin h$$

式中：Q_{uv}为晴天紫外线总辐射，Q为太阳总辐射，Y为紫外线指数，S_0为太阳常数（1382 W/m^2），C_1，C_2为太阳赤纬，分别为0.944，0.063，h为太阳高度角，CAF为云量，其取值如表10.2所示。

表10.2 *CAF*引起的紫外线总辐射衰减

天空状况	总辐射衰减
$0 \leq Nt < 1$(晴空)	$CAF=0.992$
$1 \leq Nt < 3$(少云)	$CAF=0.896$
$3 \leq Nt < 8$(多云)	$CAF=0.726$
$Nt \geq 8$(阴天)	$CAF=0.316$

钓鱼指数：是根据气象因素对垂钓的影响程度，提取出影响垂钓的主要气象因素：温度、风速、天气现象、温度日变化等，进行综合考虑计算得出，利用钓鱼指数人们可以选择合适的水域，在有利于钓鱼的气象条件下垂钓，不仅能取得较大的收获，还可以达到休闲娱乐的目的。钓鱼指数分为3级，级数越高，越不适合钓鱼。

晾晒指数：是根据温度、风速、天空状况的预报对晾晒的影响情况，对人们进行晾晒活动的适宜程度进行分级，从而指导人们适时安排晾晒衣物等家庭用品或农作物、药材等。晾晒指数分为5级，级数越低，气象条件对人们进行晾晒活动越有利。

感冒指数：感冒一年四季均有发生，但主要集中在秋、冬、春季(10月中旬到次年的5月上旬)，出现感冒的高峰天气主要有两种情况：第一种是冷空气南下时，特别是进入秋天后的第一次气温突然下降，1～2 d内使感冒患者显著增加；第二种情况是冷空气过后，在冷高压的控制下，气压较高，天空晴朗，气温日较差大，也使人们很容易感冒。这两种天气主要使人体受凉诱发感冒，据有关文献统计分析表明，感冒与气温日变化和日较差、湿度、气压密切相关，其计算公式为：

$$CCI = TDC + TMM + H + P \tag{10.2}$$

式中：CCI 为感冒指数，TDC 为气温日变化，TMM 为气温日较差，H 为相对湿度，P 为海平面气压。

感冒指数是气象部门就气象条件对人们发生感冒的影响程度，根据当日温度、湿度、风速、天气现象、温度日较差等气象因素提出来的，以便于市民们，特别是儿童、老人等易发人群可以在关注天气预报的同时，用感冒指数来确定感冒发生的几率和衣服的增减及活动的安排等。感冒指数分为四级(表10.3)，级数越高，感冒发生率就越高，气象因素对感冒的发生就越有利。

表10.3 CCI的取值范围与感冒发生状况

范围	≤6	6.1～19.9	20～30	≥30
CCI	感冒人数偏少	开始增加	明显增加	急剧增加

穿衣指数：是指服装对人体一种保暖程度的度量。着装的厚度与环境气象条件有明显的关系，服装的厚度与面料有关。在风力一定的情况下，穿衣的厚度随气温的升高而减薄(表10.4)，即着装厚度与气温呈负线性相关，而且风力越大，负线性相关的斜率越大。当温度一定时，风速与着装的厚度正相关，当风力小于3级时，服装的厚度随风力变化很小，当风速大于等于4级时，着装的厚度随风力的增大而迅速增大。穿衣厚度 Y 计算式：

$$Y = [0.61(25.8 - X)]/[(1 - 0.01165V^2)] \tag{10.3}$$

式中：X 为环境气温，V 为风速。

表10.4 服装厚度对应表

天气	气温(℃)	服装厚度(mm)	服装款式品种
炎热闷热	25～40	0～1.5	短衫、短裙、短裤、薄型T恤衫、敞领短袖棉衫
较热	22～24.9	1.5～4	短裙、短裤、衬衫、T恤衫
凉爽舒适	16～21.9	4～6	单层薄裤、薄型棉衫、长裤、针织长袖衫、薄型套装
稍凉	10～15.9	6～10	套装、夹衣、风衣、夹克衫＋长裤
较凉	5～9.9	10～15	风衣、大衣、夹大衣、外套、毛衣、毛套装、西服套装、薄棉外套
较冷	0～4.9	15～20	棉衣、冬大衣、皮夹克(内有套衣)
寒冷	－9.9～0	20～40	棉衣、冬大衣、皮夹克、羊毛内衣、厚呢外套、手套
深寒严寒	－25～－10	40～70	羽绒服、风雪大衣、裘皮大衣、太空棉衣

表10.4是根据自然环境对人体感觉温度影响最主要的天空状况、气温、湿度及风等气象条件，对人们适宜穿着的服装进行分级，以提醒人们根据天气变化适当着装。一般来说，温度

较低、风速较大，则穿衣指数级别较高。穿衣气象指数共分8级，指数越小，穿衣的厚度越薄。

晨练指数：是气象部门根据气象因素对晨练人身体健康的影响，综合了温度、风速、天气现象、前一天的降水情况等气象条件，并将一年分为两个时段(冬半年和夏半年)，制定了晨练环境气象要素标准，晨练的人特别是中老年人，应根据晨练指数，有选择地进行晨练，这样才能保证身体不受外界不良气象条件的影响，真正达到锻炼身体的目的。晨练指数分为4级，级数越低，越适宜晨练。

划船气象指数：由于划船是在露天的水面上活动，天气条件的影响对游客的安全至关重要。划船气象指数是综合分析了影响划船的天气现象、风速、温度等气象要素而研制的。它可以为各公园船队和游人提供是否适宜划船的专业气象预报服务，以充分利用有利的天气条件进行划船活动，而避免不利天气条件造成的危害。划船指数分为三级，级数越高越不适宜划船等水上户外运动。

啤酒气象指数：最早起源于欧洲，近年来我国根据主要影响人们喝啤酒的气象因素(温度、湿度)研究出针对我国的啤酒气象指数，以便正确引导市民啤酒消费，指导啤酒商家销售。通常在寒冷干燥季节，应少喝啤酒且尽量喝些常温或稍加热啤酒；湿热天气饮用冰镇啤酒倍感舒适；而干热天气时，啤酒可作为最好的防暑降温饮品。啤酒气象指数分为5级，一般级数越高，越适合饮用啤酒。

10.1.2 医疗气象指数系列

人体舒适度：是结合温度、湿度、风等气象要素对人体综合作用，表征人体在大气环境中舒适与否，提示人们可以根据天气的变化，来调节自身生理及适应冷暖环境，以及防范天气冷热突变的指数，便于人们了解在多变的天气下身体的舒适程度，预防由某些天气造成的人体不舒适而导致的疾病等。舒适度指数分为11级(表10.5)，级数越高，气象条件对人体舒适感的影响越大，舒适感越差。

舒适度指数的计算方法与等级划分：

$$K = 1.8 \times T - 0.55 \times (1.8 \times T - 26)(1 - RH) - 3.2 \times \mathrm{Sqr}(V) + 3.2 \quad (10.4)$$

式中：K 为舒适度指数，T 为温度，RH 为湿度，V 为风速。

表10.5 人体舒适度等级表

舒适度指数	等级	服务说明
<0	1	极冷
0～25	2	很冷
26～38	3	冷
39～50	4	微冷
51～58	5	较舒适
59～70	6	舒适
71～75	7	较舒适
76～79	8	微热
80～85	9	热
86～89	10	闷热
≥90	11	酷热

美发指数:主要是根据适宜头发生长的气象环境,结合实际的温度、湿度、紫外线强度、风速对人们是否在此气象条件下适合美发提出意见,以期对人们美发起一定的指导作用。美发指数分为3级,级数越低,气象条件就越适宜头发的生长。

风寒指数:是舒适度指数在秋冬季节的一个细化,由于秋冬季节气温变化起伏较大,人体感觉受风雪天气、湿度等因素的影响较暖季更为敏感。风寒指数综合考虑了气温和风速对人体的影响,人们可根据风寒指数,采取相应的防寒措施。风寒指数分为6级,级数越高,人们的防寒意识越大。

体感温度:在不同的气象条件下,人体对相同的气温其感受是不同的。体感温度就是在综合了空气温度、湿度、风速以及天空云量、日照时数等因素影响后,人体实际上感受到的温度。

中暑指数:是表征在高温高湿或强烈热辐射的气象条件下,体温调节功能出现了障碍不适应的程度。中暑的发生不仅和气温有关,还与湿度、风速、劳动强度、高温环境曝晒时间、体质、营养入水盐供应有关,但主要因素是气温。一般中暑的气象条件有两类,一是干热环境,主要特点是高气温、强热辐射,湿度小。另一类是小湿热环境,气温高、湿度大,但辐射并不强。

10.1.3 旅游休闲气象指数系列

是气象部门根据天气的变化情况,结合气温、风速和具体的天气现象,从天气的角度出发给市民提供的出游建议。一般天气晴好,温度适宜的情况下最适宜出游;而酷热或严寒的天气条件下,则不适宜外出旅游。旅游指数还综合了体感指数、穿衣指数、感冒指数、紫外线指数等生活气象指数,给市民提供更加详细实用的出游提示。旅游指数分为5级,级数越高,越不适应旅游。

10.1.4 交通气象指数系列

交通气象指数:是根据雨、雪、雾、沙尘、阴晴等天气现象对交通状况的影响进行分类,其中主要以能见度为标准,并包括对路面状况的描述,以提醒广大司机朋友在此种天气状况下出行时,能见度是否良好,刹车距离是否应延长,是否容易发生交通事故等,减少由于不利天气状况而造成的人员及财产损失。交通指数分为5级,级数越高,天气现象对交通的影响越大。

路况气象指数:是根据天气的变化,结合当日天气现象和前12 h的天气现象对路面状况的影响而提出的一种指数,以便提醒广大司机朋友路面是否潮湿,湿滑,有积雪或积冰,是否道路便于行驶。这样可以避免由于气象因素而造成的交通事故,减少由于不利天气状况而造成的人员及财产损失。路况指数分为5级,级数越高,天气现象对路况的影响越大。

10.2 电力气象预报

1. 气象为电网电力生产调度服务状况

目前市气象局科技服务中心根据市电业局电网调度通信中心的要求,为其提供管辖流域、市区和区县的短期天气预报，内容包括气温、降水、相对湿度预报及阴、晴、雨、雪等各种实况信息；提供周、旬、月、季、年的预测信息，对于突发性的天气变化除了在专业气象网站上发送之外，还同时通过电话、传真及时告之，特别是结合电力特点，将每天预报细化为上下午时段，同时针对季节变化、气象灾害不同，开展诸如台风、暴雨、干旱等预报服务，以有效地适应需求，极大地发挥气象服务的效益。可见长、中、短期天气预报对电业局电网调度通信中心生产影响较大，对服务情况也是满意的。

2. 气象服务在电网电力生产调度中的作用

(1)负荷预测

不同的季节，耗电需求量是不同的，随着天气的变化，电力负荷会出现变化，也就是电力负荷受降雨、气温、湿度等的影响。例如，在夏季，高温天气，空调耗电量大，会使电热负荷增加，连续的降雨，冷空气过程的降温，空调耗电量变小，会使电热负荷减小；而在冬季，强降温过程，空调负荷又会突然增加。因此，降水、气温、湿度的变化对负荷预测影响很大。

(2)水库调度

怀化电网内水电站多，水库调度主要有两个目的：①防洪安全，确保水库大坝安全，一般情况下，希望有丰富的降水用于发电，但因一次持续性强降水过程造成水库水位达到警戒水位时，就需要一个准确的降雨量预报，确定是否要泄洪放水。②发电调度，在确保大坝安全的情况下，如果后期没有多的降水，就要安排蓄水，以保持高水位，特别是枯水季节更要注意储水。对于梯级电站水库调度，既要考虑中期、短期降水天气过程的影响，又要考虑中长期降水天气预报，以安排长期供水的问题，所以有了准确的长、中、短期降水预报，就可以做好水库调度的充分准备。

(3)电网调度

当降水丰富时，可以更多地利用水力发电，降低发电成本，枯水季节，需要靠火电调节，维持电网平衡。因此准确的天气预报，对增加电力生产效益具有重要的作用。

3. 气象服务存在的问题

(1)预报准确率不高

水库调度环节是最能体现气象预报服务效益的环节，主要要求水库上游流域一周左右的降水过程和强度预报，要求准确率在80%以上；汛期首场暴雨预报和秋汛最后一场暴雨预报至关重要，准确率要求在90%以上，对降水过程的空报或漏报会产生巨大损失。近年来大范围过程的预报准确率有所提高，但由于受到设备、技术等因素的影响，小范围(局部)的强降雨经常报不出来，与用户的需求还有很大的差距，气象预报对电网电力生产与调度仅作参考，不能起到生产决策服务作用。

(2)服务产品缺乏针对性

目前提供的服务产品仍停留在常规的预报、实况信息上，真正意义上的水电专项服务产品不多，新的气象服务产品仍有待开发。如：雷暴是电力生产的大敌，为防止雷暴对电力生产的威胁，一般发电厂都有防雷设备，组成避雷网，但避雷网不能完全防御雷暴灾害的发生，如果电力部门能及时准确了解到雷暴预告，便可以事前集中准备抢修力量，避免损失；而雷暴监测工作才刚刚起步，雷电诊断分析技术还很青涩，缺乏成熟的可实践使用的业务产品，造成雷电预警预报工作相对滞后，不能满足电力行业对雷电预警的需求。另外，电力生产与调度最关心的是降雨所产生的流量预报，而目前也只能提供降水的量级预报。针对性的气象服务产品，如流域的流量预报、库容量预报、负荷预报、地质灾害预报等对电网电力生产调度有很大的作用，而目前仍未开发出这方面的服务产品。

(3)预报的及时性有待提高

电力调度生产工作注重提前预测及实时性，这要求气象信息要及时发布才能发挥其应有的作用，但目前预报产品的发布与用户的需求仍有很大的出入。比如：常规的短期预报往往要到17：00以后才发布；中、长期预报为了提高准确率，常常把时间推后，以获取更多的分析信息和数据，对用户来说，需要了解气象信息来进行电力生产预报与电网调度工作安排，要求旬报应及时(逢8，18，28)发布，但有时到30日才发布；月报要求25日发布，而目前的预报往往到28日，有时到30日才作出来，年度预报要求能在11月下旬提供，但实际上到12月底才能提供。突发性，重大灾害性等短期及临近的天气预报也同样存在滞后发布的问题，短期预报常常是发布后几个小时就出现，临近预报常常是出现了才跟着发布。

4. 如何做好电力气象预报

(1)高度重视专业气象服务的发展问题，重视基础业务

作为专业服务技术支撑的重要作用，加强基础业务对专业服务的指导，丰富基础业务为专业服务下发产品的种类及内容。充分利用气象卫星云图、自动气象(雨量)站、新一代天气雷达等气象现代化探测手段，加强灾害性天气预报预警，充分发挥专家和专业人员的作用，为用户提供更加及时、准确的气象服务。

(2)加强专业服务产品的研发

深入了解服务对象的行业特点，掌握电力行业生产经营与天气的关系(从定性到定量的关系)，密切结合行业生产，开发出可以嵌入用户业务流程中的服务产品，甚至可以利用我们的技术优势，与用户合作开发出一整套结合气象服务的生产管理系统，让气象服务成为用户生产环节中不可缺少的一部分。比如：可在提供灾害性天气预报的基础上，建立气象—经济决策模式，将灾害性天气出现的概率、对电力生产调度的影响、可选择的措施及相应后果等。目前已经应用成功的电网负荷预测系统，就提供了一个很好的范例。

(3)增强服务的意识

在目前天气预报准确率尚不能达到100%的现状下，应以“预报不足服务补”，增强服务意识。在转折性、突发性、重大灾害性等天气的气象服务工作上，加强服务意识和采取特殊的服务方式，在短时临近预报方面做好跟踪服务，增加预报频次，使得气象服务产品得到及时订正，进一步提高预报服务产品的准确性和实用性。服务产品在提供给用户后，用户是否满意、存在什么问题、如何改进，需要及时与用户互动反馈，也就是某种意义上的售后服务。

10.2.1 怀化电力负荷气象预报预测

电力系统的电力负荷是制订电力系统规划和运行管理的重要依据，对电力系统安全和经济运行起重要作用。研究电力负荷的特征对电力企业合理利用能源、安全生产有着十分重要的意义。由于影响电力负荷的因素是复杂多样的，近年来，许多研究表明电力负荷与气象条件有着密切的关系，另外随着经济的发展和人民生活水平的不断提高，电力制冷、制热设备(如空

调、冰箱、热水器等)的拥有量不断增加,这些设备的使用与气象条件有密切的关系。所以通过研究电力负荷与气象条件的关系来揭示电力负荷的变化特征和规律,可以更好地为电力部门提供优质服务。

电力负荷与气象条件的相关分析如下:

气象条件对一些重要的电力指标有很大的影响,在一些极端气候条件下(如夏季高温、冬季严寒),电量会急剧攀升,甚至超过电网的承载力而跳闸停电。有关研究结果表明,温度是电力指标的主要气象影响因子,二者的相关性较好,且存在显著的季节差异,即夏半年为正相关,冬半年为负相关。

根据湖南省气象局相关部门对电力行业的调查统计,得出电力各部门各环节对气象要素的临界值(表 10.6)。

表 10.6　电力行业各环节气象要素临界值

气象要素 \ 环节	电力生产	电力调度	电网运营	电网维护	电力建设
降雪	大雪	大雪	大雪	大雪	中雪
电线积冰(mm)	1～10	5～15	10	5～10	10～15
降雨	大雨	大雨	中雨	大雨、暴雨	大雨
闪电雷暴	无	无	无	无	无
风力(级)	7～8	7～8	7～8	7～8,9～10	7～8
夏季最高气温(℃)	38～40	38～40	≥40	38～40,≥40	≥40
冬季最低气温(℃)	−5～0	−5～0	0～7	−5～0	−10～20
夏季相对湿度	>60%	>60%	>60%	>60%	41%～60%,>60%
冬季相对湿度	>60%	>60%	>60%	>60%	>60%
雾霾能见度(m)	<200,50	<200	<200	<500,200	<200
夏季升温幅度(℃/d)	4	4	3,4	4	—
冬季降温幅度(℃/d)	10	4	4	10	13

气象要素临界值是指某一天气现象影响具体生产环节的临界条件,电力专家对气象要素临界值评估结果表明:降雪临界值为大雪,电线积冰厚度为 1～10 mm,降雨临界值为大雨,风力为 7～8 级,最高气温、最低气温分别为 36～37℃、−5～0℃,相对湿度临界值为>60%,雾霾为能见度<200 m,夏季升温幅度、冬季降温幅度分别为 4℃,10℃。从表 10.6 中可知,影响电力负荷的电力环节主要是电力调度和电网运营。为此,可以根据历年的电力负荷资料按季节和气象要素建立电力负荷预测方程。

10.2.2　怀化电线覆冰预报

从电线覆冰厚度基本公式

$$b = \beta E \varphi \omega \tau v \sin\theta / (\pi \rho) \qquad (10.5)$$

可以看到:电线覆冰厚度 b 与冰结系数 β、捕获系数 E、电线的截面直径 φ、单位体积中液态水含量 ω、风速 v、时间 τ、气流与电线的交角 θ、积冰的比重 ρ 等因素有关。

从覆冰重量 p 基本公式

$$p = \beta E \varphi \omega \tau v \sin\theta \tag{10.6}$$

可以看出，在冻结能维持的前提下，风速越大，过冷却水滴输送越强，则冰重增长越快；风向与电线夹角越接近垂直角度，电线接触过冷却水滴的有效面积越大，对冰重增长越有利；空气中水滴浓度越大冰重增长越快；在相同的冻结过程中电线线径越大，电线对过冷却水滴的接受面积也大，冻结的冰重越重，但不等同于冰厚越厚。

大量实测资料表明，两高度上冰厚的比是高度比的幂函数，即

$$b_z/b_0 = (Z/Z_0)_v \tag{10.7}$$

式中：指数 $\alpha>0$。

冰厚随高度增加的首要原因，是积冰时风速随高度增加。风速越大，使水滴向电线的输送量也越大。

风速随高度的变化在通常情况下符合乘幂律：

$$v_z/v_0 = (Z/Z_0)^{\alpha v} \tag{10.8}$$

式中：指数 α^v 反映风速随高度变化的特征。

积冰时，空气中的含水量也是随高度增加的：

$$\omega_z/\omega_0 = (Z/Z_0)^{\alpha_\omega} \tag{10.9}$$

式中：指数 α_ω反映云和雾中含水量随高度变化的特征。

(1)气象站标准冰厚计算

气象观测站所记录的冰冻资料是通过对离地面 2 m，东西、南北两个方向各一根直径为 4 mm(或 5 mm)的铁丝上冻结着的冰进行测度和称重所得到的。显然，气象记录中的直径、厚度、重量三个要素还不便直接用于线路设计中。因为每一个量都无法唯一确定冰的全部特征，或者说具有某一要素相同值的两次冰冻可能实际存在很大的差异。为便于在工程设计中使用，需要定义一个能唯一地反映各处冰冻差异性的量，所谓标准冰厚。即：把单位长度(1 m)电线上，实际积冰量相当于标准密度(常取 0.9 g/cm^3)的均匀覆盖于标准铁丝(Φ4)上的冰层厚度称为标准冰厚。

根据上述定义，已知实际冰重 W，电线半径 R，标准密度 0.9 g/cm^2，则标准冰厚 $b_{0.9}$，可由下式求出：

$$b_{0.9} = \sqrt{\frac{W}{0.9\pi} + R^2} - R \tag{10.10}$$

上式中：$b_{0.9}$一密度为 0.9 g/cm^2 的标准冰厚(mm)，W 为单位长度的冰重(g/m)；R 为雨凇架芯线半径(mm)，一般为 2 mm。

(2)标准冰厚与电力线路冰厚之间的关系

假设电力线路架设在气象站雨凇架正上方，则可以直接引用式(10.11)，由气象站标准冰厚求得该电力线路上相同直径电线上的标准冰厚。

$$B_Z = b \times (Z/Z_0)a \tag{10.11}$$

式中：Z 为线路架空高度，Z_0 为雨凇架高度，a 为综合反映风速、湿度和捕获系数随高度变化的系数。由于缺乏细致研究的资料，在实际计算中只能采用风速资料来大致估计 a 的大小，为

0.10～0.20。一般 20 m 架空可取 0.18，这是应用气象学中常用且为大量观测事实所证明的关系式。但上式仅适用于近地面层，即 Z, Z_0 均限在 2～30 m。实际上，电力线路并非架设在气象站雨凇架正上方，不仅其所处地理环境如经度、纬度、海拔高度、地形等不尽相同，而且电线直径也不相同。因此，在使用式(10.11)由气象站标准冰厚计算实际电力线路标准冰厚时，必须进行若干修订。

为此，滕中林曾推出另一结冰强度随高度变化的简化公式(覆冰厚度)：

$$h_z = h_{z_1}(Z/Z_1)^p \tag{10.12}$$

或

$$h_z = h_{z_1}(Z/2)^p \tag{10.13}$$

该式表明导线覆冰厚度在云层以下的高度层内，其凝聚量随离地面高度的增加呈指数的增大。式中 p 为经验参数，其值大致为 1/3。

由式(10.12)，若知道某一高度 Z_1 和其结冰厚度 h_{z_1}，便可计算任一高度 Z 处的相应冰厚 h_z。因该式不受气象高度 2 m 和导线直径条件的约束，它可以取任一已知冰厚的高度作业 Z_1 和结冰厚度 h_{z_1} 即可。这样就便于使用较低高度的电线覆冰资料，为电力部门架设高度较高的线路计算结冰厚度，解决资料不足的困难。

10.2.3 怀化电力气象服务业务

在可能对电网运行稳定性造成影响的气象条件中，风、冰冻，雷电、强对流天气与最高最低气温为主要因素。其中，风速与温度等资料获取基本来自线路架设当地的气象观测站。但是，有些气象站不一定有覆冰观测数据，即使有，也不一定适合线路要求，并且覆冰数据不是一项独立的气象参数，为了获得所架设电网线路周边的气候条件，电力线路设计者大都是走访沿线的居民，依靠数理统计、走访和经验来综合考虑以设定覆冰负载，这也缺乏一定的科学性；另外，大多数电网走廊是避开人群密集地区，架设在荒无人烟的苦寒之地，那里没有气象观测站，为了解决电网对气象资料的针对性需求，在设计新的线路或进行线路改造时，应请气象部门对其气象要素进行观测，获取线路走廊的资料。同时应在新旧线路上架设一些自动气象观测站对其实时观测，以取得对线路危害最大的风、冰、雪、雷电、气温等资料，气象部门就可以根据这些资料和天气形势有针对性地对电力部门相关单位(生产、营运、调度、维护等)研究和找出气象要素与电力生产与负荷之间的关系，从而进行电力生产、电力负荷气象预报、情报等服务，避免这些气象要素临界值的发生对电力系统造成较大的经济损失，这就是电力气象服务业务之目的。因此，气象人员根据两部门的资料，针对电力各部门作好这些气象要素的预报业务和情报业务工作，是电力与气象两家的共同责任。

10.3 交通气象预报

交通和交通运输方式主要有海、陆、空三种，而它们的运行都受到气象条件的影响，因此，为了保证交通的安全运行和计划调度，必须注意气象条件，特别是极端恶劣的气象条件出现的规律，作好气象服务，以保证人民的生命财产不受损失。不管是铁路还是公路，影响它们行驶的不利气象条件主要有暴雨(雪)、高低温、积雪、冰冻，雾、大风、雷暴等。

无论是陆地、水上还是航空交通对气象条件高度敏感，而怀化市主要是陆地交通为主，近年来现代公路运输体系十分发达，所追求的快速、高效和安全，在很大程度上受气象因素的影响和制约。随着怀化经济和社会的持续快速发展，人民生活水平不断提高，轿车进入家庭的步伐进一步加快，人们的出行方式发生了深刻变化，驾车出行已经成为一种新的时尚。人们通过公路出行的愿望越来越强烈，频率越来越高，对公路气象信息的需求也越来越高。准确、及时的公路气象信息服务已经成为保证现代公路运输体系正常运行，满足社会公众走得好、走得安全、走得舒适的重要条件。那么怀化市气象局和怀化市交通局应该联合发布公路交通气象信息，不仅将有效避免公路交通延误，节省出行时间，还会减少恶劣天气诱发的交通事故，维护人民群众生命财产安全。这既是政府部门坚持“以人为本”“执政为民”理念的具体行动，也是建设服务型政府的有益尝试。此外，及时发布公路交通气象信息，提前向地方交通主管部门通报恶劣气象灾害信息，既有利于各级交通公路部门提前采取应对措施，最终建立统一协调、反应灵敏、运转高效的恶劣气象应对机制，又可创造更安全、更畅通、更便捷的出行环境，改善公路交通服务水平，提高公路运输的保障能力，最大限度减少气象灾害对公路交通产生的不利影响，为公路运输更好地为经济发展和群众出行保驾护航。

10.3.1 交通气象的内涵

交通安全和交通运输与气象条件密切相关，随着怀化市公路、铁路、水运、航空运输的快速发展，气象监测预报预警已成为交通运输安全的重要保障，也是提高交通运输经济效益的潜在因素。交通路网布局的不断完善和智能化交通管理的不断加强，对交通气象服务提出新的更高的要求，交通航运安全运行越来越成为防灾减灾的重要领域。

所谓交通气象是指气象部门面向交通部门制作的一些专业的气象产品或者是气象部门与交通部门联合制作的针对交通某一行业的气象服务产品，交通部门要通过这些产品来增加经济效益、社会效益，因此这就是交通气象工作的出发点和归宿。这样，一是建立交通气象灾害的部门应急响应联动常态化机制。协调两个部门在信息共享、预警服务、业务建设等方面的工作，建立信息交换畅通、预警服务和信息反馈及时的合作运行机制。二是探索联合推动交通气象监测网络系统建设。三是进一步加强交通气象信息的共享和预警服务。充分发挥两个部门的信息资源优势，建立稳定有效的信息交换渠道，实现气象监测及预警信息、交通实景监测及运营信息的充分共享，充分利用气象部门的预警发布平台，扩大交通气象灾害预警发布的覆盖面和时效性，提高交通气象灾害的防御能力。四是进一步开展更广泛的合作研究工作。在气象与公路交通、气象与船舶航行、海上搜救气象保障等领域开展合作研究。五是共同推进航空气象业务的发展建设。

10.3.2 交通气象预报方法

降水对交通的影响主要表现在降水过程中和降水之后。降水时会使能见度降低，从而对交通产生不利影响。降水之后由于其存留物对路况和交通造成持续不良影响。降水天气对交通的影响与降水的性质、强度及降水量的大小有密切关系。从表10.7可以看出：从降水性质上来说，降雪和雨夹雪对交通的影响最明显。降雪和雨夹雪时气温较低，可在路面形成积雪、积冰等造成车辆打滑，在车辆转弯和刹车时容易发生侧滑，极易造成交通事故。降水强度和降水量不同对交通的影响也不同。降水强度越强，降水量越大，对车辆行驶产生的影响越大。

表 10.7　不同性质和强度的降水对交通的影响

量级	地面状况	路面状况对交通的影响
小雨	潮湿或有少量积水	路面摩擦系数略有下降，对交通影响不大
中雨	有明显积水	路面摩擦系数下降，车轮打滑、刹车失阻
大雨	有大量积水	路面摩擦系数明显下降，车轮打滑、刹车失阻
暴雨	低洼处积水，淹没低矮，路标路障	车行缓慢，交通受阻
小雪	有少量积雪	司机需注意，对交通影响不大
中雪	有积雪	影响行车和刹车
大雪	路面积雪	需限速慢行
暴雪	积雪很厚，严重时形成雪阻	行车困难，交通受阻
雨夹雪	路面有积冰	行车困难，刹车失阻，行车失控

(1)降雨对铁路、公路交通的影响分析

因怀化属于山区，山高坡陡，主要是暴雨及其引起的洪水和引发的泥石流。

暴雨，是短时内或连续的一次强降水过程，在地势低洼、地形闭塞的地区，雨水不能迅速排泄造成农田积水和土壤水分过度饱和给农业带来灾害；暴雨甚至会引起山洪暴发、江河泛滥、堤坝决口给人民和国家造成重大经济损失。雨涝灾害与公路的关系密切，雨涝灾期往往江河暴涨，使公路桥涵遭受洪水侵袭。特大暴雨可以使公路边沟积水，浸泡路基，致使路基和边坡滑坡、塌陷，路面泛浆、鼓包。暴雨还影响驾车人的视线，减少路面摩擦力，易发生交通安全事故，影响公路的正常通行。

气象部门规定：24 h 雨量大于或等于 50 mm 者为暴雨；大于或等于 100 mm 者为大暴雨；大于或等于 200 mm 者为特大暴雨。大量雨水一方面造成路面湿滑，增加交通事故。另外，雨水对路基、路面的浸泡易产生边坡失稳、基层强度降低等问题。

暴雨是主要灾害性天气过程之一，往往是引起洪涝灾害的直接原因，影响严重的暴雨会给人们的生命财产带来重大损失。不同量级、不同范围的暴雨，其灾害程度也不同。准确预报是防范暴雨灾害的有力措施。主要影响在以下几个方面：

①使路面浸水，泥沙流入并铺盖路基路轨，严重时冲毁路基路轨。

②暴雨和洪水使涵洞来不及排泄，造成涵洞、桥梁被毁。

③泥石流引起铁路两侧的山坡产生落石、崩塌而造成列车不能正常行驶。

(2)降雪对铁路、公路交通的影响分析

冬季的降雪易形成雪阻，阻隔断交通，其造成的危害主要是：

雪堆积到轨道上和路面上后，在低温下使道岔、轨道和路面冰结而使车辆打滑，容易造成交通事故，阻塞交通。积雪封锁铁路交通的事也有发生。按公路部门的规定：一般情况下，积雪 2～15 cm 交通事故最多，积雪大于 15 cm 出车率少，积雪大于 30 cm，汽车运行困难，大于 50 cm 车辆无法通行。按铁路部门的规定，一般说来，雪深超过 30 cm，行车速度就被迫降低，70 cm 以上就不能行驶了。其实有些情况下也并非火车不能在轨道上行驶，主要是湿雪冻雨倾倒电线杆、拉断电线，使铁路指挥系统失灵所致，铁路一度陷于瘫痪。

雪堆积在桥梁、架空线路和其他建筑物上，雪荷载易造成桥梁、建筑物倒塌、通信中断。特别在出现吹雪的情况下，雪的堆积量大，对桥梁和架空线的危害就更为严重。

当山坡的雪荷载增加、雪的强度降低、雪的嚅动和滑动产生时，易发生垮塌，使交通运输阻塞，甚至瘫痪。

在暴风雪和暴风雨的天气条件下，或在浓雾出现时，还会引起交通运输的能见度障碍，使交通事故增多，交通阻塞。

(3)大风对交通的影响分析

一般情况下，风力4级或以下时对车辆正常行驶基本没有影响，风力5～6级时有一定的影响，风力在7级以上时可产生明显影响。大风对高速行驶的大货车和大型客车的影响最大。当车辆迎风行驶时，车身易发生摆动，造成事故的可能性很大。

从风压公式$W=-0.5\rho V_2+C$（ρ为空气密度，V为风速，C为常数）可知，在强风或大风时的天气条件下，会产生极大的风压，从而对交通造成危害，主要表现在以下几方面：

①车辆受强风(特别是横侧风)的影响而行驶困难，易发生误点和颠覆。

②桥梁吹毁而交通中断。

③强风造成电线杆倒塌，电线断线而影响交通。

④大风可使火车出轨，以致颠覆。我国大风吹翻列车的事故，在新疆多次发生。

此外，雷暴也是铁路安全运行的一大威胁。由于雷易打高架的电线，尤其是电气化铁路的高压动力输电线路，可造成列车失控，在山坡沿坡下滑的危险事故。因此在铁路选线时，雷暴是一个必须考虑的重要因素。

(4)雾对交通的影响分析

根据对能见度的实况资料分析，能见度距离多数在10～20 km，天气条件好时可达30 km以上，差时不足百米。恶劣能见度是影响交通的重要因子。当能见度为5～10 km时，对市内交通基本没有影响；当能见度下降到2000 m以下时，对正常行驶的车辆产生影响。需要指出的是，气象能见度的定义和观测方法与司机驾车时前方路面可视距离有很大差别。气象能见度距离是指能够从天空背景中看到和辨认出大小适度的黑色目标物的最大水平距离，而“能见”的标准时能辨别目标物的轮廓和形体。司机驾车时需要清楚地分辨前方路面上不同颜色、大小的物体、车辆、行人、路障、指示标志等，并判断其运动状态和应采取的措施，其要求明显高于气象能见度观测的视物清晰度标准。根据实践调查，气象观测的能见度距离大约是司机行车时可视距离的3～5倍。能见度对交通的影响如表10.8所示。

从表10.8中可见，能见度在小于1 km时，对交通有显著影响，车辆需减速行驶。而对怀化来说，造成能见度小于1 km的天气现象主要是雾。

表10.8 不良能见度对交通的影响

能见度(m)	对交通的影响
2000～5000	对交通影响不大
1000～2000	对交通有一定的影响，不利于车辆高速行驶
500～1000	对交通有显著影响，车辆需减速行驶，司机要注意观察前方路况
200～500	对交通有显著影响，各种车辆需限速行驶
50～200	对交通有严重影响，尽量减少车辆出行
<50	难以分辨路况，车辆行驶困难，交通严重阻塞甚至瘫痪

雾(指大量微小水滴浮游空中,水平能见度小于 1.0 km 的天气现象)作为一种发生几率高、发生范围广、危害程度大的常见灾害性天气,严重影响了民航、高速公路、海洋航行的安全。近多年来,由雾引发的高速公路恶性交通事故频繁发生,不仅损失重大,而且受到社会及新闻界的关注。雾与其他自然灾害不同,它一般不对高速公路本身造成危害,它的危害主要体现在交通安全上。

雾对交通的影响主要表现在以下方面:①大气能见度的降低使得司机可视距离缩短,造成对车辆控制困难,以致发生交通事故。②大雾导致司机在雾中往往判断距离和速度不准,因为雾中对比减小,无参照物,带来因出现误判而引发交通事故发生。③在合适的温湿条件下,大雾天气时路面极易形成薄霜,车辆打滑造成翻车、追尾。④冬季大雾天气时,还会造成车窗内侧有水汽凝结,使司机视线受损,难以分辨路况。这几方面都是气象部门在开展大雾天气服务时应该着重注意的问题。

根据成因的不同,雾一般可分为辐射雾、平流雾、蒸汽雾、上坡雾、锋面雾等。陆地上最常见的是辐射雾。这种雾是空气因辐射冷却达到过饱和而形成的,主要发生在晴朗、微风、近地面、水汽比较充沛的夜间或早晨。如果空气中水汽较多,就会很快达到过饱和而凝结成雾。雾的形成条件:①充足的水汽含量。②凝结核的存在。③稳定的大气层结,即有维持晴空、微风的低层均压场和高层高压脊(有暖平流)的大尺度天气形势。④存在贴近地面和低空逆温层。逆温层越厚越强,雾越浓。⑤具有良好的晴空长波辐射条件。⑥风的脉动作用。经研究分析,风的脉动更有利于雾滴的增长而使能见度降低。

表 10.9 为怀化市 1962—2010 年各县(市)区大雾日数。

表 10.9 怀化市 1962—2010 年各县(市)区大雾日数(d)

月份	1	2	3	4	5	6	7	8	9	10	11	12	平均
沅陵	233	154	189	223	274	279	210	118	122	201	275	322	4
辰溪	190	99	80	72	63	50	23	27	40	140	209	255	2
麻阳	166	89	102	104	134	113	45	37	71	154	187	214	2
溆浦	175	92	111	97	55	45	26	14	22	92	121	207	2
新晃	196	107	110	132	162	121	139	224	182	244	304	285	4
芷江	201	112	126	119	131	90	59	71	78	175	237	276	3
怀化	160	91	109	111	129	116	73	102	115	180	223	235	3
洪江	259	131	154	167	188	164	105	78	155	254	334	334	4
会同	267	144	166	226	289	285	266	389	380	370	405	386	6
靖州	184	85	87	120	120	102	92	174	203	248	315	269	3
通道	184	113	155	213	308	308	360	571	517	389	430	322	7
平均	4	2	3	3	3	3	3	3	3	5	6	6	

雾的分布季节:从表 10.9 中可以看出,雾一年四季均可出现,秋末至冬季雾日最多,春夏季雾日较少,各月当中,10,11,12 月是多雾月,2—9 月是少雾月。

雾的地理分布:同样从表 10.9 中可以看出,从 49 年的平均状况来看,自北向南是递增的,南部几乎是北部的 2 倍。

预报大雾消散主要考虑三方面：增温、风速加大和稳定层结破坏。但对层结稳定的逆温层，季节因素决定其靠单方面增温是不可能彻底破坏的，只有依靠强冷空气的入侵，彻底破坏逆温层，同时地面风速加大，才能使大雾彻底消散。

加强监测，建立预告防御系统，减灾工作应贯彻“以防为主、防抗救相结合”的方针，而防患于未然的前提是提高灾前预测、预报和预防能力。因此，必须依靠现代科学技术，建立并完善预警系统和抗灾设施。灾害主管部门有必要建立雾灾害的监测、情报、预报、预警和防御信息网络系统，以增强对雾灾害的快速反应及科学决策能力，提高减灾实效。规划防灾措施：如协助公路建设部门做好设计工作。进行选线设计时应考虑到靠近浓雾区的交通安全的影响。道路在修建前应该对周围的环境进行勘测，在规划道路走向时尽量避免建在雾的高发地带，选择雾发生率低地带。据气象学资料介绍，闭塞静风不利于雾的形成。

10.3.3 交通气象预报警报业务

灾害性天气是影响道路交通安全的重要因素，雨雪、冰冻、大雾等直接因素和路面结冰、高温爆胎等间接因素对交通运输产生的不利影响愈加突出。做好公路气象监测、预报、预警工作，对减少气象灾害的不利影响、降低道路交通事故、提高运输保障能力，创造更安全、更畅通、更便捷的出行条件，具有十分重要的意义。

以雨、雪、雾等影响公路交通畅通的主要气象灾害为重点，逐步开展市内各主要公路干线上气象灾害的预报预警和路况信息的发布工作，利用市气象局媒体多样性的优势，建立较为完善的交通气象信息传输和发布系统，建立交通气象灾害的预警发布机制，并加强公路沿线的气象监测，开展相关科研和项目合作，建立常态化的工作协调制度，做到早预警、早告知，加强对恶劣天气行车安全知识的宣传，提高广大驾驶员交通安全意识和恶劣天气行车知识。并采取多部门合作建设交通气象观测网，建设公路交通高影响天气预警业务平台，提高对影响公路交通的雾、雨、雪、低温冰冻等灾害性天气的预报预警水平。

10.3.4 怀化交通气象服务业务

交通安全和运行与气象密切相关，许多灾害性天气如降水、大雾、积雪、结冰、大风，甚至高温都对道路交通安全产生重大影响，建设交通气象监测、预报、警报和评估系统，对减少交通事故、降低交通维护费用，合理布局交通干线、减少突发灾害影响，提高交通质量和效益十分重要。

因恶劣天气、自然灾害引发交通中断和交通延误所造成的损失越来越大，每一次大范围的雪、雾、暴雨天气都会给公众的生产生活带来不利影响。

参考文献

蔡则怡.1985.我国强对流发生前的能量贮存机制[J].大气科学,**9**(4):377-385.

曹志建,邵莉丽,甘文强,等.2010.贵州省雷电活动规律初步分析[J].贵州气象,**34**(增刊):120-123.

陈红专,曾志明,杨素珍,等.2008.湘黔边境一次高空槽前型飑线天气过程的成因分析[J].暴雨灾害,**27**(3):237-241.

陈勇明,马万里,高天赤.1995.杭州市冬季大风预报方法[J].浙江气象科技,**16**(3):35-37.

成章纲,毛以伟,付晓辉,等.2000.对宜昌市"98.4.23"强对流天气的诊断分析[J].湖北气象,(1):14-16.

程庚福,曾申江,等.1987.湖南天气及其预报[M].北京:气象出版社.

池再香,黄艳,杨海鹏.2010.贵州西部一次冰雹灾害天气强对流(雹)云演变分析[J].贵州气象,**34**(2):10-12.

巩敏莹.2000.西安咸阳机场一次大雾天气分析[J].新疆气象,(6):8-10.

郭林,陈礼斌,施碧霞,等.2003.闽南地区短时区域暴雨的天气及多普勒雷达资料概念模型[J].气象,**29**(5):41-45.

郭媚媚,麦冠华,胡胜,等.2006.肇庆市一次超级单体的多普勒雷达资料分析[J].气象,**32**(6):97-101.

胡明宝,高太长,汤达章.2000.多普勒天气雷达资料分析与应用[M].北京:解放军出版社.

湖南省国土资源规划院.2007.怀化市地质灾害防治规划专题研究[M].未正式出版.

湖南省怀化市国土资源局.2010.农村地质灾害防手册[M].未正式出版.

怀化市国土局,怀化市气象局.2009.怀化市地质灾害气象预警技术研究[M].未正式出版.

怀化市气象局.2011.怀化气象志(修订稿)[M].未正式出版.

黄小玉,陈媛,顾松山,等.2006.湖南地区暴雨的分类及回波特征分析[J].大气科学学报,**29**(5):635-643.

黄小玉,等.2005.伴有低空急流的西风带暴雨的多普勒天气雷达回波特征.全国重大天气过程总结和预报技术经验交流会.

江海生,易圣才,陈章法,等.2009.区域气象站降水资料在地质灾害预警中的应用[J].高原山地气象研究,(1):156-158.

李芳,黄兴友.2011.多普勒雷达资料在雷电预警中的应用研究[J].成都信息工程学院学报,**26**(6):37-41.

李军,禹伟,许源,等.2004.基于湖南省冰冻分布及气候特征的思考[J].湖南电力,**24**(2):16-19.

李生艳,周能,苏洵.2009.广西大雾天气的气候及环流形势特征[J].气象研究与应用,(4):14-17.

李世刚,梁涛,彭盼盼,等.2007."07.5"湖北大暴雨的中尺度及降水成因分析[J].暴雨灾害,**26**(3):230-235.

廖玉芳,潘志祥,李德华,等.2005.基于单多普勒天气雷达产品的短时预报预警业务工作平台[J].广西气象,(1):31-27.

廖玉芳,潘志祥,郭庆.2006.基于单多普勒天气雷达产品的强对流天气预报预警方法[J].气象科学,**26**(5):564-570.

廖玉芳,吴贤云,杜东升,等.2011.2008年湖南低温雨雪冰冻天气分析与数值模拟[J].自然灾害学报,**20**(2):169-176.

刘贵萍.2005.贵阳一次强对流降水过程的诊断分析[J].气象,**31**(2):55-58.

刘洪恩.2002.单多普勒天气雷达在暴雨临近预报中的应用[J].气象,**27**(12):17-22.

刘洪恩.1999.用雷达资料识别中尺度气旋雹暴的形成及演变[J].气象,**25**(7):47-52.

龙利民,陈亮,江航东,等.2007.副热带高压外围西北侧一次强对流天气的雷达回波特征[J].暴雨灾害,**26**(1):68-72.

卢海新,陈并,洪荣林.2011.厦门雷电分布特征及天气类型分析[J].广东科技,**8**(16):34-37.

陆汉城,杨国祥.2000.中尺度天气原理和应用[M].北京:气象出版社.

陆汉城,杨国祥.2004.中尺度天气原理和预报[M].北京:气象出版社.

马禹，王旭，陶祖钰. 1997. 中国及其邻近地区中尺度对流系统的普查和时空分布特征[J]. 自然科学进展，**7**(6)：701-706.

牛淑贞. 1999. 典型超级单体风暴的多普勒风暴过程分析[J]. 气象，**25**(12)：32-27.

潘志祥，叶成志，刘志雄，等. 2008."圣帕""碧利斯"影响湖南的对比分析[J]. 气象，(7)：41-50.

彭洁，傅承浩，朱国光，等. 2010. 湖南省强对流天气的时空分布特征与类型划分[J]. 安徽农业科学，**38**(2)：812-814.

祁海霞，智协飞，白永清. 2011. 中国干旱发生频率的年代际变化特征及趋势分析[J]. 大气科学学报，(4)：447-455.

启智，黄奕武，王其伟，等. 2007. 1990－2004年西南低涡活动统计[J]. 南京大学学报，**43**(6)：38-44.

粟华林，古文保. 2001. 广西盛夏高温天气特点与环流特征[J]. 广西气象，(2)：12-19.

孙士型，陈少平，于大峰，等. 2004. 一次飑线过程的卫星云图和雷达回波特征[J]. 湖北气象，(1)：12-14.

谭本近，谢贵森. 1996. 湘西南秋季连阴雨过程分析[J]. 湖北气象，(3)：21-23.

王东海，柳崇健，刘英，等. 2008. 2008年1月中国南方低温雨雪冰冻天气特征及其天气动力学成因的初步分析[J]. 气象学报，**66**(3)：405-422.

王雷，赵海林，张蔺廉. 2005. 2004年7月两次强对流天气过程的对比分析[J]. 气象，**31**(11)：65-69.

王晓兰，李象玉，黎祖贤，等. 2006. 2005年湖南省特大冰冻灾害天气分析[J]. 气象，**32**(2)：87-91.

王鑫，卜清军，郭鸿鸣. 2011. 渤海区域冬季一次大雾天气过程分析[J]. 天津航海，(1)：56-59.

王艳玲，李建东，明亮，等. 2010. 郑州秋冬季连续大雾天气预报方法[J]. 河南农业，(6)：53-53.

辛学飞，赵英莹，梁明增，等. 2010. 湘西北寒露风天气的初步分析[J]. 安徽农业科学，**38**(12)：1-6.

熊健. 2000. 怀化千年自然灾害[M]. 北京：气象出版社.

叶成志，潘志祥，程锐，等. 2007. 强台风"云娜"登陆过程的研究——基于AREM模式的数值分析[J]. 气象学报，(2)：208-220.

叶成志，潘志祥，刘志雄，等. 2007."03.7"湘西北特大致洪暴雨的触发机制数值研究[J]. 应用气象学报，(4)：468-478.

俞小鼎，姚秀萍，熊廷南，等. 2002. 多普勒天气雷达原理与业务应用[M]. 北京：气象出版社.

曾志云，戴泽军，彭志超，等. 2008. 近40年湖南冰雹时空分布和变化特征及机理分析[J]. 防灾科技学院学报，**10**(3)：23-27.

翟菁，周后福，张建军，等. 2011. 基于指标叠套法的安徽省强对流天气潜势预警研究[J]. 气象与环境学报，**27**(2)：1-7.

张芳华，张涛，周庆亮，等. 2005. 2004年7月12日上海飑线天气过程分析[J]. 气象，**31**(5)：47-51.

张鹏. 2002. 多普勒天气雷达探测强风暴方法的初步研究[D]. 中国人民解放军理工大学硕士毕业论文.

周婷，李传哲，于福亮，等. 2011. 湄公河流域气象干旱时空分布特征分析[J]. 水电能源科学，(6)：4-7.

朱乾根，林锦瑞，寿绍文，等. 1990. 天气学原理和方法(第三版)[M]. 北京：气象出版社.

Austin G L, Bellon. 1982. *Very short-rang forecast of precipitation by the objective extrapolation of radar and satellite data*[M]. Nowcasting A. K. Broning, Ed. Academic Press, 177-190.

Johnson J T, Pamela L, Mackeen, *etc*. 1998. The storm cell identification and tracking algorithm: an enhanced WSR－88D algorithm[J]. *Weather and Forecasting*, **13**: 263-276.

Rinehart R E. 1981. A pattern-recognition technique for use with convention weather radar to determine internal storm motion, recent progress in radar meteorology[J]. *Atmospheric tech.*, **13**: 119-134.